Elemente der Syntheseplanung

R. W. Hoffmann

Elemente der
Syntheseplanung

Springer Spektrum

R. W. Hoffmann
Fachbereich Chemie
Philipps-Universität Marburg
Marburg, Deutschland

ISBN 978-3-8274-1725-1   (Hardcover)   ISBN 978-3-662-59893-1   (eBook)
ISBN 978-3-662-59892-4   (Softcover)
https://doi.org/10.1007/978-3-662-59893-1

Die Deutsche Nationalbibliothek verzeichnet diese Publikation in der Deutschen Nationalbibliografie;
detaillierte bibliografische Daten sind im Internet über http://dnb.d-nb.de abrufbar.

Springer Spektrum

Planung: Désirée Claus
Titelfotografie: Susan L. Hockaday, Princeton, N. J.

Springer Spektrum ist ein Imprint der eingetragenen Gesellschaft Springer-Verlag GmbH, DE und ist ein
Teil von Springer Nature.
Die Anschrift der Gesellschaft ist: Heidelberger Platz 3, 14197 Berlin, Germany

Inhaltsverzeichnis

Vorwort

Synthese ist das Herzstück der organischen Chemie. Alle Verbindungen, die man aus irgendeinem Grunde, sei es als Wirkstoffe, Materialien oder wegen ihrer physikalischen Eigenschaften studieren möchte, müssen erst einmal, meist in mehrstufigen Synthesesequenzen, hergestellt werden, d. h. am Anfang aller Synthese steht das Zielmolekül.

Synthese ist der Aufbau eines Zielmoleküls aus kleineren leicht zugänglichen Bausteinen. Und sofort fragt man, welche Bausteine? in welcher Reihenfolge? wie verknüpfen? Die Natur baut viele, auch komplizierte „Naturstoffe" oft in einer einzigen Reaktionskaskade auf, bei der ein vorliegendes Ensemble von Bausteinen durch eine für jede Einzelverbindung ausgefeilte Kombination modularer Enzyme in einem Zuge zum Zielprodukt umgesetzt wird.[1, 2] Dies nachzustellen, wäre der Traum einer Idealsynthese,[2] doch sind wir derzeit von einer Realisierung solcher Eintopfsynthesen so weit entfernt, dass Synthese heute noch als Sequenz von nacheinander durchgeführten diskreten Syntheseschritten erreicht werden muss. Und damit stellt sich die Aufgabe, jede Synthesesequenz einzeln optimal zu planen.

Planung beruht auf Vorgaben. Bei der Syntheseplanung gibt es Vorgaben, die in der Struktur des Zielmoleküls begründet sind, und Vorgaben, die auf externen Parametern beruhen, wie Kosten, Umweltverträglichkeit, Patentneuheit, Parameter, die wir hier nicht behandeln werden. Syntheseplanung basiert weiterhin auf einem Fundus von Informationen, dem Wissen über Reaktionen, die zuverlässig und mit hoher Ausbeute durchgeführt werden können. Systematische Syntheseplanung kann aber auch neue Reaktionstypen identifizieren, die zu entwickeln es sich lohnt.

Für jeden, der eine Zielverbindung synthetisieren möchte, ist Syntheseplanung eine intellektuelle Herausforderung. Dennoch werden viele Schritte in Synthesefolgen eher intuitiv gewählt. Oft sind dem Chemiker die Schwächen und Stärken bestimmter Denkabfolgen gar nicht bewusst. Insofern hat Beschäftigung mit Syntheseplanung durchaus eine sozialwissenschaftliche Komponente. Es gilt, deutlich zu machen, warum Chemiker sich bei bestimmten Syntheseproblemen so und nicht anders verhalten. Insofern brachte die Entwicklung einer „Logik der Syntheseplanung"[3] einen wesentlichen Fortschritt, der dann auch zurecht 1990 mit dem Nobelpreis ausgezeichnet wurde. Allerdings ist es mit dem logischen Vorgehen wie mit der Predigt in der Kirche: man hört sie und sieht durchaus ein, wie man sich verhalten sollte, bloß die Realität ist in den meisten Fällen dann doch eine etwas andere.

Dass Syntheseplanung nicht ein im wissenschaftlich-technischen Sinne gelöstes Problem ist, sieht man an folgender Überlegung: Zu einem gegebenen Zeitpunkt ist der Informationsstand aller Chemiker im Prinzip gleich, der Fundus an publizierten Methoden und Fakten. Damit müsste sich für ein Syntheseziel bei gesetzten sonstigen Parametern eine einzige optimale Reaktionssequenz ermitteln lassen, allenfalls mehrere gleichwertige. Alle anderen Lösungsvorschläge wären minderwertig und bräuchten nicht realisiert zu werden. Jeder Blick in die Literatur zeigt, dass dies nicht den gegenwärtigen Zustand beschreibt. Die Erklärung für den heutigen Zustand liegt nur vordergründig darin, dass keine hinreichende Planbarkeit (z. B. Ausbeuten) der einzelnen Reaktionsschritte gegeben ist und man so gezwungen ist, mehrere Reaktionsvarianten zu prüfen, um eine geplante Transformation zu erreichen. *De facto* liegt die Ursache darin, dass retrosynthetisches Denken nicht genügend bewusst und systematisch betrieben wird.

Man muss sich aber auch darüber klar sein, dass diese Unvollkommenheit gerade den intellektuellen und ästhetischen Reiz des Spiels „Syntheseplanung" ausmacht. Die Kombinatorik möglicher Einzelschritte ergibt eine so große Zahl an potentiellen (durchaus sinnvollen) Reaktionssequenzen für eine gegebene Zielverbindung, dass subjektiv, z. B. nur aufgrund begrenzter Informationen ausgewählte Reaktionssequenzen verfolgt werden. Dabei können so aus dem Einfall des Augenblicks stammende Passagen einer Synthese durchaus als überraschend, eindrucksvoll und elegant empfunden werden. Hier liegt das künstlerische, kreative und faszinierende Element der Syntheseplanung, es gerade so und nicht anders anzugehen.

Man kann damit Syntheseplanung durchaus mit einem Schachspiel vergleichen.[4] Das Ziel ist klar, aber die Zahl der möglichen sinnvollen Zugfolgen ist so groß, dass die Auswahl subjektiv wird. Jeder kann eine Meisterpartie nachspielen, mit der Erkenntnis, dass er sie auch so hätte spielen können, aber doch wohl bereits nach dem dritten Zug eine andere Sequenz gewählt hätte. Nun gibt es Schachcomputer, die alle bei einer gegebenen Figurenkombination möglichen Züge nach bestimmten Bewertungskriterien reihen und danach vorgehen. Das Ergebnis ist damit rationaler und logischer, aber genau dadurch reizloser.

Diese Analogie zeigt, dass jegliches Nachdenken über die Prinzipien einer Syntheseplanung dieses Gebiet letztlich entmystifiziert. Je rationaler Synthesepläne werden, desto geringer ist der erkennbare subjektive Anteil, das künstlerische Element. Das heißt, Syntheseplanung wird von einer Kunst zu einer Technik. Ob man es bedauert oder nicht, das ist der Verlauf vieler geistesgeschichtlichen Entwicklungen; man denke etwa an die Wandlung der „Wasserkunst" im Bergbau des Mittelalters zur Entwässerungstechnik, wie sie heute an einer Technischen Hochschule gelehrt wird. Äußeres Kennzeichen eines solchen Prozesses ist, dass sich ein Fachvokabular etabliert, das nur noch die Eingeweihten verstehen. Genau das konnte man im Bereich der Syntheseplanung in den letzten 25 Jahren verfolgen.

1 Einleitung

Beim Betrachten eines Zielmoleküls verdienen drei Aspekte Aufmerksamkeit: Das Molekülgerüst, die Art und Anordnung der funktionellen Gruppen und die Art und Anordnung der stereogenen Zentren. Alle drei Aspekte gehen in die Planung einer Synthese ein, sind voneinander abhängig, haben aber doch ein unterschiedliches Gewicht. Funktionelle Gruppen lassen sich leicht ineinander umwandeln[5] und leicht aus C=C- und C=O-Doppelbindungen erzeugen. Ebenso hat die Technik der stereoselektiven Synthese heute einen solchen Stand[6] erreicht, dass Überlegungen zur Etablierung von Stereozentren zwar ein essentieller Teil der Syntheseplanung sind, aber nicht das primär zu lösende Problem darstellen. Das ist in den meisten Fällen der effiziente Aufbau des Molekülgerüsts.

Bei der Planung einer Synthese fokussiert man sich zunächst auf den Aufbau des Molekülgerüsts. Betrachten wir als Beispiel eine Verbindung mittlerer Komplexität, Callystatin A, dann geht es zunächst darum, die Bausteine zu identifizieren, aus denen das Gerüst in der geplanten Synthese aufgebaut werden kann und soll. Zu diesem Zweck zerschneidet man das Zielmolekül in einem *retrosynthetischen Denkprozess = Disconnection* nacheinander in kleinere Teile, am besten so, dass die resultierenden Bruchstücke jeweils annähernd gleich groß sind.[7] Man könnte rein abstrakt von der Topologie des Zielmoleküls her eine optimale Zerlegung ableiten. Das lässt aber die Realität der Synthesemöglichkeiten außer Acht. Deswegen wählt man die zu bildenden Bindungen dann vor allem auf der Basis des sich mit den Jahren erweiternden Fundus an Synthesemethoden. Der erfahrene Synthetiker weiß, welche Art von Bindungen er in Syntheserichtung gut aufbauen kann. Der retrosynthetische Denkprozess sucht also einen Kompromiss zwischen den topologischen Gegebenheiten des Zielmoleküls und dem Erfahrungsschatz an realistisch durchführbaren Syntheseschritten. Gerade deswegen brauchen die resultierenden Bruchstücke in dieser ersten Phase der Planung hinsichtlich ihrer Funktionalität noch

© Springer-Verlag GmbH Deutschland, ein Teil von Springer Nature 2006
R. W. Hoffmann, *Elemente der Syntheseplanung*,
https://doi.org/10.1007/978-3-662-59893-1_1

nicht voll spezifiziert zu sein. Diese erste Phase führt zu einem verallgemeinerten Retrosynthese-Schema. Zwei von vielen denkbaren Möglichkeiten einer Retrosynthese seien nachstehend für Callystatin A als Zielmolekül[8] illustriert (Abb. 1.1). Die (gedankliche) retrosynthetische Zerlegung wird

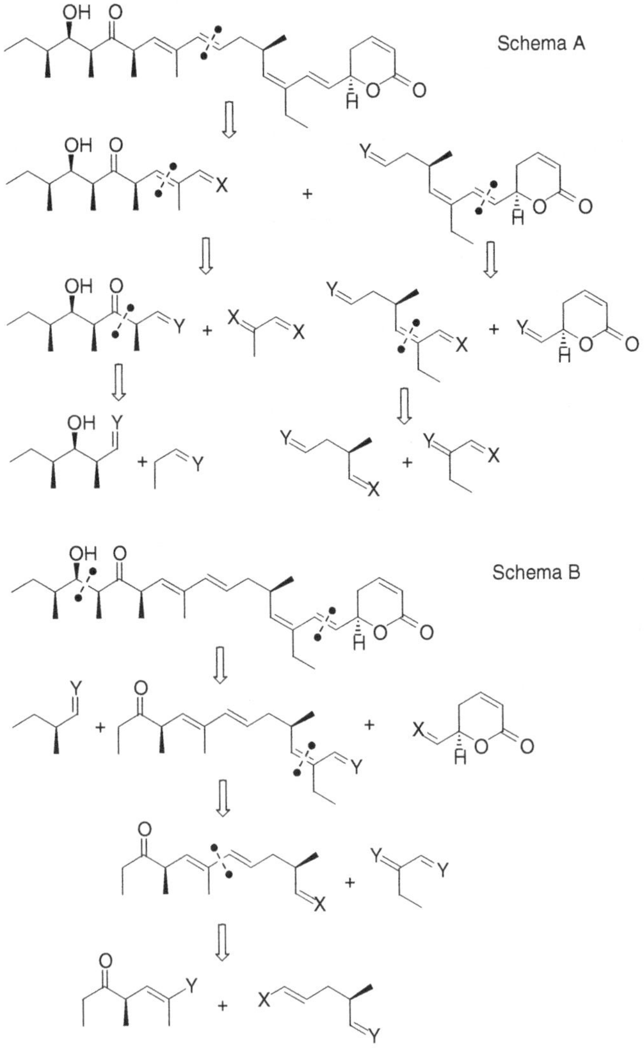

Abb. 1.1 Zwei (von vielen denkbaren) Retrosynthese-Schemata für Callystatin A, einem Cytostatikum begrenzter Zugänglichkeit

in Formelschemata durch einen hohlen Pfeil gekennzeichnet, ein Syntheseschritt durch einen normalen Pfeil. Die noch zu definierenden, letztlich die
Synthese ermöglichenden Funktionalitäten sind hier durch die Symbole X
oder Y gekennzeichnet.

(Wer die Realisierung von Synthesen nach den angegebenen Retrosynthese-Schemata und andere Synthesen des Callystatins A nachlesen
möchte, findet sie in Lit.[8] zusammengefasst.) Beim Betrachten der beiden Retrosynthese-Schemata werden wesentlich Unterschiede deutlich:
Schema A setzt die Schnitte überwiegend so, dass das Zielmolekül oder
die Zwischenprodukte jeweils in annähernd gleich große Teile zerlegt
werden. Schema B setzt die Schnitte überwiegend in die Randzonen der
Zwischenprodukte, maximiert also nicht die retrosynthetische Vereinfachung.

Retrosynthese-Schemata haben meist die Gestalt eines auf dem Kopf
stehenden Baumes. An der Wurzel befindet sich das Zielmolekül. Das äu-
ßere Geäst wird von der Gesamtheit der einzusetzenden Startmaterialien
gebildet (Abb. 1.2).

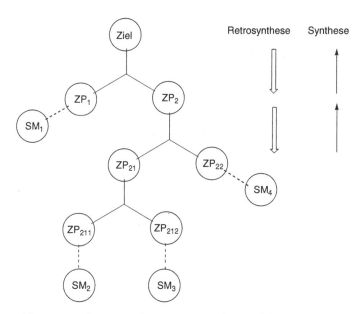

Abb. 1.2 Synthesestammbaum; ZP = Zwischenprodukt, SM = Startmaterial

Gerade weil die Startmaterialien in dieser Phase der Planung noch nicht genau definiert sind, hört man mit der ersten Planungsphase auf, wenn die Bruchstücke eine Größe von fünf bis acht Gerüstatomen erreichen, weil entsprechende Bausteine oft kommerziell erhältlich sind oder leicht nach literaturbekannten Verfahren aufgebaut werden können.

Die Aufstellung eines Retrosynthese-Schemas ist ein Prozess, bei dem jeder Schritt (Schnitt) meist Konsequenzen für die sich für den nächsten Schritt (Schnitt) eröffnenden Möglichkeiten hat. Das Ganze ist ein hierarchischer Prozess, da das Retrosynthese-Schema die zeitliche Abfolge der Bindungsknüpfungen bei der Synthese vorgibt. In der Regel sind aber auch andere Permutationen in der Abfolge der Bindungsknüpfungen möglich.

Deswegen lässt man diesen Aspekt gerne in einer anderen Darstellung des retrosynthetischen Denkprozessen offen, indem man in der Strukturformel des Zielmoleküls lediglich diejenigen Bindungen markiert, die beim Gerüstaufbau gebildet werden sollen. So gelangt man zu einen Satz von Bindungen, dem *Bindungssatz* (engl.: *bond-set*). Diese Darstellung eignet sich auch besonders gut zum Vergleich und der Bewertung von mehreren Synthesen (Abb. 1.3).

Dies ist bei einem übersichtlichen Zielmolekül wie etwa Makrolactin A leicht zu erkennen (Abb. 1.4).

Man erkennt, dass bei der Aufteilung des Moleküls Bausteine von fünf bis acht Gerüst-Atomen resultieren, das sind Moleküle einer Größe, wie sie z.T. kommerziell erhältlich sind bzw. leicht aufgebaut und zugerichtet werden können. Bei der Durchsicht dieser unterschiedlichen Bindungssätze werden Unterschiede im Ansatz, aber eben auch Gemeinsamkeiten deutlich, die zeigen, dass das Vorliegen eines bestimmten Strukturelements im Zielmolekül bestimmte Verknüpfungsreaktionen nahe legt. Der Kenner

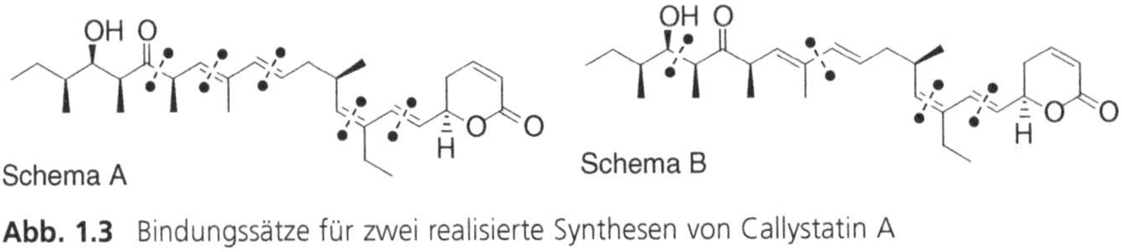

Abb. 1.3 Bindungssätze für zwei realisierte Synthesen von Callystatin A

wird hier sofort den Zugang zu Dien-Einheiten über Pd(0)-vermittelte Kupplungsreaktionen identifizieren. Er erkennt ebenso die Möglichkeiten, die hier Allyl-Metall-Addition an Aldehyde, Aldoladdition oder Carbonyl-Olefinierungen bieten. Genau so klar wird, dass Olefinmetathese, eine der besten Ringschluss-Reaktionen zur Bildung von Makrocyclen[15] an diesem System wegen des Vorhandenseins mehrerer Doppelbindungssysteme wohl zu Problemem führen dürfte.

Die Kunst der Syntheseplanung besteht nun darin, die einzelnen Bindungen des Bindungssatzes und die Abfolge der Bindungsknüpfungen so

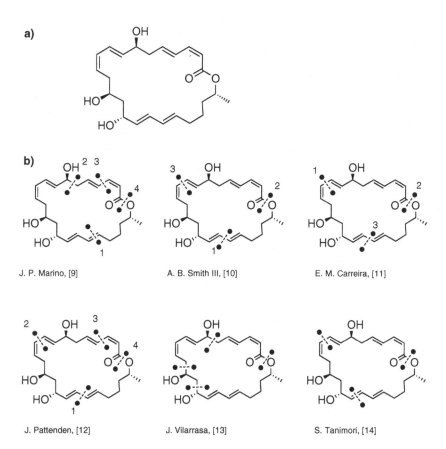

Abb. 1.4 a) Makrolaktin A, ein Antibiotikum begrenzter natürlicher Verfügbarkeit. b) Abgeschlossene oder in Bearbeitung befindliche Synthesen

auszuwählen, dass am Ende eine effiziente Synthese der Zielverbindung realisiert werden kann. Um dies zu erreichen, helfen (durchaus unterschiedliche) Leitlinien für die Auswahl der Bindungen eines Bindungssatzes. Die Analyse einer größeren Zahl von ausgeführten Synthesen zeigt, dass die Bindungen eines Bindungssatzes

- nach der Art und Anordnung der im Zielmolekül vorhandenen Funktionalitäten gewählt werden = *FG-orientiert.*
- nach den Eigenheiten des Gerüsts (Verzweigungen, Ringe) ausgewählt werden = *Gerüst-orientiert.*
- nach der Verfügbarkeit bestimmter, meist chiraler, Bausteine gewählt werden = *Baustein-orientiert.*
- oder sich aus einer in der Arbeitsgruppe vorhandenen Expertise mit bestimmten Verknüpfungs-Reaktionen ergeben = *Methoden-orientiert.*

Eine optimale Syntheseplanung folgt allerdings nur selten ausschließlich einer dieser Leitlinien, sondern ergibt sich aus einer mitunter virtuosen Nutzung der Möglichkeiten aller vier Denkkategorien. Deswegen wollen wir im Folgenden die Grundlagen dieser Vorgehensweisen erarbeiten und lernen, wie man zu einem sinnvollen Bindungssatz gelangt (Kapitel 2–6). Die Effizienz einer Synthese wird nicht nur von der optimalen Wahl der zu knüpfenden Bindungen bestimmt, sondern auch davon, in welcher Reihenfolge diese Gerüstbindungen geknüpft werden (Stichworte konvergente oder lineare Synthese). Wir werden uns also im Kapitel 8 Gedanken über die Bewertung von Syntheseplänen machen. Dabei wird deutlich, welche Art von Schritten die Effizienz einer Synthese verringern: Umfunktionalisierungs-Schritte und das Einführen und Abspalten von Schutzgruppen oder Auxiliaren. Wenn sich der Einsatz von Schutzgruppen schon nicht ganz vermeiden lässt, gibt es doch Möglichkeiten, die damit verbundenen Nachteile durch eine geschickte Syntheseplanung zu minimieren (vgl. Kapitel 7).

Das am Anfang Gesagte sei noch einmal hervorgehoben: Dass in der Tat der Aufbau des Gerüsts als die erste Hürde angesehen wird, die es zu nehmen gilt, und nicht der Aufbau der Stereozentren oder der Funktionalität, kann man daraus ersehen, dass beim Auftauchen einer neuen Zielstruktur, wie etwa von Guanacastepen, die Synthesewege zunächst an abgespeckten Gerüst-Versionen erprobt werden (Abb. 1.5).

a)

b)

E. J. Sorensen, [16] S. J. Danishefsky, [17] D. Lee, [18] K. Brummond, [19]

Abb. 1.5 a) Guanacastepen A, wirksam gegen Antibiotika-resistente Bakterien, natürliche Quelle nicht mehr zugänglich. b) Synthese von abgespeckten Gerüstversionen

Die erreichten Etappenziele haben vielfach bereits das gesamte Molekülgerüst, aber eben noch nicht die Detailausstattung mit funktionellen Gruppen, was einer zweiten Phase der Syntheseentwicklung vorbehalten bleibt.

2 An funktionellen Gruppen orientierte Bindungssätze

2.1 Polare Bindungsknüpfung

Die Identifizierung der bei einer Synthese des Zielmoleküls aufzubauenden Bindungen sollte zweckmäßigerweise unser Wissen über die Möglichkeiten zum Aufbau von Gerüstbindungen berücksichtigen: Gerüstbindungen werden überwiegend durch polare Bindungsknüpfung gebildet, wie folgende Beispiele zeigen (Abb. 2.1).

Wir nennen die Rückführung einer Verbindung **1** auf die möglichen Bausteine **2** und **3** eine **retrosynthetische Transformation**.[3] Sie ist eine vektoriell (gegen die Syntheserichtung) umgekehrte Schreibweise unseres Wissens über eine einsetzbare Synthesereaktion, die ausgehend von **2** und **3** zu Verbindung **1** führen sollte. Da die überwiegende Zahl der bekannten Synthesereaktionen auf polaren Bindungsknüpfungen beruhen, spielen diese bei der retrosynthetischen Planung, d. h. bei der Anwendung von retrosynthetischen Transformationen auf die Zielmoleküle eine vorrangige Rolle.

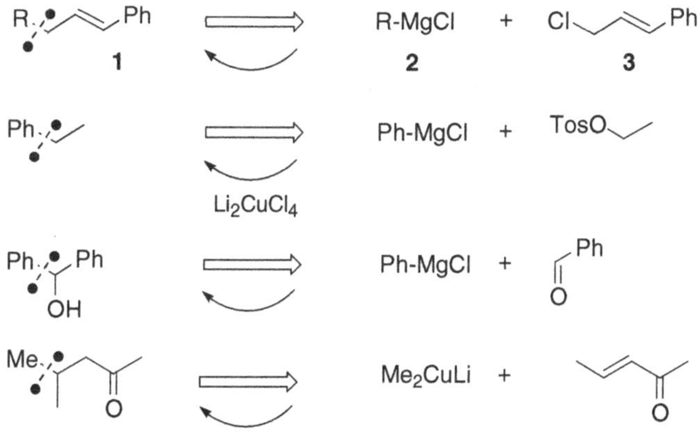

Abb. 2.1 Beispiele für polare Bindungsknüpfung beim Aufbau von Gerüstbindungen

© Springer-Verlag GmbH Deutschland, ein Teil von Springer Nature 2006
R. W. Hoffmann, *Elemente der Syntheseplanung*,
https://doi.org/10.1007/978-3-662-59893-1_2

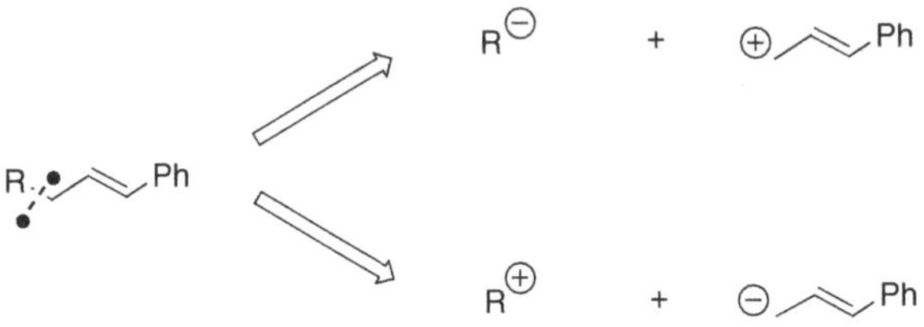

Abb. 2.2 Unterschiedliche Polaritätsmuster für den Aufbau einer Gerüstbindung

Bei einer polaren Bindungsknüpfung bringt der eine Partner das Bindungselektronenpaar mit (= Nucleophil); der andere Partner kann dank niedrigem LUMO das Bindungselektronenpaar aufnehmen (= Elektrophil). Insofern ergeben sich für die Bildung einer Bindung zwei unterschiedliche Polaritätsmuster als Alternativen (Abb. 2.2).

Welche der Alternativen im Einzelfall die günstigere ist, hängt davon ab, wie sich negative bzw. positive (Partial-)Ladung in den realen Synthesebausteinen stabilisieren lassen. Dies ist der Punkt, an dem die (in der Zielstruktur) vorhandenen funktionellen Gruppen ins Spiel kommen. In einer grundlegenden Arbeit zur Syntheseplanung wies Seebach[20] darauf hin, dass funktionelle Gruppen, wie im Folgenden am Beispiel einer Carbonylgruppe gezeigt, in unterschiedlichem Abstand unterschiedliche (Partial-)Ladungen stabilisieren (Abb. 2.3).

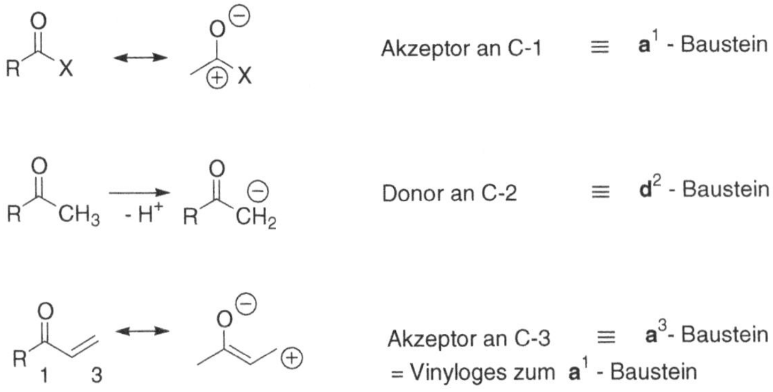

Abb. 2.3 (Partial-)Ladungen an und im Umfeld einer Carbonylgruppe; **a** steht für Akzeptor, **d** für Donor. Die Ziffer bezeichnet die Position der reaktiven Stelle in Bezug auf das zur funktionellen Gruppe gehörige Gerüstatom.

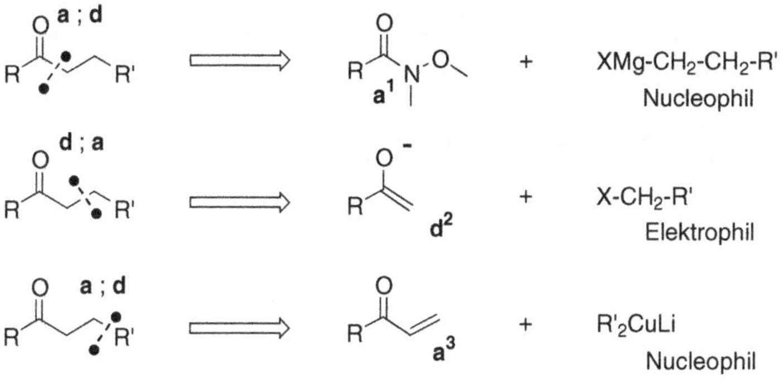

Abb. 2.4 Unterschiedliche Polarität der Bindungsknüpfung im Abstand zu einer Carbonyl-gruppe

Daraus ergeben sich für die Polarität der Bindungsknüpfung in Nachbarschaft zu einer Carbonylgruppe klare Präferenzen (Abb. 2.4).

Man sieht also wie die in einer Zielstruktur vorhandenen Funktionalität die Art der Bindungsknüpfung in ihrer Nachbarschaft bedingt. Man könnte jetzt für jede wichtige funktionelle Gruppe ein derartiges Polaritätsmuster für Bindungsknüpfungen in ihrer Nachbarschaft aufstellen. Dies wäre aber letzten Endes unübersichtlich und würde die Syntheseplanung in dieser Phase mit Details überladen. Vielmehr begnügt man sich an dieser Stelle damit, dass die wichtigen funktionellen Gruppen sehr leicht und meist einstufig ineinander überführbar sind[5] (Abb. 2.5).

Daher setzt man für die Planung einen Heteroatom-Substituenten X als Platzhalter für beliebige funktionelle Gruppen und es genügt, lediglich dessen Position am Molekülgerüst als Ausgangspunkt für die retrosyn-

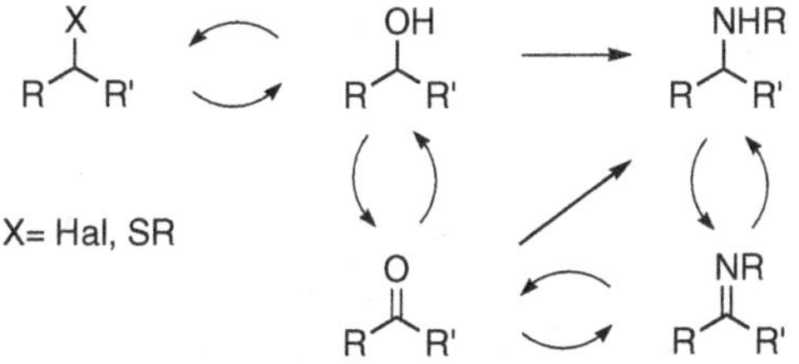

Abb. 2.5 Gegenseitige Überführung von funktionellen Gruppen

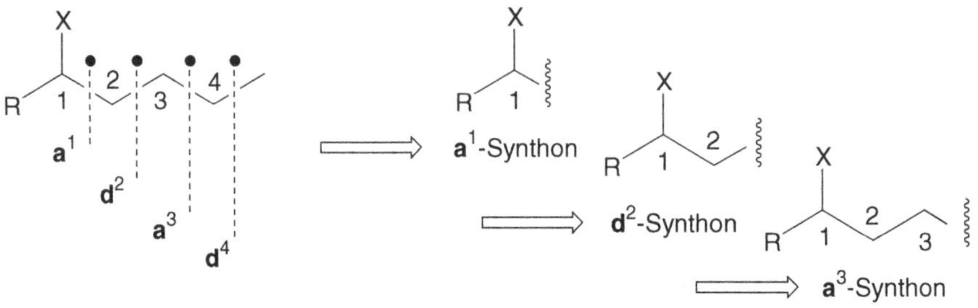

Abb. 2.6 Allgemein: Polarität der Bindungsknüpfung im Abstand zu einer Heterofunktionalität

thetischen Betrachtungen zu markieren. Daraus ergibt sich die günstigste Polarität für Bindungsknüpfungen im Umfeld einer funktionellen Gruppe als allgemeine Regel (Abb. 2.6).

2.1.1 Polare Synthons

Um eine allgemeine Regel für die Syntheseplanung wie die obige herauszuarbeiten, mussten wir das konkrete Zielmolekül strukturell stark abstrahieren. Zu jedem Zeitpunkt muss aber der Bezug zum interessierenden Zielmolekül wieder hergestellt werden können. Hierzu muss man die abstrakte Formulierung zu real existierenden Reaktionen und Reagenzien in Beziehung setzen.

Die retrosynthetische Betrachtung führte zu einem verallgemeinerten Baustein, der ein Reaktionsprinzip verkörpert. Man nennt solche verallgemeinerten Synthesebausteine „Synthons."[21] Der Begriff geht auf Corey[22] zurück. Im Sprachgebrauch der Chemiker[23], wird der Begriff allerdings nicht eng definiert benützt. Am besten ist die von Seebach[20] eingeführte Verwendung, der wir hier folgen. Einem quasi axiomatischen Synthon stehen dann eine Reihe von realen Reagenzien gegenüber. Dies sei am Beispiel von d^2-Synthons dargestellt (Abb. 2.7).

Um die Synthese auszuführen, muss man „nur noch" das geeignete Reagens auswählen, je nachdem, ob man ein hartes oder ein weiches Nucleophil braucht, oder ob eine andere Funktionalität im Zielmolekül eine Reaktionsführung im stark Basischen, im Neutralen oder in Gegenwart von Lewis-Säuren erforderlich macht. Leider existiert keine umfassende Liste der

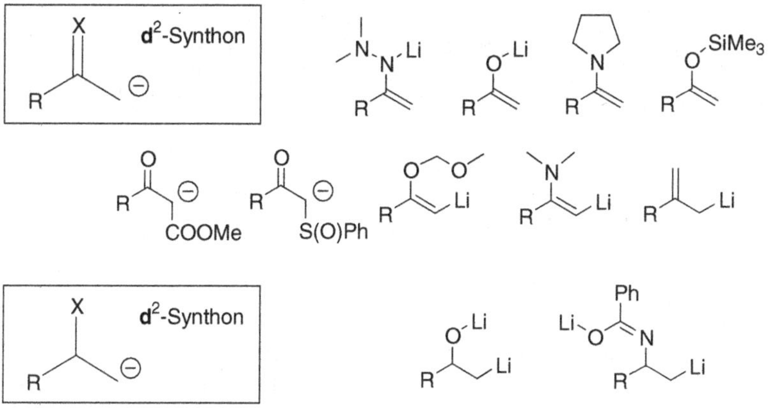

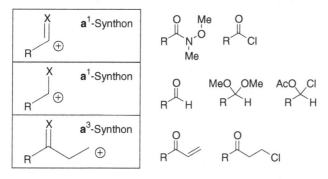

Abb. 2.7 d^2-Synthons und entsprechende reale Reagenzien

gängigen Synthons und der ihnen entsprechenden Reagenzien. (Hinweise hierzu in Lit. [20, 21]). Reagenzien, die Donorsynthons entsprechen, finden sich z. B. in Lit. [24] Einige Reagenzien, die a^1- bzw. a^3-Synthons entsprechen, seien hier zur Erinnerung angeführt (Abb. 2.8).

Man könnte jetzt die Reihe fortsetzen und käme so zu den d^4-Synthons, die tatsächlich existieren (Abb. 2.9). Doch sind die entsprechenden Reagenzien nicht gerade zahlreich. Sieht man sich die Beispiele genauer an, dann konkurriert bei den Reaktionen von Verbindung **4** eine d^2- mit einer d^4-Reaktivität.[25] Bei Reagenz **5** ist kein struktureller Zusammenhang der Reaktivität an C-4 mit der Funktionalität an C-1 gegeben, im Gegenteil, das Acetal an C-1 schützt eine Carbonylgruppe vor der Reaktivität an C-4.

Abb. 2.8 a^1- bzw. a^3-Synthons und entsprechende Reagenzien

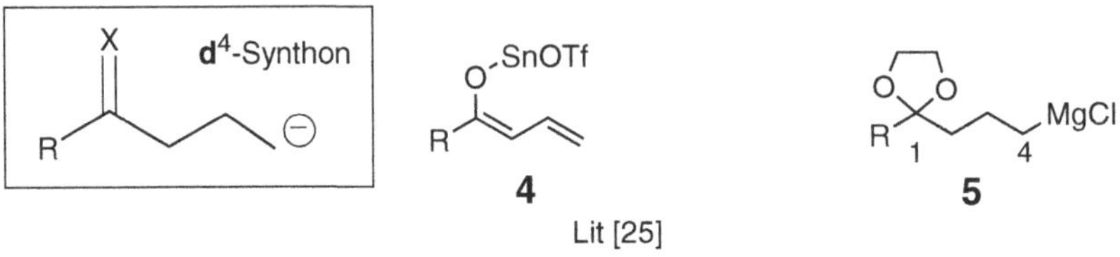

Abb. 2.9 d^4 -Synthons und entsprechende Reagenzien

Das heißt, hier ist der dem Synthonkonzept zugrundeliegende Zusammenhang zwischen Funktionalität in Position *1* und Reaktivität in Position *n* nicht mehr gegeben. Deswegen beschränkt man das Synthonkonzept meist auf Abstände zwischen Funktionalität und reaktiver Position, die zwischen *1* und *3* liegen. Man sagt die *Reichweite einer Funktionalität* erstreckt sich normalerweise bis zum Gerüstatom *3*.

2.1.2 Bindungsknüpfung zwischen zwei funktionellen Gruppen

Die bisher besprochenen Synthons mit a^1-, d^2- und a^3-Reaktivität sind nicht alle Synthons, die man für eine Syntheseplanung braucht. Das wird deutlich, wenn man zwei (oder mehr) funktionelle Gruppen im Zielmolekül hat, deren Abstand zwischen *1,2* und *1,6* liegt, und wenn man eine Bindungsknüpfung zwischen diesen funktionellen Gruppen vorsieht. Die wichtigsten sich ergebenden Möglichkeiten sind in Abb. 2.10 zusammengefasst.

Man erkennt aus dieser Analyse, dass

* ein Gerüstaufbau zwischen zwei funktionellen Gruppen mit den bisher besprochenen (natürlichen) Synthons problemlos möglich ist, wenn der Abstand der Funktionalitäten *1,3* oder *1,5* ist.
* eine Bindungsknüpfung zwischen zwei funktionellen Gruppen im Abstand *1,2*, *1,4*, oder *1,6* einen andersartigen Satz von (unnatürlichen) Synthons verlangt, die man *umgepolte Synthons* nennt.[20]

Die umgepolten Synthons sind in obigem Schema mit Pfeilen markiert. Die Synthontypen sind in Abb. 2.11 noch einmal zusammengestellt.

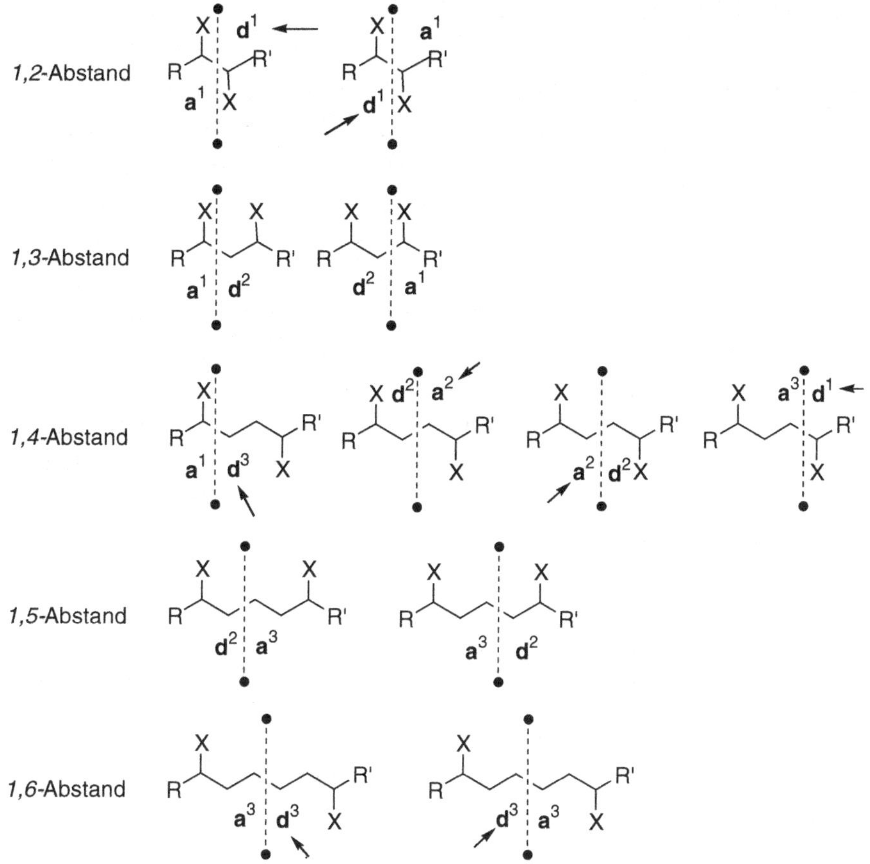

Abb. 2.10 Bindungsknüpfung zwischen zwei funktionellen Gruppen im Abstand 1,2 bis 1,6

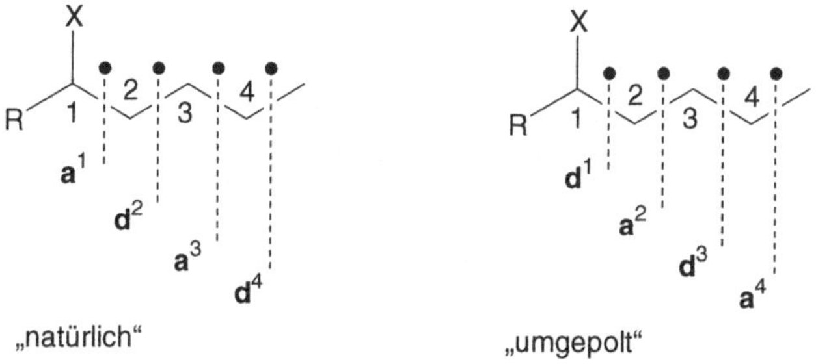

Abb. 2.11 Natürliche und umgepolte (nicht-natürliche) Synthons

2.1.3 Umpolung

Das Konzept und die gezielte Entwicklung der umgepolten Synthons war eine Konsequenz der gerade ausgeführten rationalen Überlegungen zur Syntheseplanung.[20] Bevor wir auf die Prinzipien der Umpolung und ihre Auswirkungen auf die Syntheseplanung und -Effizienz näher eingehen, seien beispielhaft einige umgepolte Synthons vorgestellt (Abb. 2.12).

Wie erreicht man eine Umpolung?[20] Die Transformationen in Abb. 2.13 von einem a^1-Synthesebaustein zu einem d^1-Synthesebaustein und zurück machen dies deutlich.

Die Umpolung ist also ein aktiver Vorgang, den man durchführt, um von einem Synthesebaustein natürlicher Reaktivität zu einem mit „umgepolter" Reaktivität zu gelangen. Dies erlaubt dann, die gewünschte gerüsterweiternde Reaktion durchzuführen, die ohne Umpolung nicht hätte realisiert werden können. Als abschließender Schritt der Reaktionssequenz

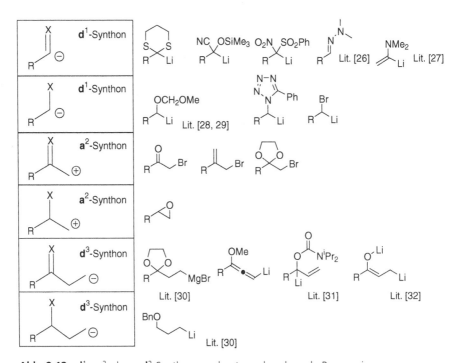

Abb. 2.12 d^1-, a^2-, bzw. d^3-Synthons und entsprechende reale Reagenzien

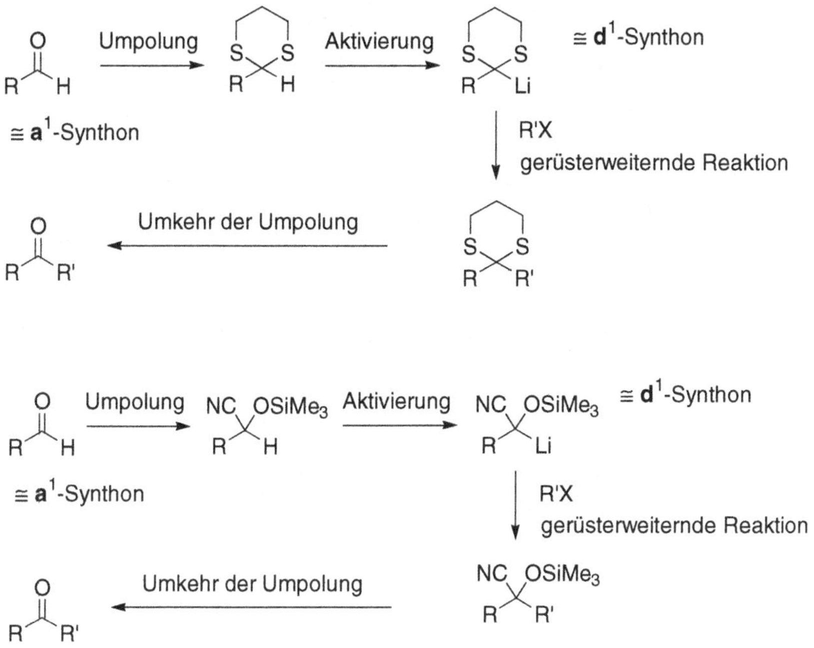

Abb. 2.13 Schritte, die zur Umploung eines Reagenzes führen

muss die Umpolung wieder rückgängig gemacht werden. Insgesamt verlangt die Nutzung eines umgepolten Synthons in der Regel zwei zusätzliche Operationen im Vergleich zur Nutzung eines natürlichen Synthons, es sei denn die Umpolung gelingt *in situ* mit einem Katalysator.[33]

Auch die Natur nützt das Prinzip der Umpolung z. B. indem sie vom a^1-Reagenz Acetaldehyd durch Addition von Thiamin-pyrophosphat und Umprotonierung zum Thiaminkonjugat **6**, einem d^2-Reagenz gelangt. Dessen Nucleophilie beruht auf einer Enaminteilstruktur. Die Natur bewirkt diese Umpolung *in situ* innerhalb einer Reaktionskaskade (Abb. 2.14).

Die Möglichkeiten der Umpolung sind in der Übersicht von Seebach umfassend dargelegt.[20] Hier sei lediglich die Redoxumpolung als verallgemeinerbares Prinzip für die Syntheseplanung angesprochen. Aus einem **a**-Synthon wird durch Zwei-Elektronen-Reduktion (2e-Reduktion) ein **d**-Synthon und umgekehrt aus einem **d**-Synthon wird durch 2e-Oxidation ein **a**-Synthon (Abb. 2.15).

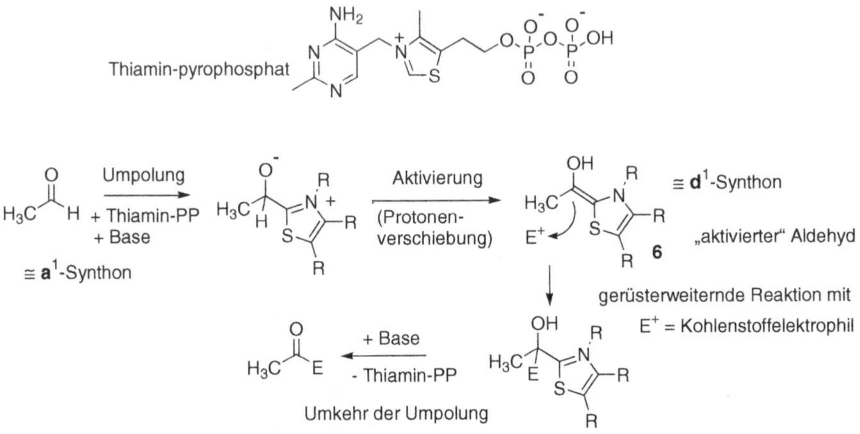

Abb. 2.14 Beispiel einer Umpolung in einem Biosyntheseweg

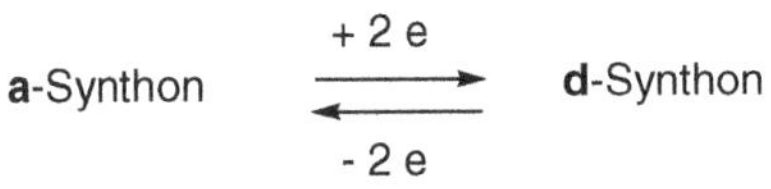

Abb. 2.15 Prinzip einer Redoxumpolung

Dies lässt sich durchaus in realen Synthesesituationen realisieren. Allerdings liegt eine entscheidende Einschränkung darin, daß bei einer solchen Reduktion das **d**-Synthon in Gegenwart des eingesetzten **a**-Synthons gebildet wird und es dann leicht zur symmetrischen Kupplung kommt. Standardbeispiel ist die Pinakol-Kupplung[34] (Abb. 2.16).

Eine stöchiometrische Redox-Umpolung gelingt nur dann, wenn die Reaktivität des **a**-Synthons oder (und) des **d**-Synthons so niedrig ist, dass die Elektronen-Übertragung rascher als die Kupplung erreicht werden kann. Klassisch ist in dieser Hinsicht die Grignard-Bildung (Abb. 2.17).

Synthetisch wertvoll sind *in situ*-Redoxumpolungen im Gemisch von zwei Partnern, z. B. von zwei **a**-Synthons, wenn Partner A leichter reduziert wird als Partner B und wenn Partner B reaktiver gegenüber dem neuen **d**-Synthon ist als Partner A. Diese Bedingungen sind natürlich nicht generell gegeben. Beispiele seien in Abb. 2.18 illustriert.

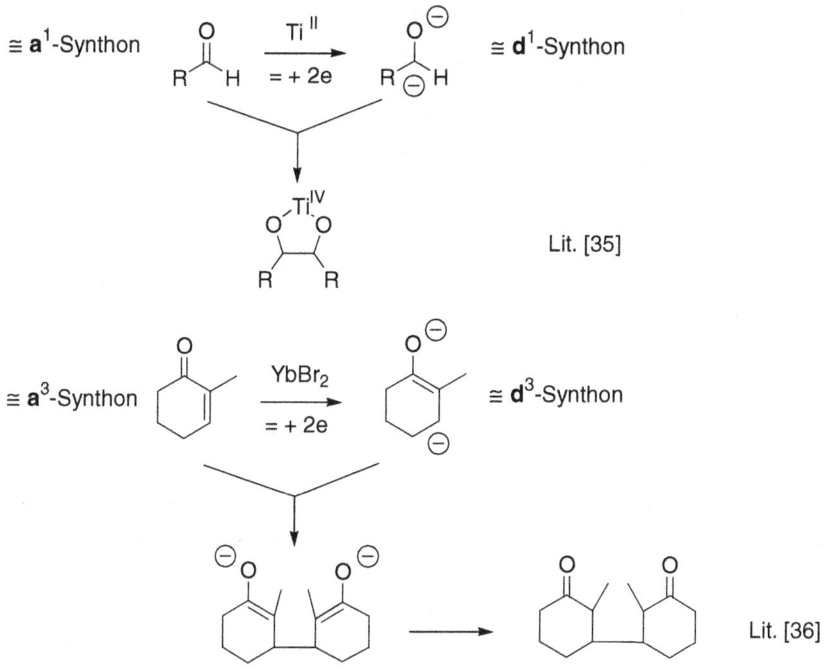

Abb. 2.16 Symmetrische 1,2- oder 1,6-difunktionalisierte Gerüste durch *in situ*-Redoxumpolung

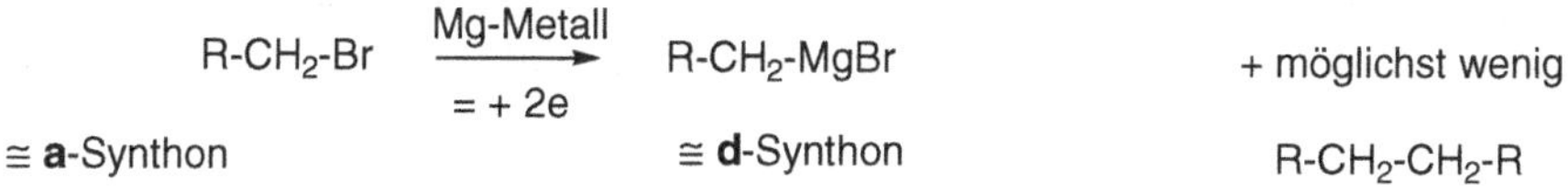

Abb. 2.17 Stöchiometrische Redoxumpolung bei der Grignardbildung

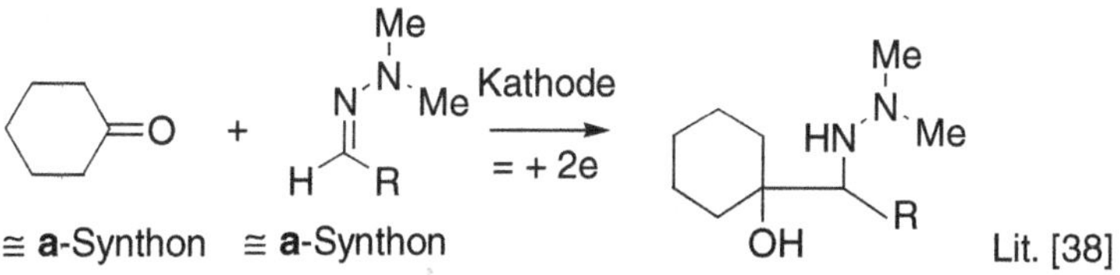

Abb. 2.18 *In situ*-Redoxumpolung, die zu einer gemischten Kupplung führt

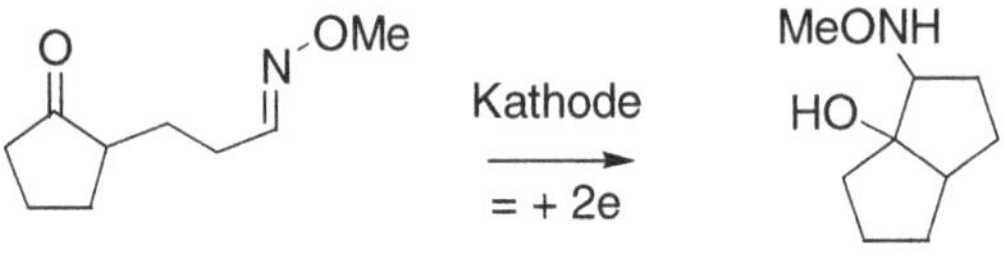

Abb. 2.19 Intramolekulare gemischte Redoxkupplung

Gemischten Redoxkupplungen, die auf einer *in situ*-Umpolung basieren, gelingen besonders leicht, wenn sie intramolekular, d. h. unter Ringschluss verlaufen (Abb. 2.19).

Die Zuführung von zwei Elektronen bei der reduktiven Umpolung von einem **a**- zu einem **d**-Synthon kann auch indirekt über einen Mediator erreicht werden. Im dem in Abb. 2.20 dargestellten Beispiel bringt das Zinn im Tributyl-stannyl-lithium die beiden zur Bindung an den Aldehyd (= **a**-Synthon) nötigen Elektronen mit. Beim nachfolgenden Zinn/Lithium-Austausch bleiben die beiden Elektronen am Kohlenstoff zurück, so dass dort ein nucleophiles Zentrum entsteht.[28, 32]

Es hat wohl mit der historischen Entwicklung der Synthesemethodik zu tun, dass bei Umpolungsreaktionen diejenigen von **a**-Synthons zu **d**-Synthons dominieren. Gerüstaufbauende Reaktionen hat man bis weit in die Achtzigerjahre des vergangenen Jahrhunderts überwiegend mit stark basischen Reagenzien und schwachen Elektrophilen ausgeführt. Das heißt, die **d**-Synthons dominierten das Geschehen und die Syntheseplanung. Die andere Art der Reaktionsführung, Lewis-Säure-aktivierte (starke) Elek-

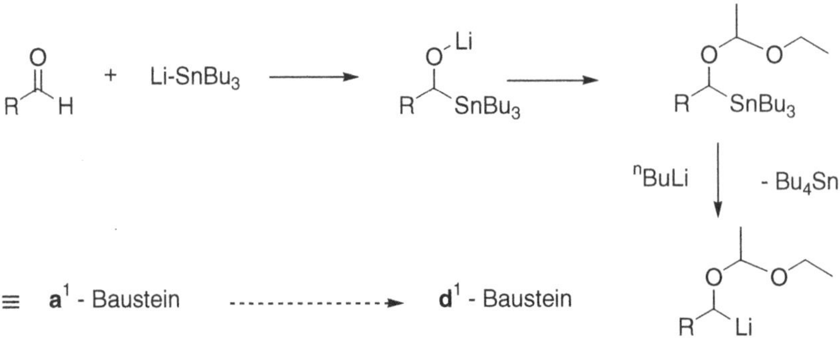

Abb. 2.20 Umpolung einer Carbonylgruppe über einen Mediator

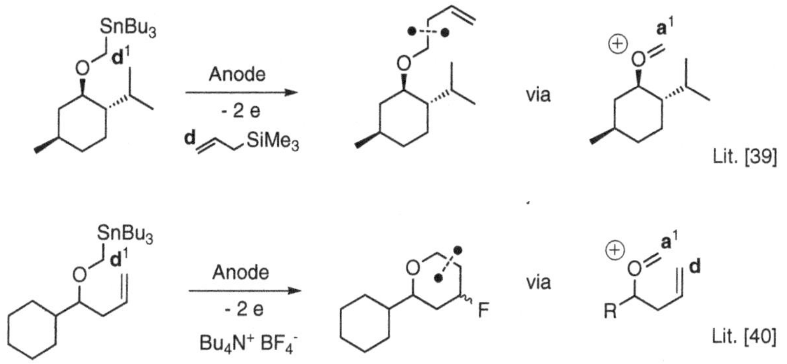

Abb. 2.21 Anodische (oxidative) *in situ*-Umpolung von **d**^{1} nach **a**^{1}

trophile in Kombination mit schwachen π-Donornucleophilen, gewinnt seither zusehends an Bedeutung im Synthesegeschehen. Im gleichen Maße braucht man unnatürliche **a**-Synthons, d. h. eine Umpolung von **d** nach **a**.

Bei gerüstaufbauenden Reaktionen im Lewis-sauren Bereich wird das reaktive Elektrophil (**a**-Synthon) in der Regel nicht stöchiometrisch eingesetzt, sondern in niedriger Konzentration *in situ*, d. h. in Gegenwart des Donorsynthons, erzeugt. Dies kann man auch durch eine Umpolung von einem **d**^{1}-Synthon zu einem **a**^{1}-Synthon erreichen (sicherlich ein umständlicher Weg zu einem „natürlichen" Synthon!). In diesen Fällen hat die *in situ*-Technik den Vorteil, dass sich wegen der stöchiometrischen Anwesenheit des (schwerer zu oxidierenden) nucleophilen Partners eine unerwünschte Homokupplung (vgl. Abb. 2.16) meist unterdrücken lässt (Abb. 2.21).

Man kann statt einer elektrochemischen Oxidation natürlich andere Oxidationsmittel stöchiometrisch einsetzen. Die Reaktionssequenz in Abb. 2.22 zeigt die Erzeugung eines **d**^{1}-Bausteins und seine nachfolgende *in situ*-Umpolung zu einem **a**^{1}-Baustein.

Die nachstehende Erzeugung eines **a**^{2}- aus einem **d**^{2} Synthesebaustein (Abb. 2.23) ist einem so selbstverständlich, dass man erst beim genaueren Nachdenken darin eine oxidative Umpolung erkennt.

Bei einer Redoxumpolung denkt man normalerweise an die Wegnahme oder das Zufügen von *zwei* Elektronen zu dem entsprechenden Synthon. Nur Wenigen ist klar, dass bereits das Wegnehmen oder das Zufügen *eines* Elektrons für die Reaktivitätsumpolung ausreicht (Abb. 2.24).

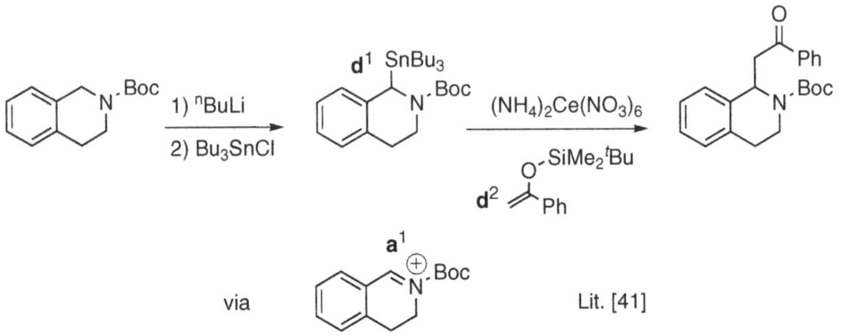

Abb. 2.22 Oxidative *in situ*-Umpolung von d^1 nach a^1

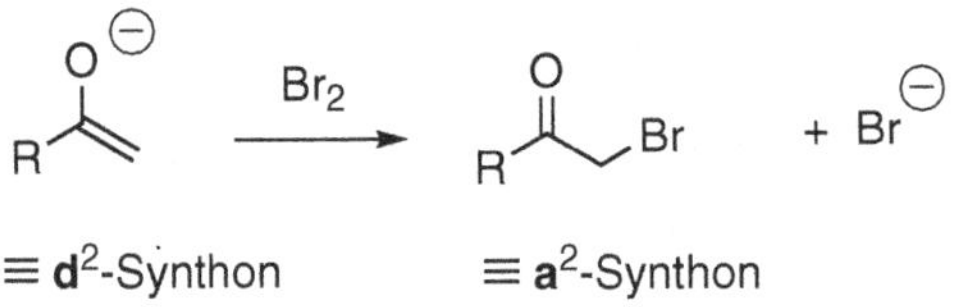

$\equiv d^2$-Synthon $\equiv a^2$-Synthon

Abb. 2.23 Oxidative Umpolung von d^2 nach a^2

Für die Synthese sind solche Ein-Elektronenumpolungen häufig vorteilhaft, weil man auch diese *in situ* ausführen und damit zusätzliche,
durch die Umpolung bedingte Syntheseschritte vermeiden kann. Die in
Abb. 2.25 aufgeführten Beispiele illustrieren das Prinzip der Ein-Elektronenumpolung. Es muss allerdings auch noch ein zweites Elektron in der
Reaktionskaskade übertragen werden. Dies geschieht in einer raschen,

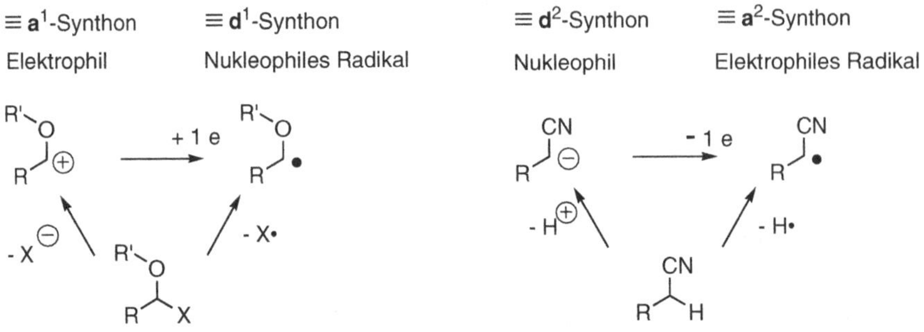

Abb. 2.24 Ein-Elektronenumpolung

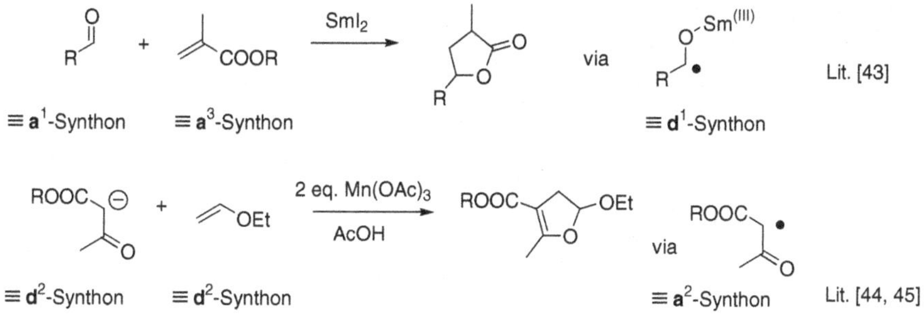

Abb. 2.25 *In situ*-Ein-Elektronen-Redoxumpolungen

dem gerüstaufbauenden Schritt nachgelagerten Reaktion,[42] was beim Einsatz des Oxidations- (bzw. Reduktions-)mittels in der Stöchiometrie berücksichtigt werden muss.

2.2 Abstand funktioneller Gruppen

2.2.1 *1,2*-Abstand zweier Funktionalitäten

Ausgangspunkt der Betrachtungen über die Umpolung waren FG-orientierte Bindungssätze bei Zielmolekülen mit einem *1,2*- bzw. *1,4*-Abstand der Heterofunktionalitäten. Ein Bindungsaufbau zwischen diesen Funktionalitäten verlangt den Einsatz von umgepolten Synthons. In der Synthese bedeutet der Vorgang der Umpolung zusätzliche Reaktionsschritte (meist einen, ungünstigen Falles zwei). Für den retrosynthetischen Bindungsbruch bedeutet das, dass man an der zu knüpfenden Bindung das umgepolte Synthon auf der Seite vorsieht, die den geringeren synthetischen Aufwand beinhaltet. *Man wird also nicht das Ende des über viele Stufen aufgebauten wachsenden Moleküls umpolen, sondern eher das anzuknüpfende Reagenz, dessen Syntheseaufwand im Seitenzweig der Synthese gesehen wird.*

Weil Umpolung in der Regel zusätzliche Schritte bedeutet, ist es sinnvoll den Synthese-Aufwand bei der Bindungsknüpfung zwischen zwei funktionellen Gruppen im Abstand 1,2 mit dem *alternativer Vorgehensweisen* zu vergleichen:

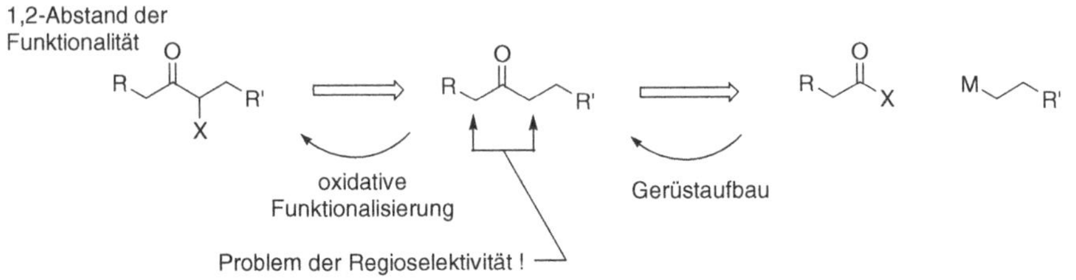

1,2-Abstand der
Funktionalität

oxidative
Funktionalisierung

Gerüstaufbau

Problem der Regioselektivität !

Abb. 2.26 Nachträglicher oxidativer Einbau des zweiten Heteroatoms

Die erste Alternative besteht darin, einen der beiden Heteroatom-Substituenten in einem dem Gerüstaufbau zeitlich nachfolgenden Schritt oxidativ einzuführen. Auch dies beinhaltet allerdings einen zusätzlichen Schritt. Im nachfolgenden Beispiel (Abb. 2.26) kann dieser Schritt eine elektrophile Oxygenierung[46] oder Aminierung[47] eines Enolats sein:

Dadurch, dass die Position des zweiten Heterosubstituenten nicht beim Gerüstaufbau festgelegt wird, muss man jetzt Mittel und Wege finden, um die oxidative Funktionalisierung regioselektiv auf der gewünschten Seite der Erstfunktionalität zu erzielen. Wenn das nicht möglich ist, muss man diese Alternative verwerfen.

Wenn schon ein zusätzlicher Refunktionalisierungsschritt nötig wird – sei es bei der Umpolung, sei es bei der Einführung der zweiten Funktionalität – dann kann man als **zweite Alternative** daran denken, beide Heteroatom-Substituenten in einem Schritt einzuführen. Für einen *1,2-*Abstand der beiden Funktionalitäten bietet eine C=C-Doppelbindung die geeignete Profunktionalität wie das Retrosyntheseschema in Abb. 2.27 zeigt.

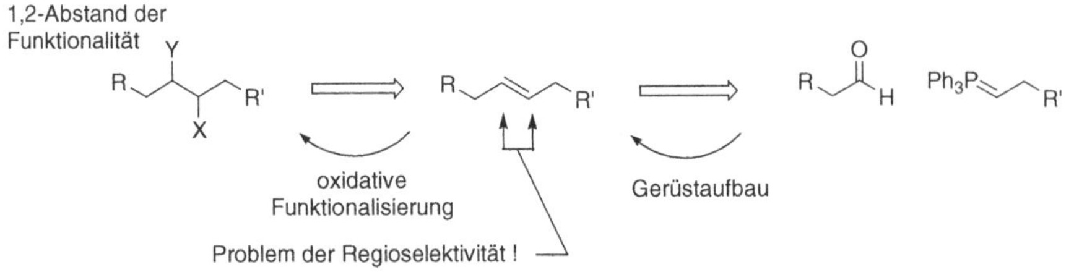

1,2-Abstand der
Funktionalität

oxidative
Funktionalisierung

Gerüstaufbau

Problem der Regioselektivität !

Abb. 2.27 Nachträglicher oxidativer Einbau beider Heteroatome

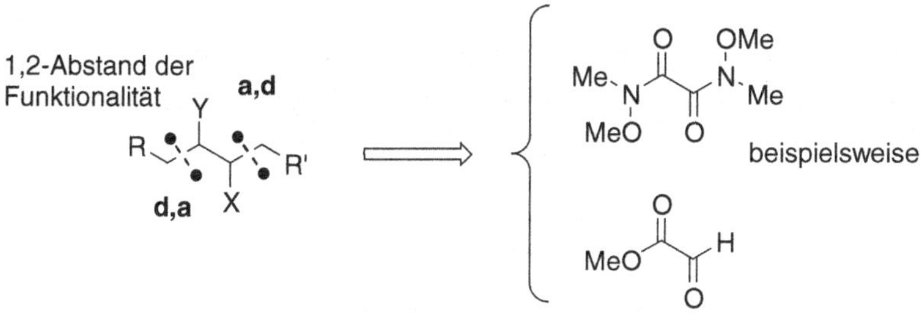

Abb. 2.28 Bausteinorientierter Zugang zu 1,2-di-heterosubstituierten Gerüsten

Bei dieser Vorgehensweise baut man erst das Molekülgerüst mit einer C=C-Doppelbindung an den Positionen auf, die die beiden benachbarten Heterofunktionalitäten tragen sollen. Im zweiten Schritt der Reaktionsfolge werden diese über eine (oxidative) Addition eingeführt. Für den Fall, dass allerdings die beiden Funktionalitäten verschieden sind, muss man Mittel und Wege suchen, das Problem der regioselektiven Addition zu lösen.

Die **dritte Alternative** ist die radikalste, nämlich auf eine Bindungsknüpfung zwischen den beiden (hier im *1,2*-Abstand angeordneten) Funktionalitäten zu verzichten. Man vollzieht einen Wechsel zu einer *bausteinorientierten Strategie*. Man prüft, ob es geeignete *1,2*-difunktionalisierte Bausteine gibt, die sich so in das Zielmolekül einbauen lassen, dass die zu knüpfenden Bindungen außerhalb des *1,2*-difunktionalisierten Teils liegen. In solche Überlegungen muss man dann die Reihenfolge der Bindungsknüpfungen und, bei unterschiedlichen Funktionalitäten X und Y, auch deren richtige Platzierung einbeziehen (Abb. 2.28).

Dies lässt sich anhand eines konkreten Fallbeispiels, den Synthesen der Dihydropalustraminsäure 7, illustrieren (Abb. 2.30). Da alle vier Diastereomere der Dihydropalustraminsäure gewonnen werden sollten, kann man bei der retrosynthetischen Betrachtung Aspekte der Stereochemie zunächst zurückstellen. Man erkennt längs der Hauptkette von 7 eine *1,2*- und eine *1,3*-Anordnung der Heterofunktionalität. Der Piperidin-Ring entspricht einer *1,5*-Anordnung von Heteroatomen.

Man kann z. B. die *1,2*-Difunktionalität vorteilhaft über ein Epoxid aus der „Profunktionalität" Doppelbindung erreichen. Der *1,3*-Abstand

Die Synthesepräferenzen beim Aufbau einer *1,2*-Anordnung von Heterofunktionalität lassen sich wie in Abb. 2.29 gezeigt zusammenfassen:

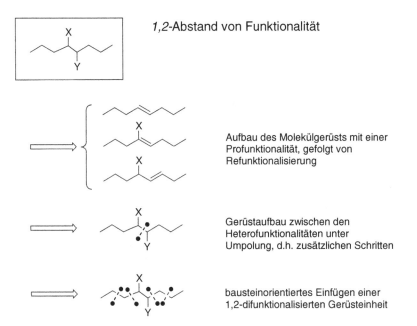

1,2-Abstand von Funktionalität

Aufbau des Molekülgerüsts mit einer Profunktionalität, gefolgt von Refunktionalisierung

Gerüstaufbau zwischen den Heterofunktionalitäten unter Umpolung, d.h. zusätzlichen Schritten

bausteinorientiertes Einfügen einer 1,2-difunktionalisierten Gerüsteinheit

Abb. 2.29 Präferenzen für den Aufbau von Molekülgerüsten mit einem 1,2-Abstand von Heterofunktionalitäten

der Funktionalität ist eine Situation, die unter Verwendung „natürlicher" Synthons zugänglich ist. Im vorliegenden Fall wäre dies eine Mannich-Reaktion zwischen dem Imin **8** und einem Esterenolat. Das Imin muss in einem vorgelagerten Schritt aus einem Aldehyd generiert werden, einem FGI-(Functional-Group-Interchange-)Schritt. Insofern ist ein anderes Vorgehen gleichwertig: Man erzeugt zunächst aus dem Aldehyd **9** unter Gerüsterweiterung den α,β-ungesättigten Ester und führt dann die Heterofunktionalität über eine nucleophile Addition ein. Eine abschließende nucleophile Öffnung des Epoxids erzeugt regioselektiv (Baldwin-Regeln! [48]) den Piperidinring.

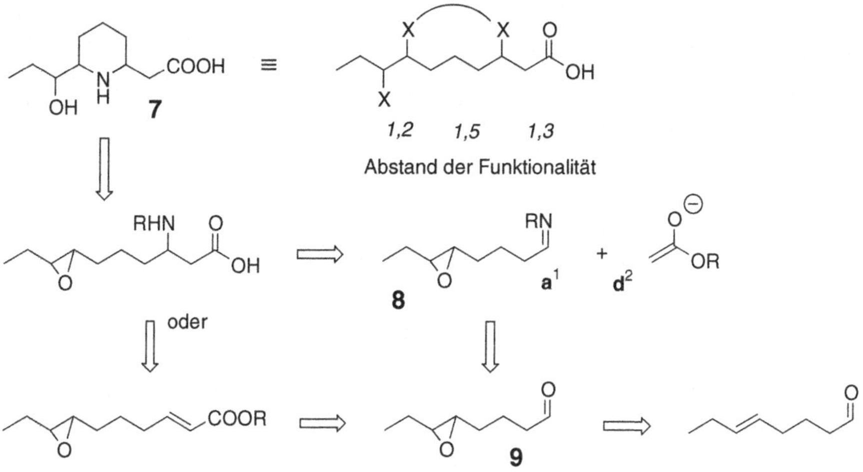

Abb. 2.30 Retrosynthese der Dihydropalustraminsäure

Die erste realisierte Synthese der Dihydropalustraminsäuren (Eugster[49]) (Abb. 2.31) enthält etliche Elemente des hier vorgestellten Syntheseplans.

Das offenkettige Gerüst des zweifach ungesättigten Carbonesters **10** wurde durch drei gerüstaufbauende Schritte erhalten. Der Ringschluss zum Piperidin verlangte dann noch das Knüpfen zweier C-Heteroatombindungen.

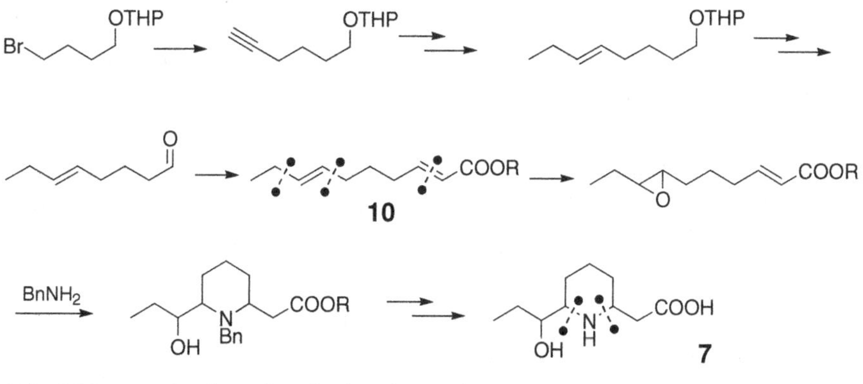

Abb. 2.31 Erste Synthese der Dihydropalustraminsäure

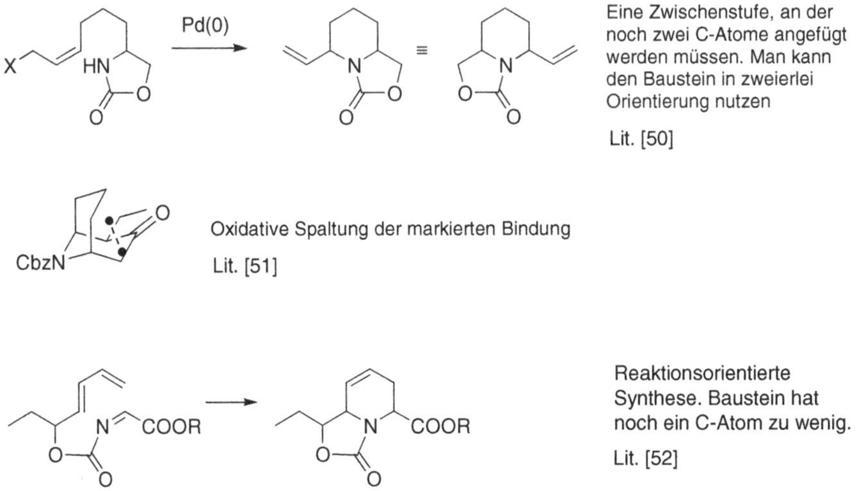

Eine Zwischenstufe, an der noch zwei C-Atome angefügt werden müssen. Man kann den Baustein in zweierlei Orientierung nutzen

Lit. [50]

Oxidative Spaltung der markierten Bindung

Lit. [51]

Reaktionsorientierte Synthese. Baustein hat noch ein C-Atom zu wenig.

Lit. [52]

Abb. 2.32 Weitere Synthesekonzepte, die zum Dihydropalustraminsäure-Gerüst führen

Dass die Synthese der Dihydropalustraminsäuren nicht auf FG-orientierte Synthesestrategien beschränkt ist, sieht man an den Reaktionsschemata in Abb. 2.32, in denen jeweils der Schlüssel-Schritt dargestellt ist.

2.2.2 *1,4*-Abstand zweier Funktionalitäten

Ein Großteil der Methodik für den Aufbau von Oxy-Funktionalitäten im *1,4*-Abstand an einem Kohlenstoffgerüst wurde im Zusammenhang mit der Synthese von Pyrenophorin und Vermiculin entwickelt. Insofern können wir die Methodik am Einfachsten in diesem Kontext illustrieren[53] (Abb. 2.33).

Diese Makrodilaktone bestehen jeweils aus zwei identischen Hydroxysäuren. Wenn wir uns auf die prinzipiellen Möglichkeiten zu deren Synthese konzentrieren, können wir zunächst von einer Diskussion stereochemischer Aspekte absehen. Wenn bei der Synthese der Hydroxysäure **11** Bindungen zwischen den Oxy-Funktionalitäten geknüpft werden sollen, dann müssen umgepolte Synthons eingesetzt werden (Abb. 2.34). Dies wird aus den annähernd 20 realisierten Synthesen in dieser Stoffklasse

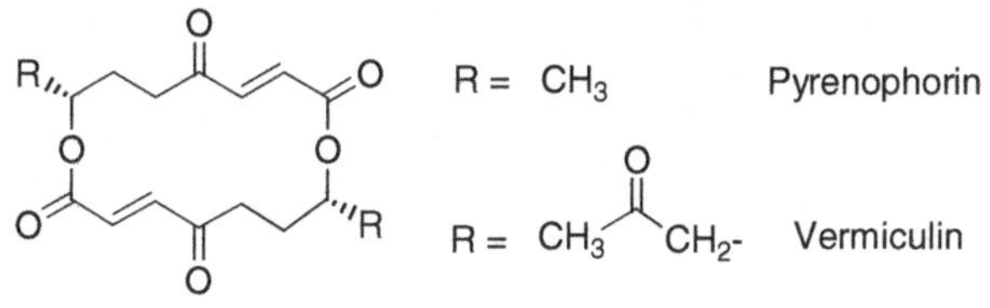

Abb. 2.33 Makrodilaktone mit *1,4*-Abstand der Oxy-Funktionalität

deutlich. Dabei werden $\mathbf{a}^1\text{-}\mathbf{d}^3$ und $\mathbf{a}^3\text{-}\mathbf{d}^1$-Kombinationen gegenüber einer $\mathbf{a}^2\text{-}\mathbf{d}^2$-Kombination bevorzugt.[53]

In Abb. 2.35 seien einige realisierte Möglichkeiten von $\mathbf{a}^1\text{-}\mathbf{d}^3$-Kombinationen dargelegt. Die Pd(0)-vermittelte Kupplung eines Säurechlorids mit einem Vinylstannan[54, 55] ist dabei wohl das effizienteste Vorgehen.

Die in Abb. 2.36 dargestellte Synthese[57] nutzt ein an beiden Enden umgepoltes Zwischenstück **12**.

Ganz interessant ist der Aufbau und die Nutzung eines versteckten $\mathbf{a}^2$-Synthons in diesem Kontext[58] (Abb. 2.37).

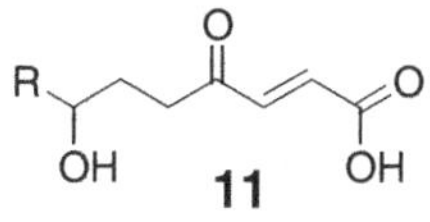

Bindungsknüpfung zwischen den funktionellen Gruppen verlangt in jeder der Kombinationen $\mathbf{a}^1\text{-}\mathbf{d}^3$, $\mathbf{a}^2\text{-}\mathbf{d}^2$, $\mathbf{a}^3\text{-}\mathbf{d}^1$ den Einsatz von umgepolten Synthonen

Abb. 2.34 Hydroxysäure mit *1,4*-Abständen der Oxy-Funktionailtäten

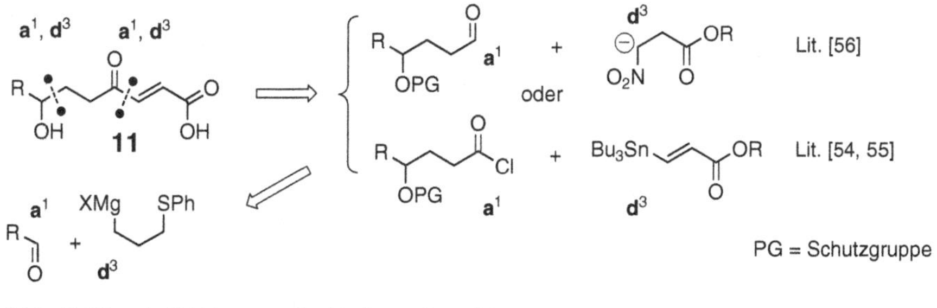

Abb. 2.35 $\mathbf{a}^1\text{-}\mathbf{d}^3$-Wege zu der Hydroxysäure **11**

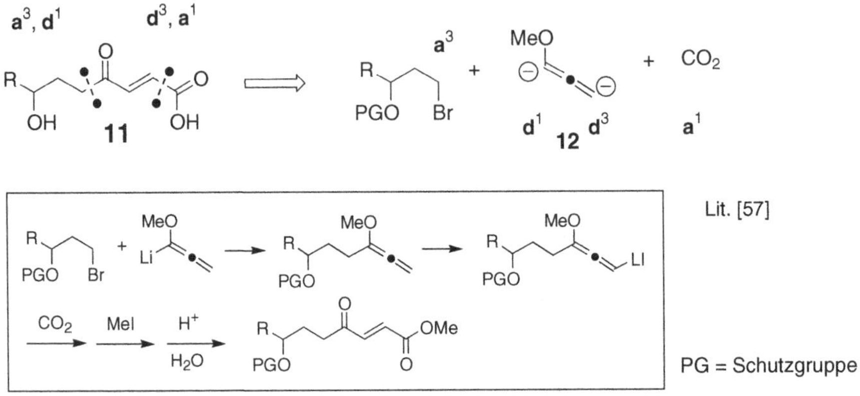

Abb. 2.36 a^3-d^1-Wege zu der Hydroxysäure **11**

Man beachte bei diesem und den vorausgehenden Beispielen, wie die verwendeten Synthesebausteine so gewählt wurden, dass sie die Bildung der C-2/C-3-Doppelbindung durch Eliminierung z.B. von $PhSO_2^-$ bzw. NO_2^- ermöglichen.

Vorgehensweisen, bei denen zwischen einem Paar von funktionellen Gruppen zwei Gerüstbindungen geknüpft werden („Stückeln") sehen umständlicher aus (Abb. 2.38).

Sie sind Ausdruck eines Wechsels zu einer bausteinorientierten Strategie. In den in Abb. 2.39 angeführten Beispielen ist der jeweils „vorgegebene" Baustein hervorgehoben. Eine ganze Reihe verfügbarer 1,4-difunktionalisierter Bausteine ist in Lit.[21] aufgeführt.

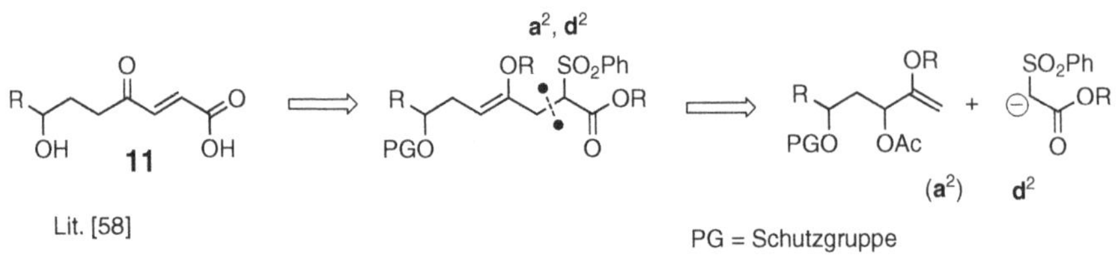

Abb. 2.37 Verwendung eines a^2-Synthons bei der Synthese der Hydroxysäure **11**

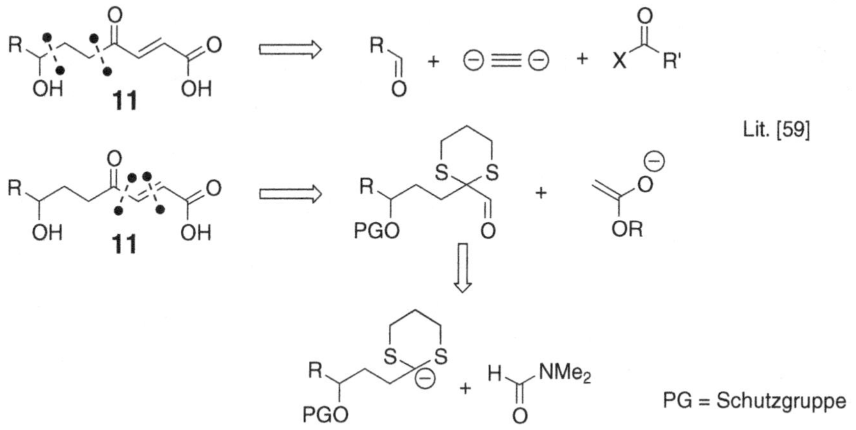

Abb. 2.38 C$_2$- bzw. C$_1$-Stückeln beim Aufbau von Teilstrukturen der Hydroxysäure **11**, PG = Schutzgruppe

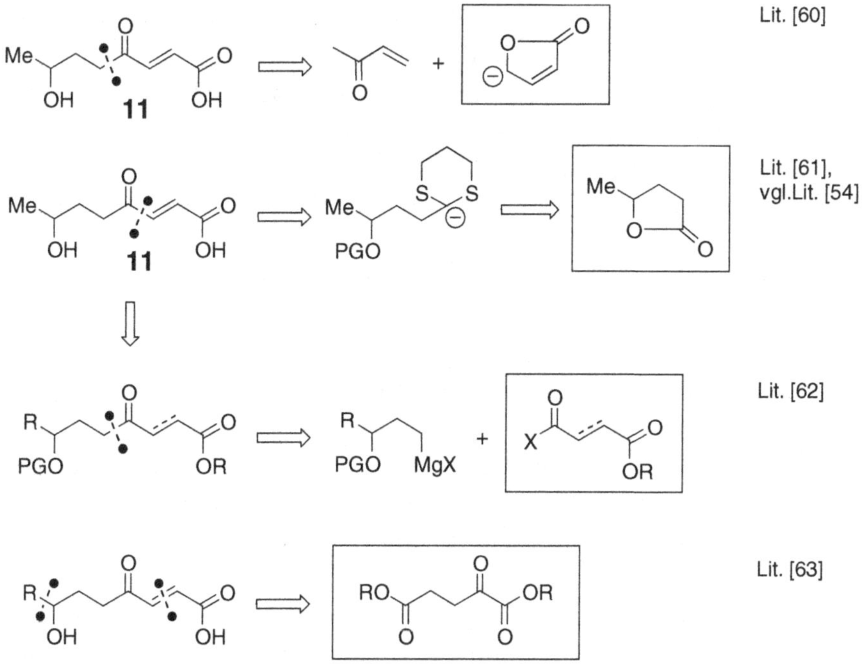

Abb. 2.39 Bausteinorientierte Synthese der Hydroxysäure **11**, PG = Schutzgruppe

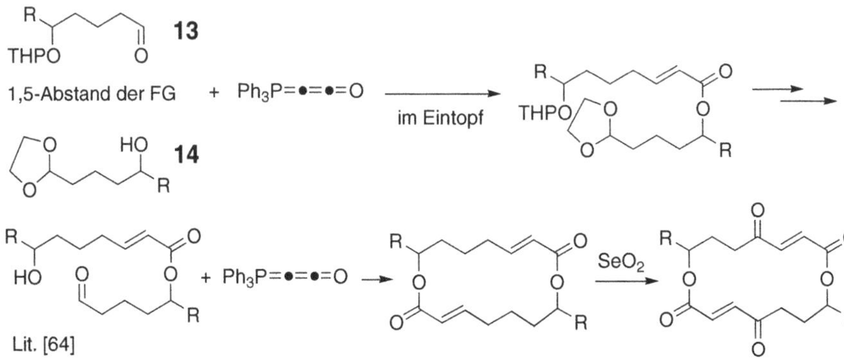

Abb. 2.40 Bestmanns Synthese des Pyrenophoringerüsts

Die hier vorgestellten Synthesen der Hydroxysäure des Pyrenophorins illustrieren ein schulmäßiges, verallgemeinerbares Vorgehen. Sie zeigen, wie man mit einem vertretbaren Aufwand ans Ziel kommt. Man sollte aber nicht vergessen, dass es fast immer auf den Einzelfall abgestimmte, kreativere Lösungsmöglichkeiten gibt. Zum Vergleich sei eine solche Synthese vorgestellt, die für ein Analogon des Pyrenophorins ausgeführt wurde[64] (Abb. 2.40). Der Pfiff dieser Synthese liegt darin, dass die Ketofunktionen, die den problematischen *1,4*-Abstand der Funktionalitäten ausmachen, erst im letzten Schritt oxidativ in das fertige Molekülgerüst eingeführt werden. Dieses Vorgehen ermöglichte es, geschützte Hydroxyaldehyde (**13** bzw. **14**) mit unproblematischem *1,5*-Abstand der funktionellen Gruppen einzusetzen. Dabei acyliert das Keten den Alkohol **14** zu einem Wittig-Reagens, das dann mit dem Aldehyd **13** reagiert.

Dies zeigt, dass man bei der *1,4*-Anordnung von Heterofunktionalität stets ein breites Methodenarsenal in Betracht ziehen sollte. Eine stöchiometrische Umpolung eines der Reaktionspartner ist nicht sehr attraktiv. Bevor man sich davon abwendet, sollte man sich an die Vorteile einer *in situ*-Umpolung erinnern. Das wohl in diesem Kontext beste Verfahren hat Stetter in Anlehnung an die Thiamin-Katalyse der Natur entwickelt[65] (vgl. S. 18) (Abb. 2.41).

Eine andere *in situ*-Umpolung wurde schon weiter oben angesprochen (Abb. 2.25, S. 33), die Ein-Elektronen-Oxidation von β-Dicarbonylverbindungen (Abb. 2.42).

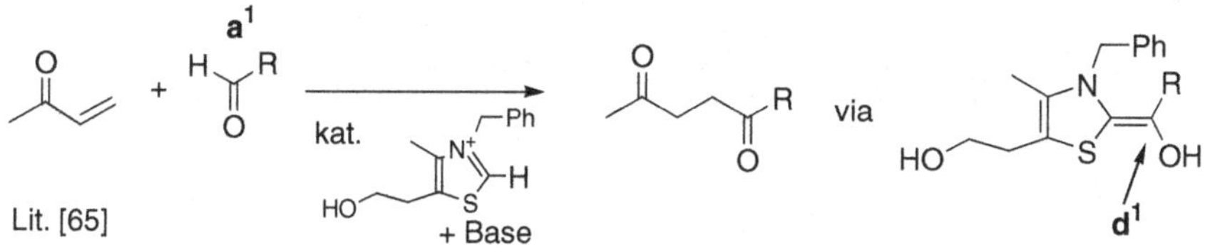

Abb. 2.41 Stetters *in situ*-Umpolung von Aldehyden

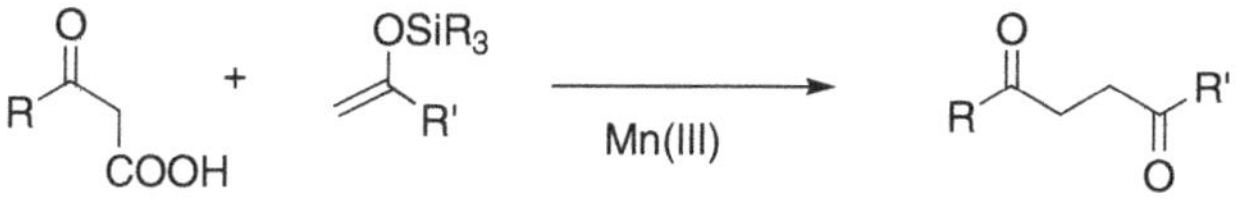

Lit. [66]

Abb. 2.42 *In situ*-Umpolung von β-Dicarbonylverbindungen durch Ein-Elektronen-Oxidation eines Enolats

Ein weiteres breit anwendbares Verfahren zur Gewinnung von Strukturen mit *1,4*-Abstand der Funktionalität bietet die Sequenz Claisen-Ester-Umlagerung gefolgt von Wacker-Oxidation oder Iod-Laktonisierung bzw. direkter Laktonisierung[67] der Doppelbindung. (Für eine Anwendung im Hinblick auf das Pyrenophorin-Gerüst s. Lit.[68] (Abb. 2.43).) Man beachte, dass im Zuge dieser Sequenz die Position des einen Heteroatoms von C-1 am Allylalkohol-Gerüst nach C-2 verschoben wird.

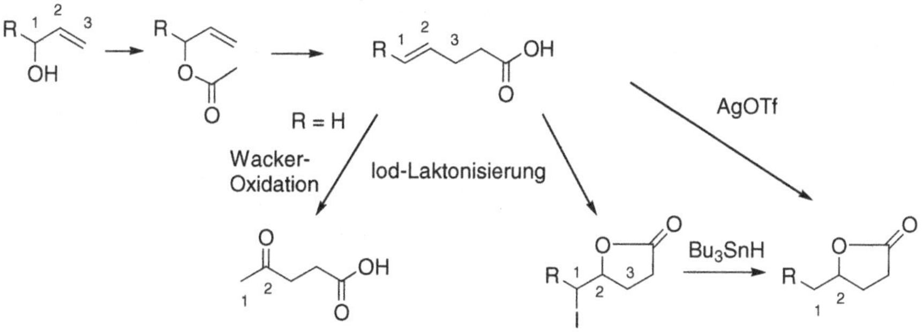

Abb. 2.43 Gerüstaufbau mit *1,4*-Abstand von Funktionalität über Claisen-Umlagerung

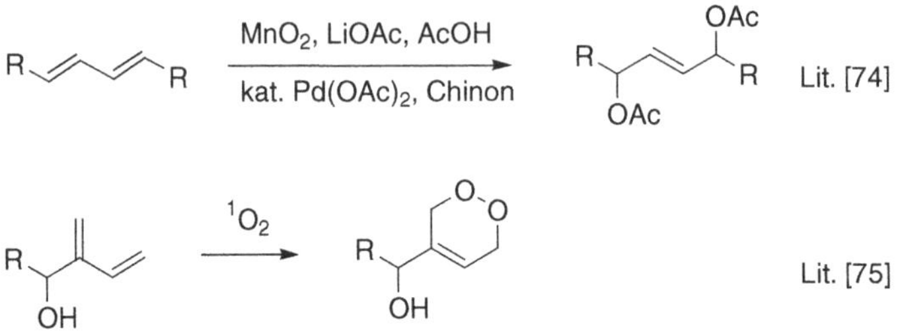

Abb. 2.44 *1,4*-Difunktionalisierung von 1,3-Dienen

Bestmann nützte in seiner Synthese des Pyrenophorin-Gerüsts (Abb. 2.40, s. S. 32) eine dem Gerüstaufbau nachgeschaltete oxidative Funktionalisierung, um den *1,4*-Abstand der funktionellen Gruppen zu erzielen. Prinzipiell ist es möglich und im Kontext der *1,4*-Anordnung von Funktionalität an einem Molekülgerüst vorteilhaft, in einem Schritt *zwei* Heteroatomsubstituenten an die Enden eines konjugierten Diens einzuführen. Die dafür nötige Methodik bieten die Pd(II)-vermittelte Oxy-Funktionalisierung nach Baeckvall[69] oder die Addition von Singulettsauerstoff nach Art einer Hetero-Diels-Alder-Addition.[70] Weitere nützliche Heteroatom-Dienophile sind ROOC-N=N-COOR, O=N-COOR,[71] O=N-Ph,[72] RN=S=O[73] (Abb. 2.44).

Während bei diesen Beispielen die Heteroatome über den Dienophilpart einer Diels-Alder-Addition eingeführt wurden, kann man ebenso heteroatomhaltige Diene benützen, um *1,4*-difunktionalisierte Moleküle durch Cycloadditionen aufzubauen (Abb. 2.45).

Konzeptionell verwandt ist die Reaktionssequenz: Addition von Keten oder Dichlorketen an eine Doppelbindung gefolgt von einer oxidativen Ringerweiterung des erhaltenen Cyclobutanons (Abb. 2.46).

Insgesamt lassen sich die wichtigsten Möglichkeiten zum Aufbau eines in *1,4*-Position difunktionalisierten Molekülgerüsts wie in Abb. 2.47 gezeigt zusammenfassen.

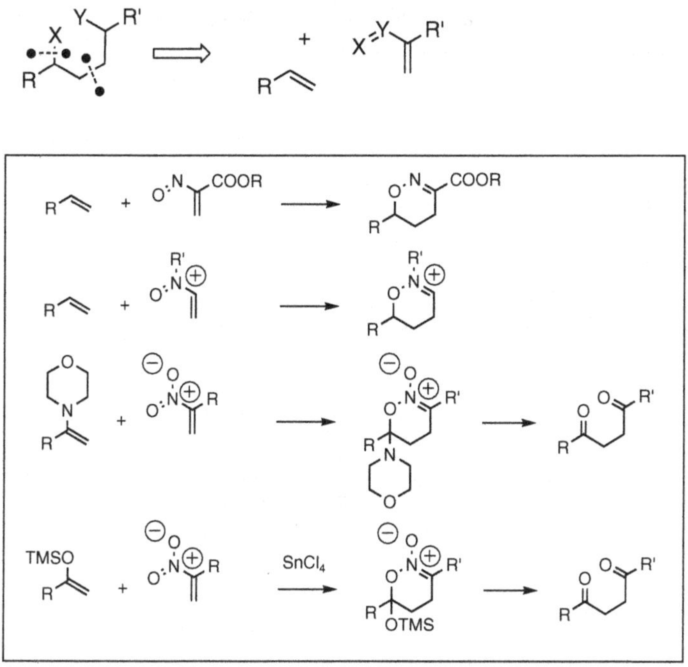

Lit. [76]

Lit. [77]

Lit. [78]

Lit. [79]

Abb. 2.45 Beide Heteroatome aus Cycladditionen an ein Dihetero-Dien

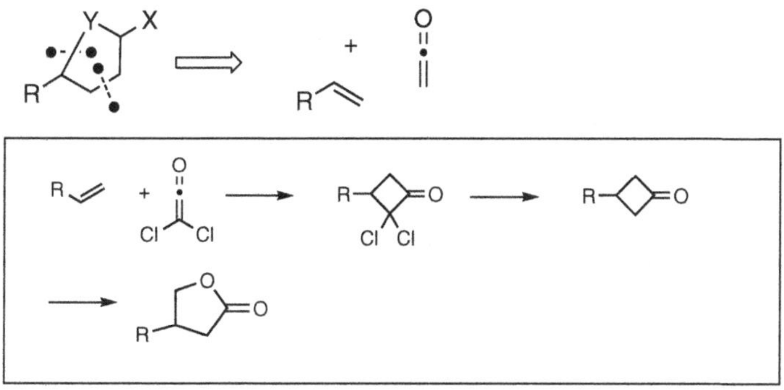

Lit. [80]

Abb. 2.46 *1,4*-Difunktionalisierte Gerüste über Cyclobutanone

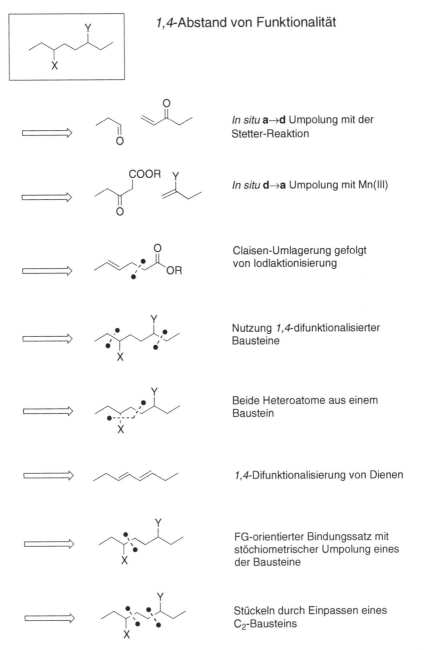

1,4-Abstand von Funktionalität

In situ **a→d** Umpolung mit der Stetter-Reaktion

In situ **d→a** Umpolung mit Mn(III)

Claisen-Umlagerung gefolgt von Iodlaktionisierung

Nutzung *1,4*-difunktionalisierter Bausteine

Beide Heteroatome aus einem Baustein

1,4-Difunktionalisierung von Dienen

FG-orientierter Bindungssatz mit stöchiometrischer Umpolung eines der Bausteine

Stückeln durch Einpassen eines C$_2$-Bausteins

Abb. 2.47 Präferenzen für den Aufbau von Molekülgerüsten mit einem *1,4*-Abstand von Heterofunktionalitäten

2.2.3 *1,3*-Abstand zweier Funktionalitäten

Eine Bindungsknüpfung zwischen zwei Funktionalitäten im *1,3*-Abstand ist das, was mit „natürlichen" Synthons problemlos erreicht werden kann. Dieser Weg ist damit auch der Standardweg (Abb. 2.48).

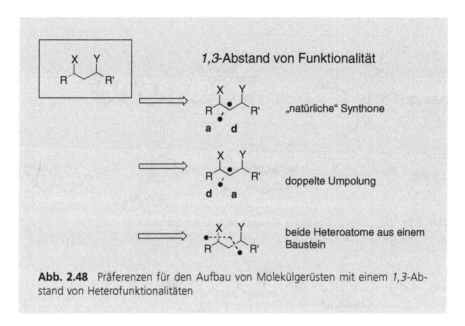

Abb. 2.48 Präferenzen für den Aufbau von Molekülgerüsten mit einem *1,3*-Abstand von Heterofunktionalitäten

Überraschend ist, dass der Aufbau solcher Struktureinheiten unter Nutzung zweier umgepolter Synthons (doppelte Umpolung), z. B. die Umsetzung von Dithiananionen mit Epoxiden, häufig Anwendung findet.[81] Denn diese Vorgehensweise ist dann besonders nützlich, wenn eine der funktionellen Gruppen über weitere Syntheseschritte hinweg zunächst geschützt bleiben soll, denn die Ketofunktion fällt bereits (als Dithian) geschützt an (Abb. 2.49).

Die zunächst umständlich erscheinende Synthesestrategie der doppelten Umpolung hat sich im Kontext anspruchsvoller Synthesen[82] wiederholt bewährt [83] (Abb. 2.50).

Wenn man dagegen die eingeführte Acyl-Gruppe gleich weiter nutzen möchte, bietet sich eine analoge nucleophile Carbonylierung von Epoxiden an.[84, 85] Bei der in Abb. 2.51 gezeigten nucleophilen Epoxidcarbonylierung

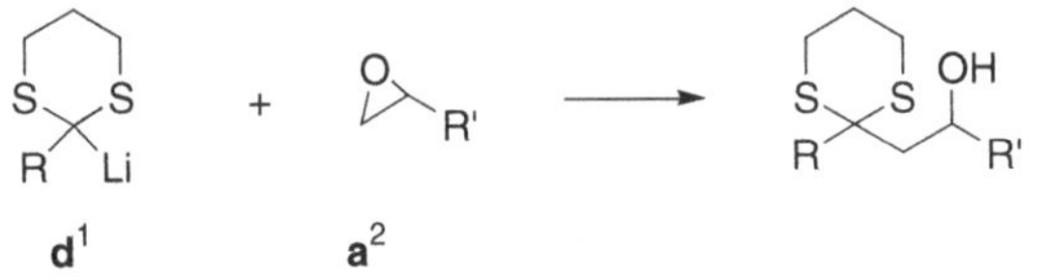

Abb. 2.49 Doppelte Umpolung beim Aufbau eines *1,3*-difunktionalisierten Gerüsts

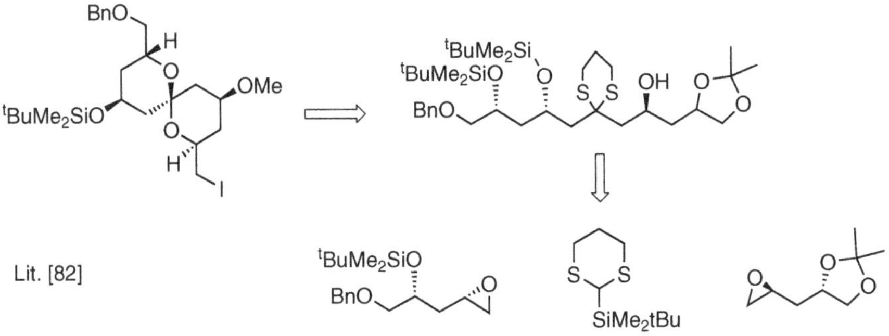

Abb. 2.50 Doppelte Umpolung in anspruchsvollem Kontext

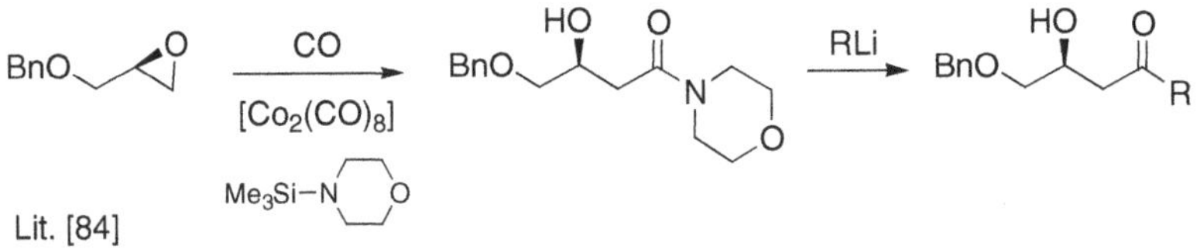

Abb. 2.51 Doppelte Umpolung durch nucleophile Carbonylierung

resultieren Acylmorpholide. Dies ist eine vorteilhafte Funktionalität, da sich Acylmorpholide wie Weinreb-Amide mit einer Organolithium-Verbindung sauber zu β-Hydroxy-ketonen umsetzen lassen.[86]

Neben diesem Vorgehen und dem Standardweg mit natürlichen Synthons gibt es noch die Möglichkeiten, die 1,3-dipolare Cycloadditionen zum Aufbau *1,3*-difunktionalisierter Molekülgerüste bieten. Hier hat sich vor allem die Addition von Nitriloxiden an Alkene etabliert (die von Silylnitronaten[87] an Alkene ist dazu synthetisch äquivalent). Die bei der Cycloaddition resultierenden Isoxazoline lassen sich in vielseitiger Weise

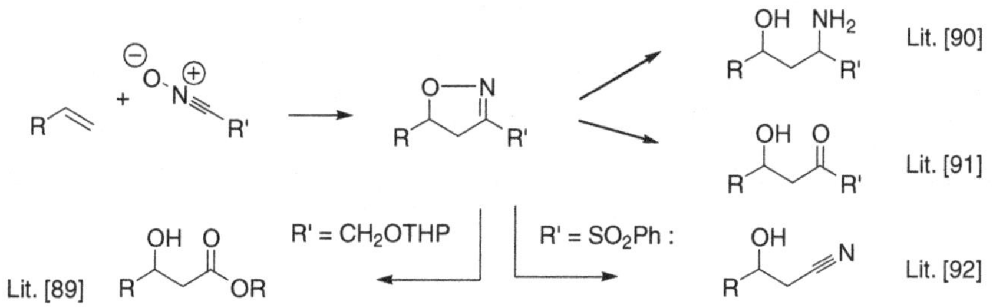

Abb. 2.52 1,3-Dipolare Cycloaddition von Nitriloxiden zum Aufbau *1,3*-difunktionalisierter Molekülgerüste

weiter umfunktionalisieren (Abb. 2.52). Dabei kann man die Freisetzung der empfindlichen Funktionalitäten oft auch erst zu einem späteren Zeitpunkt in einer Synthesefolge realisieren.[88]

Die vielseitige Nitriloxid-Cycloaddition machte man sich z. B. in einer weiteren sehr effizienten Synthese[93] des Pyrenophorins zunutze (Abb. 2.53).

Man beachte, dass bei der Nitriloxid-Addition an eine α,β-ungesättigte Carbonylverbindung eine *1,3*-Difunktionalität verknüpft mit einer *1,2*-Difunktionalität entsteht, wodurch der im Pyrenophorin nötige *1,4*-Abstand der funktionellen Gruppen resultiert. Das gilt auch bei der Kanemasa-Variante[94] der Addition von Nitriloxiden an Allylalkohole, die wegen der hohen Regio- und Stereo-Selektivität Beachtung findet [88] (Abb. 2.54).

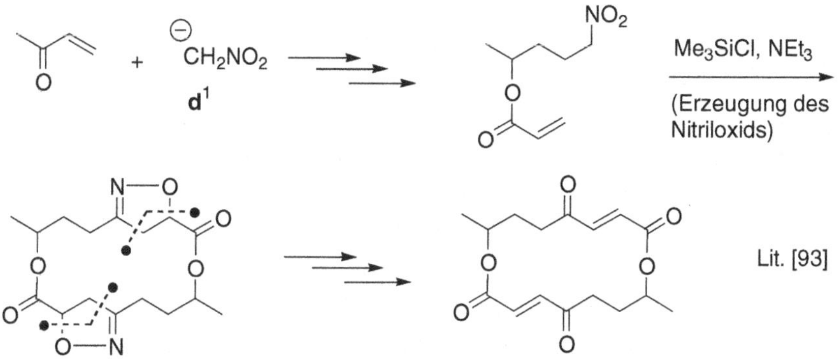

Abb. 2.53 1,3-Dipolare Cycloaddition von Nitriloxiden als Schlüsselschritt einer Pyrenophorinsynthese

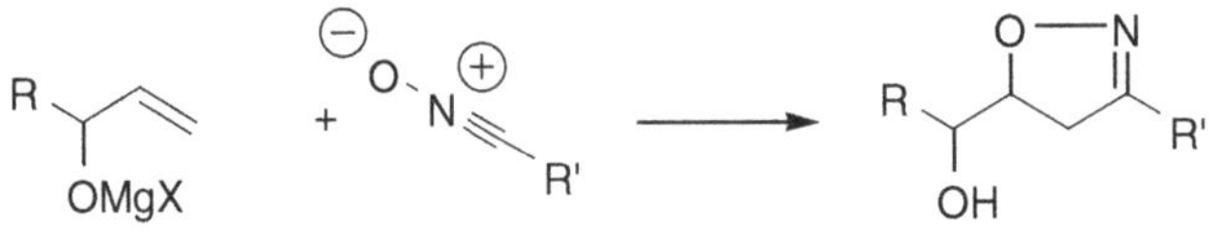

Abb. 2.54 Kanemasa-Variante der Addition von Nitriloxiden an Allylalkohole

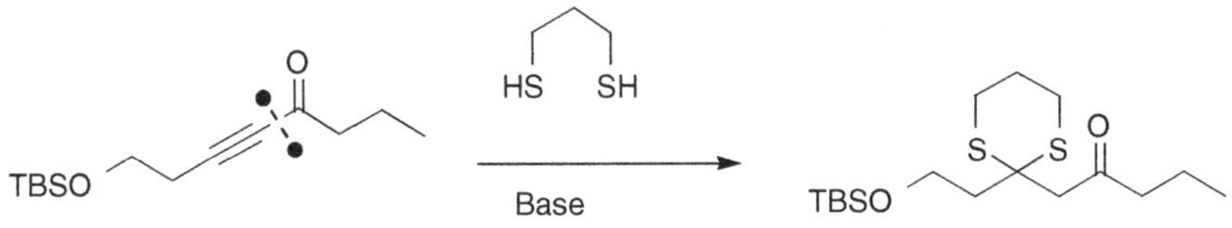

Lit. [94]

Lit. [95]

Abb. 2.55 Differenziert geschützte *1,3*-Difunktionalität durch Addition an Inone

Vom Bindungssatz her äquivalent zur 1,3-dipolaren Cycloaddition ist der Aufbau eine Inons gefolgt von der nucleophilen Michael-artigen Addition eines 1,3-Dithiols an die Dreifachbindung. So erhält man ein *1,3*-difunktionalisiertes System, in dem eine der funktionellen Gruppen langzeitgeschützt ist (Abb. 2.55).

2.2.4 *1,5-* (und *1,6-*)Abstand zweier Funktionalitäten

Beim Aufbau von Molekülgerüsten mit einem *1,5*-Abstand von Hetero-funktionalitäten dominiert die Verknüpfung von $\mathbf{d}^2$- mit $\mathbf{a}^3$-Synthons. Cy-cloadditionen unter Einbringen beider Heteroatome mit einem Baustein, etwa die nachfolgende Hetero-Diels-Alder-Addition,[96] (Abb. 2.56) sind bisher (zu) wenig entwickelt und leiden oft unter konkurrierender Polymerisation oder Dimerisierung des Enonpartners.

Ein weiterer Weg zu *1,5*-difunktionalisierten Gerüsten hat große Bedeutung: es ist die oxidative Spaltung von Cyclopenten-Derivaten (Abb. 2.57). In der Corey'schen Terminologie der Retrosynthese ist das die Operation „*Reconnect*". In diese Kategorie gehört auch die Baeyer-Villiger-Oxidation von Cyclopentanon-Derivaten.

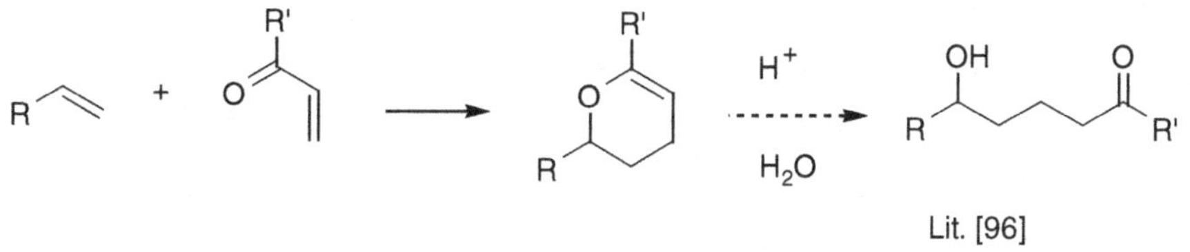

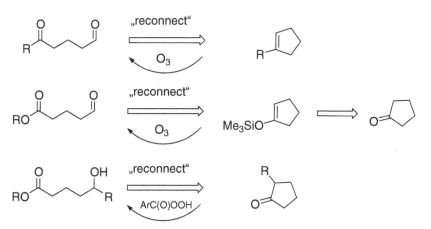

Abb. 2.56 Hetero-Diels-Alder-Addition als Weg zu *1,5*-difunktionalisierten Gerüsten

Die obigen Transformationen sind Refunktionalisierungen und setzten voraus, dass ein entsprechendes Cylopenten- oder Cyclopentanongerüst als „Baustein" zur Verfügung steht oder leicht aufgebaut werden kann.

Es bedarf keiner weiteren Erläuterung, dass *1,6*-difunktionalisierte Gerüste durch entsprechende oxidative Spaltung von Cyclohexen-Derivaten zugänglich sind, eine Methode, die gerne genützt wird, weil es im Zuge dieser Reaktionen möglich ist, die Funktionalitäten in 1- und 6-Position zu differenzieren. Die Techniken dazu wurden von S. Schreiber zusammengestellt [97] (Abb. 2.58).

Will man *1,6*-difunktionalisierte Gerüste durch Bindungsknüpfung zwischen den funktionellen Gruppen aufbauen, so bleibt im Bereich des Synthonkonzeptes nur die Möglichkeit einer **d³-a³**-Kombination (Abb. 2.59).

Abb. 2.57 Oxidative Spaltung von Cyclopentan-Derivaten als Weg zu *1,5*-difunktionalisierten Molekülgerüsten

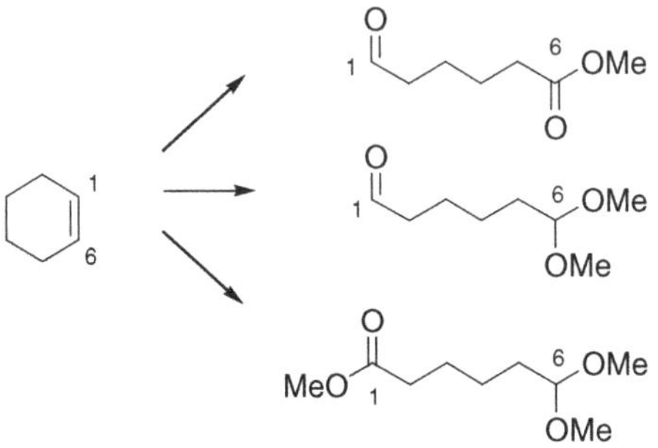

Abb. 2.58 Oxidative Spaltung von Cyclohexenen als Weg zu Endgruppen-differenzierten 1,6-difunktionalisierten Molekülgerüsten

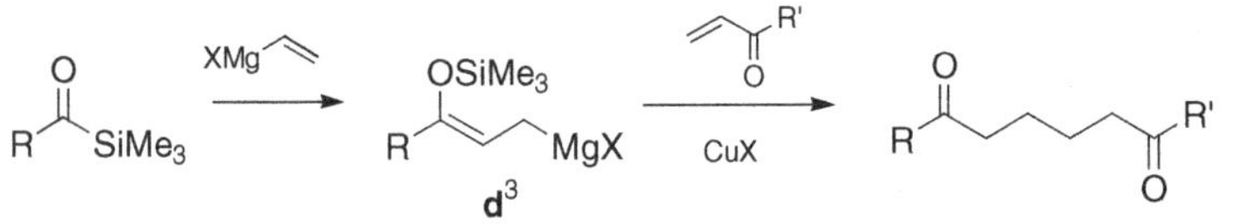

Abb. 2.59 Aufbau eines 1,6-difunktionalisierten Molekülgerüsts durch $\mathbf{d}^3$-$\mathbf{a}^3$-Kombination

2.2.5 Verknüpfungsbausteine

Die bisher betrachteten Synthons erlaubten den Aufbau jeweils einer Gerüstbindung des Zielmoleküls. Bivalente Synthons mit zwei reaktiven Positionen würden den Aufbau zweier Gerüstbindungen ermöglichen. Ein Beispiel wurde bereits in Abb. 2.38 auf S. 31 erwähnt, als eine Acetylen-einheit als C_2-Baustein zwischen zwei funktionelle Gruppen eingepasst wurde. Solche Verknüpfungsbausteine wurden von Trost als *conjunctive reagents*[99] und von Seebach[100] als *multiple coupling reagents* bezeichnet. Der einfachste Verknüpfungsbaustein wäre eine CH_2-Einheit, die je nach Art der vorgesehenen Bindungsknüpfung in drei Anwendungsformen zugänglich sein sollte (Abb. 2.60).

Vetreter der dianionischen Form wären etwa folgende Reagenzien, in denen Y und Z Gruppen sind (wie etwa Sulfon), die die Einführung einer benachbarten negativen Ladung stabilisieren.[101, 102] Diese ermöglicht eine zweifache Alkylierung. Die Hilfsfunktionalitäten Y und Z müssen dann in

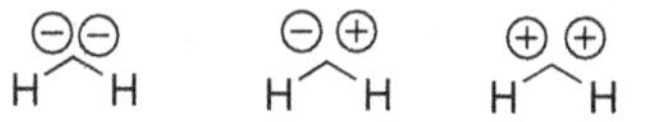

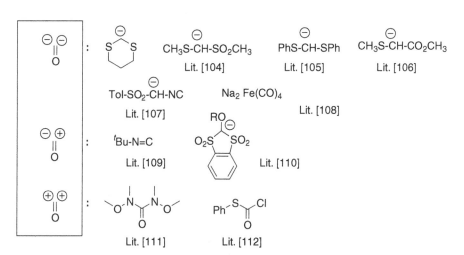

Abb. 2.60 Bivalente Methylen-Synthons als Verknüpfungsbausteine

einem weiteren Folgeschritt reduktiv entfernt werden, um die gewünschte CH_2-Gruppe zu generieren (Abb. 2.61).

Reizvoller als das Einpassen einer unfunktionalisierten CH_2-Gruppe ist es, funktionalisierte Verknüpfungsbausteine einzusetzen. Bedeutung als C_1-Bausteine haben hier das Carbonyl-dianion-Synthon erlangt. Unter diesen ist das Dithiananion das am häufigsten eingesetzte Reagenz [103] (Abb. 2.62).

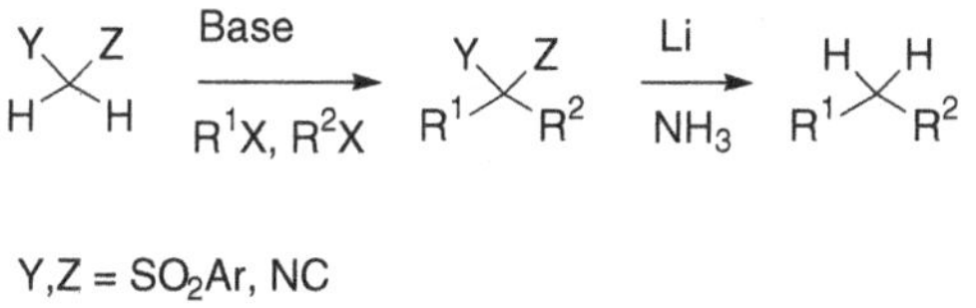

$Y,Z = SO_2Ar, NC$

Abb. 2.61 *1,1*-bivalente Verknüpfungsbausteine

CH₃S-CH-SO₂CH₃ Lit. [104]

PhS-CH-SPh Lit. [105]

CH₃S-CH-CO₂CH₃ Lit. [106]

Tol-SO₂-CH-NC Lit. [107]

Na₂ Fe(CO)₄ Lit. [108]

^{t}Bu-N=C Lit. [109]

Lit. [110]

Lit. [111]

Lit. [112]

Abb. 2.62 *1,1*-bivalente Carbonyl-Synthone und entsprechende Reagenzien

Weitere nützliche Verknüpfungsbausteine finden sich in Abb. 2.63 (s. auch Abb. 5.7, S. 74).

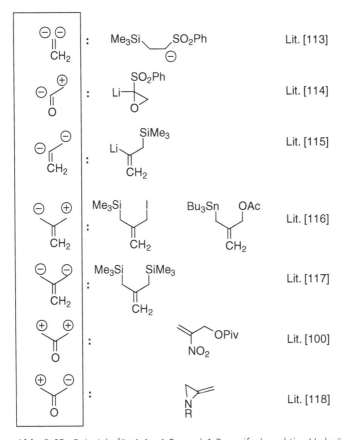

Abb. 2.63 Beispiele für *1,1*-, *1,2*-, und *1,3*-zweifach reaktive Verknüpfungsbausteine

3 Am Molekülgerüst orientierte Bindungssätze

Nur die wenigsten Syntheseziele haben eine unverzweigte lineare Kohlenstoffkette als Molekülgerüst, vielmehr sieht man sich Zielmolekülen mit verzweigten Ketten, mit Ringen und solchen mit substituierten Ringen gegenüber. Man darf gleich eines vorwegnehmen:

Verzweigungen entstehen durch Bindungsknüpfung. Und daraus folgt, dass der Bindungssatz verzweigter Moleküle so zu wählen ist, dass die notwendigen Verzweigungen beim Gerüstaufbau entstehen. Die Alternative zu dieser skelettorientierten Vorgehensweise ist ein bausteinorientierter Bindungssatz, d.h. man nützt einen geeigneten (leicht zugänglichen) Synthesebaustein, der die Verzweigung bereits enthält und baut diesen Baustein in die Zielverbindung ein (Abb. 3.1). Beides wird im Folgenden abgehandelt.

Wir haben im vorausgehenden Abschnitt die Bindungsknüpfung im Abstand zu einer vorhandenen Funktionalität betrachtet. Insofern prüft man bei Zielmolekülen mit verzweigtem Molekülgerüst zunächst den Abstand von Verzweigungen zu vorhandener Funktionalität. Wenn dieser Abstand in die normale Reichweite einer funktionellen Gruppe fällt, wird man in erster Linie die natürlichen Synthons nützen, um die Verzweigungen des Molekülgerüsts aufzubauen (Abb. 3.2).

Die Vorgehensmöglichkeiten seien in Abb. 3.3 am Beispiel von **15**, einer frühen Zwischenstufe in der Tetracyclinsynthese von Woodward,[119] illustriert. Man wählt die zu knüpfende Bindung so, dass sie an der Verzweigungsstelle liegt.

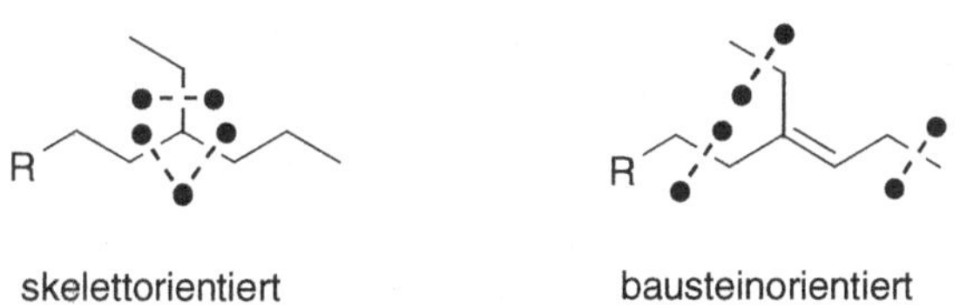

skelettorientiert   bausteinorientiert

Abb. 3.1 Bindungsknüpfung so, dass Verzweigung gebildet oder eingebracht wird

© Springer-Verlag GmbH Deutschland, ein Teil von Springer Nature 2006
R. W. Hoffmann, *Elemente der Syntheseplanung*,
https://doi.org/10.1007/978-3-662-59893-1_3

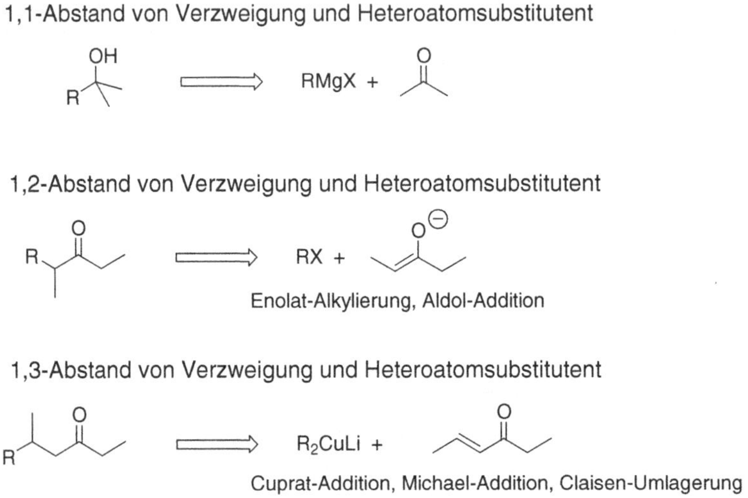

1,1-Abstand von Verzweigung und Heteroatomsubstitutent

1,2-Abstand von Verzweigung und Heteroatomsubstitutent

Enolat-Alkylierung, Aldol-Addition

1,3-Abstand von Verzweigung und Heteroatomsubstitutent

Cuprat-Addition, Michael-Addition, Claisen-Umlagerung

Abb. 3.2 Bindungsknüpfung als Funktion des Abstands Verzweigung/Heterofunktionalität

Die in Abb. 3.3(1) dargestellt Bindungsknüpfung erscheint allerdings wenig vorteilhaft, da sie einen *1,4*-Abstand der Funktionalitäten aufbaut und ein umgepoltes d^1-Synthon verlangt. Die in (2) dargestellte Bindungs-knüpfung ist da schon besser: Sie nützt ein natürliches d^2-Synthon und ein leicht zugängliches a^2-Synthon, um den *1,4*-Abstand der funktionellen Gruppen zu erreichen. Noch besser ist der in (3) vorgeschlagene Bindungs-satz: Er baut einen *1,5*-Abstand funktioneller Gruppen auf und kann damit auf umgepolte Synthons verzichten. Dies ist der Weg, der in modifizierter Form von Woodward beschritten wurde.[119] Im Nachhinein bietet sich ein noch günstigeres Vorgehen (4) an, wenn man den *1,6*-Abstand der Ester-funktionalitäten zu einer „Reconnect" Transformation ausnützt und das Ganze über eine Diels-Alder-Addition angeht.

Ist in ungünstigen Fällen der Abstand zwischen Verzweigung und vor-handene Funktionalität zu groß, kann man zur Einführung von Gerüst-verzweigungen auf gerüstaufbauende Reaktionen zurückgreifen, die nicht auf dem Vorhandensein einer im Produkt verbleibenden funktionellen Gruppe beruhen, wie z. B. eine Übergangsmetall-katalysierte Kupplung von Alkyl-Zink- oder Grignard-Verbindungen mit Alkyliodiden [120, 121] (Abb. 3.4).

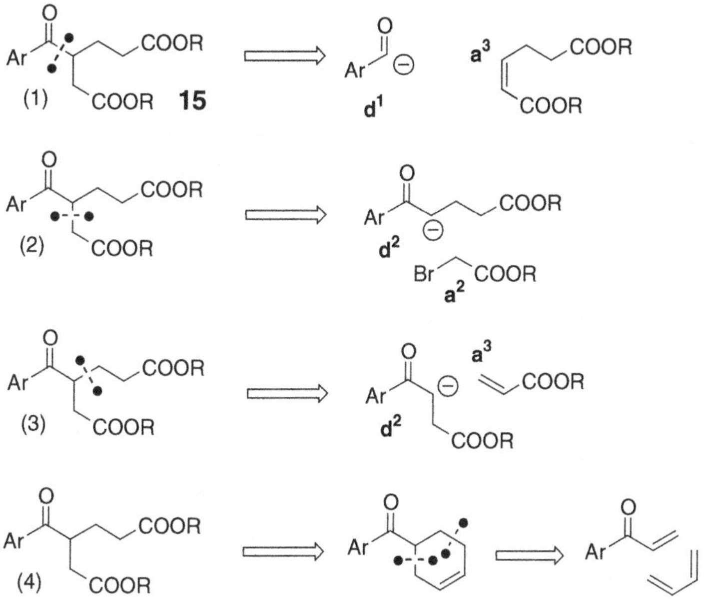

Abb. 3.3 Bindungsknüpfung an den verschiedenen Heterofunktionalitäten orientiert

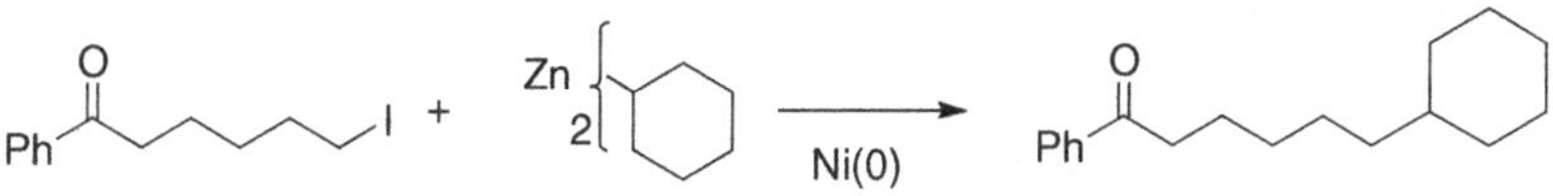

Abb. 3.4 Bindungsknüpfung fernab von vorhandener Funktionalität

3.1 Die FGA-Strategie zum Aufbau von Verzweigungen

Bei der Durchsicht vieler Naturstoffsynthesen fällt auf, dass zum Aufbau von Verzweigungen häufig ein Umweg beschritten wird: Man führt eine zusätzliche Funktionalität ein (FGA = Addition einer FG), die die Bindungsknüpfung an der gewünschten Stelle als solche überhaupt erst ermöglicht oder erleichtert. Diese Hilfsfunktionalität muss dann in einem weiteren Schritt wieder entfernt werden. Eine solche Hilfsfunktionalität

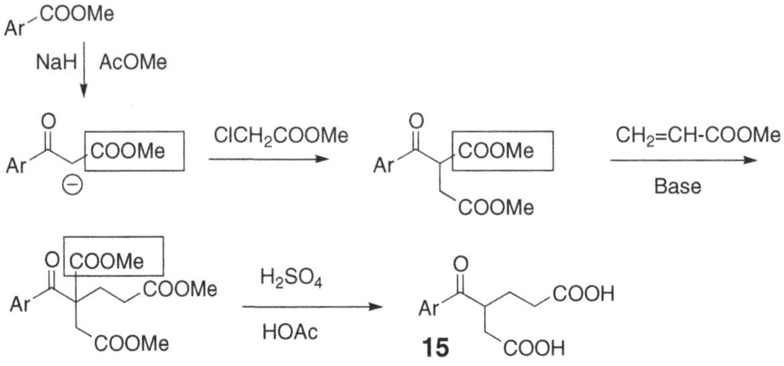

Abb. 3.5 Nutzung einer Methoxycarbonylgruppe als Hilfsfunktion zum Aufbau einer Verzweigung

– eine Methoxycarbonyl-Gruppe – benützte z. B. Woodward in seiner Synthese des Tetracyclinbausteins **15** [119] (Abb. 3.5). Man erkennt, dass die Einführung und Abspaltung der Methoxycarbonylgruppe zwei zusätzliche Schritte erfordert.

Das Augenmerk dieses Abschnitts liegt auf dem Aufbau des Molekülskeletts, speziell der Einführung von Verzweigungen bzw. von Substituenten an Ringen. Die Durchsicht vieler Synthesen zeigt, dass eine klassische Hilfsfunktion dafür eine Carbonylgruppe ist. Die aus den 70er Jahren stammende Synthese von Alnusenon (**16**) (Abb. 3.6) macht deutlich,[122]

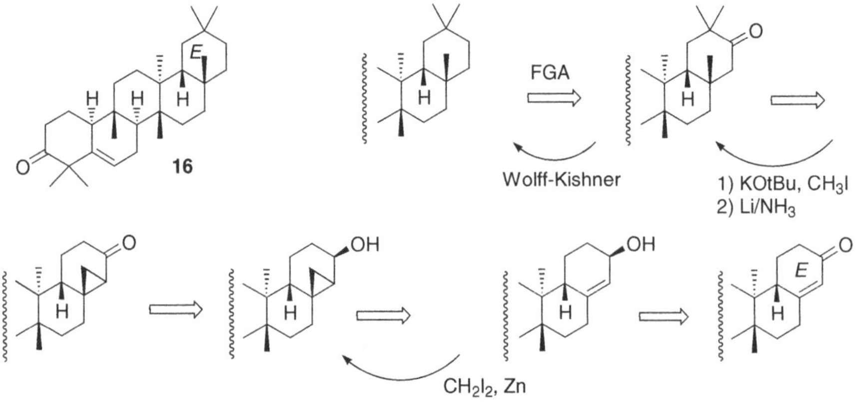

Abb. 3.6 Einführung der Methlgruppen am Ring E von Alnusenon über eine Carbonylgruppe als Hilfsfunktion

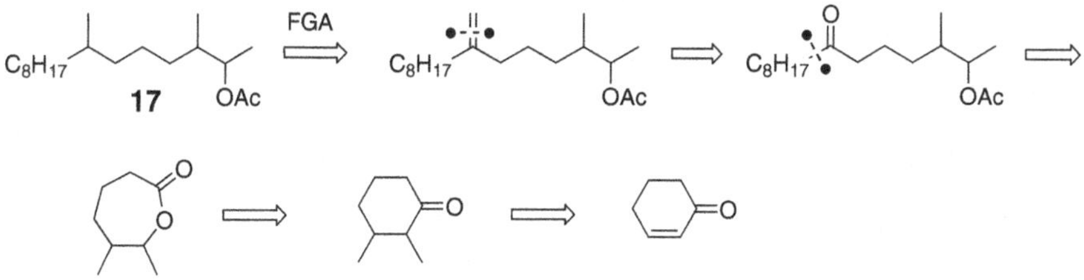

Abb. 3.7 Carbonylgruppe als Hilfsfunktion zum Aufbau einer Gerüstverzweigung

wie eine Enoneinheit im Ring E die Einführung von drei Methylgruppen ermöglichte (zwei in α-Stellung und eine in β-Stellung zur Carbonyl-Hilfsgruppe) Die β-ständige Methylgruppe wird dabei über eine Hydroxyl-dirigierte Simmons-Smith-Cyclopropanierung eingeführt.

Die Nützlichkeit einer Carbonylgruppe als Hilfsfunktion wird auch in der Synthese des Pheromons **17** eines Schadinsektes deutlich [123] (Abb. 3.7). Der Syntheseplan ist klar an den im Zielmolekül vorhandenen Verzweigungen orientiert.

Noch häufiger als Carbonylgruppen werden Arylsulfonylgruppen als Hilfsfunktion beim Skelettaufbau eingesetzt. So ist die Alkylierung von α-Sulfonyl-alkyllithium-Verbindungen, wie etwa von **18**, zur Standardreaktion beim Aufbau von Gerüstbindungen fernab von steuernder Funktionalität geworden. Ein Beispiel gibt die Diumycinolsynthese von Kocienski, [124] die mit einer Julia-Lythgoe-Olefinierung abgeschlossen wird (Abb. 3.8).

Die Beliebtheit der Sulfonylgruppe als Hilfsgruppe beim Skelettaufbau ist darauf zurückzuführen, dass Alkylsulfone nicht nur Ausgangspunkt von Julia-Lythgoe-Olefinierungsreaktionen sind,[125] sondern sich andererseits unter milden Bedingungen reduktiv entfernen lassen.[126]

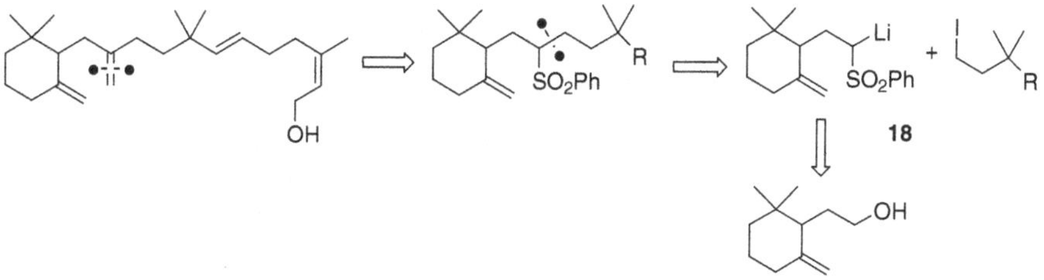

Abb. 3.8 Sulfonylgruppe-vermittelter Aufbau einer Gerüstverzweigung im Diumycinol

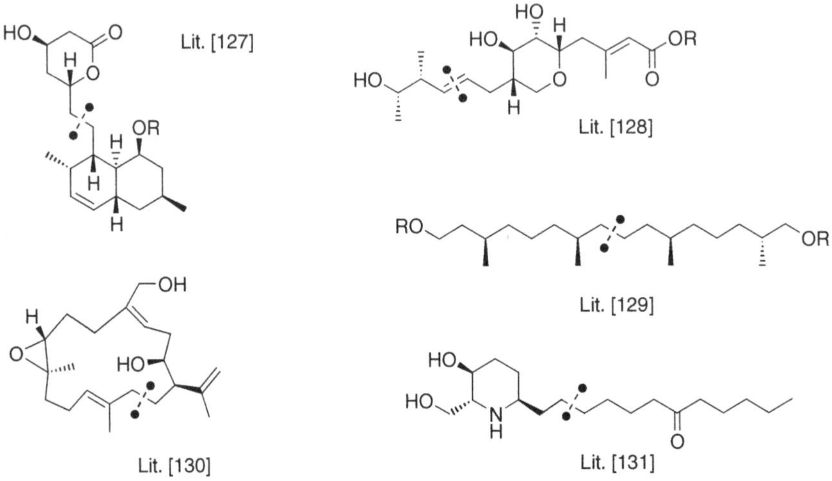

Abb. 3.9 Beispiele für den Einsatz eines Sulfonylgruppen vermittelten Gerüstaufbaus

In Abb. 3.9 finden sich einige Beispiele für den Aufbau komplexer Molekülskelette über Sulfonylgruppen vermittelte Bindungsknüpfung.

Trotz aller Beliebtheit der Arylsulfonylgruppe als FGA-Einheit beim Aufbau von Molekülskeletten sollte man nicht vergessen, dass die Einführung der Sulfonylgruppe meist zwei (zusätzliche) Schritte erfordert. Als Alternativen kann man eine PPh$_3$⁺-Einheit oder einfach eine Nitrilgruppe in gleicher Weise nützen [132] (Abb. 3.10).

Nitrilgruppen lassen sich mit LiDBB[134] oder mit Li in flüssigem NH$_3$ reduktiv abspalten.[133, 135] Die Bedingungen dabei sind allerdings nicht so milde wie bei der Abspaltung einer Sulfonylgruppe, was die Beliebtheit der

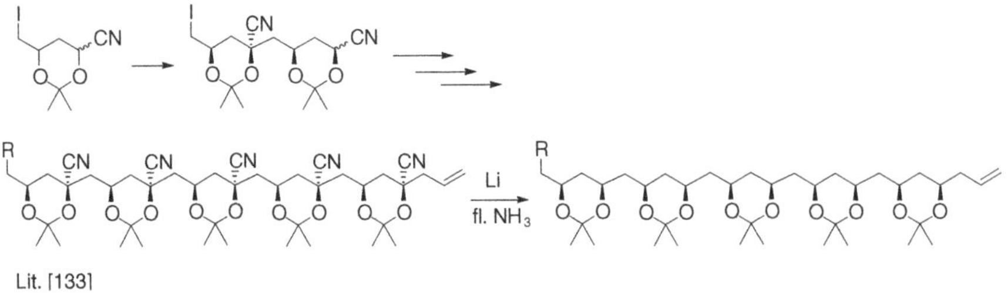

Lit. [133]

Abb. 3.10 Anwendung einer Nitrilgruppe als Hilfsfunktion zum Gerüstaufbau

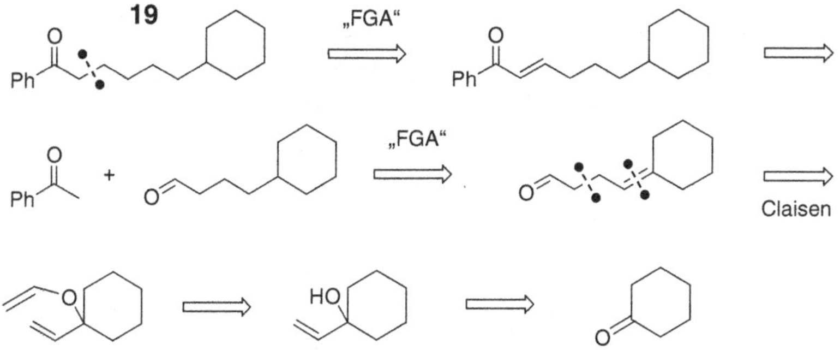

Abb. 3.11 Einsatz von C=C-Doppelbindungen als Hilfsfunktion zum Gerüstaufbau

letzteren erklärt. Eine andere naheliegende Hilfsfunktion ist eine C=C-Doppelbindung, da rund um die Doppelbindung vielfältige Bindungsknüpfungsmöglichkeiten bestehen und eine Doppelbindung leicht durch Hydrierung entfernbar ist. Auf das Zielmolekül **19** angewendet käme man z. B. zu dem in Abb. 3.11 gezeigten Syntheseplan.

Eine Bindungsknüpfung fernab von funktionellen Gruppen muss man häufig bei einer bausteinorientierten Synthese erreichen. Bei den Überlegungen zur Synthese von Cylindrocyclophan [136] (**20**) (vgl. Abb. 3.12) legt die Symmetrie der Verbindung die Verknüpfung zweier identischer Bausteine nahe, wofür eine Olefinmetathese[137] ins Auge gefasst wurde. Zwangsläufig ist dann eine olefinische Doppelbindung die Hilfsfunktion an den Verknüpfungspositionen.

In Vorwärtsrichtung gelang die Metathese mit hoher Selektivität zugunsten der Kopf/Schwanz-Dimerisierung.[136] Dies war aber nicht von vornherein klar. Deswegen wählte man zunächst sicherheitshalber die in

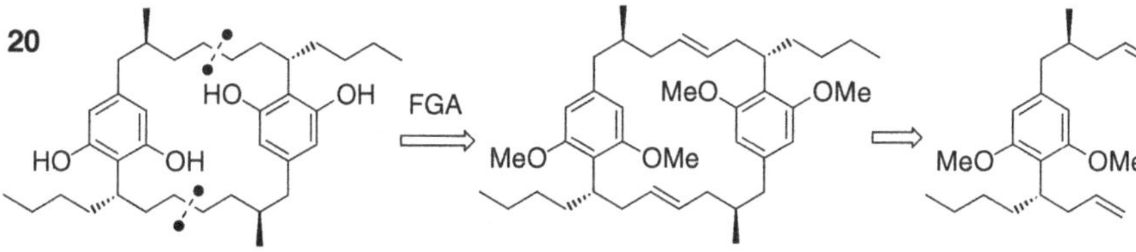

Abb. 3.12 Synthesekonzept zum Aufbau von Cyclindrocyclophan unter Ausnutzung einer olefinischen Doppelbindung als Hilfsfunktion

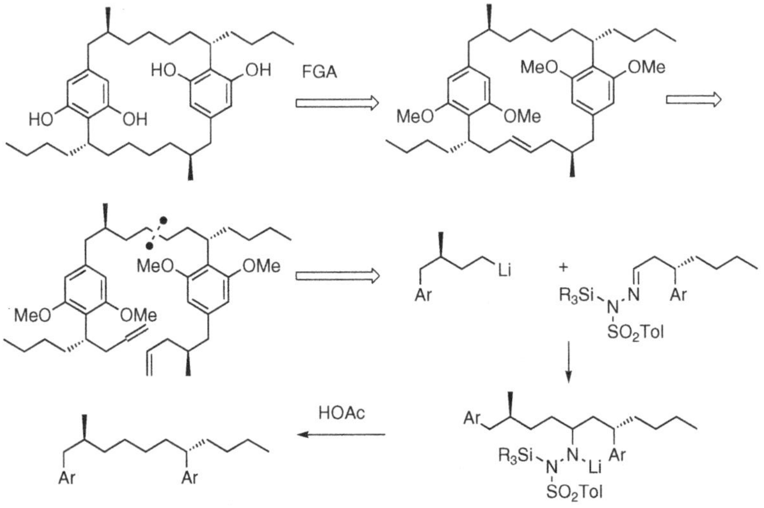

Abb. 3.13 Stufenweiser Ringaufbau von Cyclindrocyclophan

Abb. 3.13 gezeigte stufenweise Verknüpfung der Bausteine, um die relative Orientierung eindeutig festzulegen.[138]

Dabei kam eine eigens für solche Bausteinverknüpfungen entwickelte Methode von Myers[139] zum Einsatz, bei der die Hilfsfunktionalität, ein Tosylhydrazin, nach getaner Arbeit bei der sauren Aufarbeitung, d. h. ohne einen weiteren zusätzlichen Schritt, entfernt wird.

Kommen wir aber zurück zum Aufbau von Gerüstverzweigungen über die temporäre Einführung einer Doppelbindung. Wie bei der Olefinmetathese kann die Doppelbindung der Ort der Bausteinverknüpfung sein. Hier wird man dann ebenso an Carbonylolefinierungs-Reaktionen (Wittig-Reaktion,[140] Horner-Wadsworth-Emmons-Reaktion [141]) denken (Abb. 3.14).

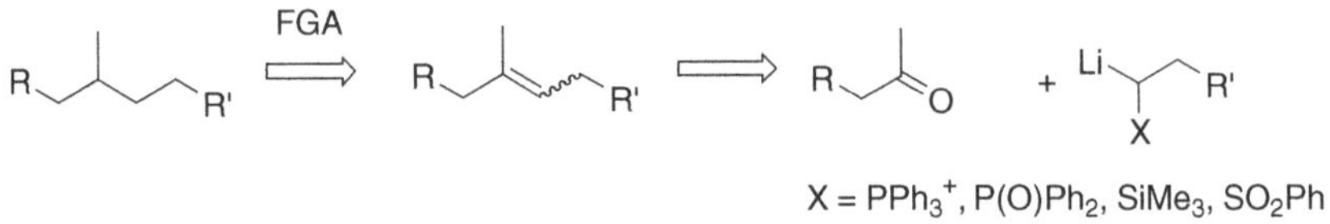

$X = PPh_3{}^+, P(O)Ph_2, SiMe_3, SO_2Ph$

Abb. 3.14 Aufbau von Gerüstverzweigung mit einer olefinischen Doppelbindung als Hilfsfunktion durch Carbonylolefinierung

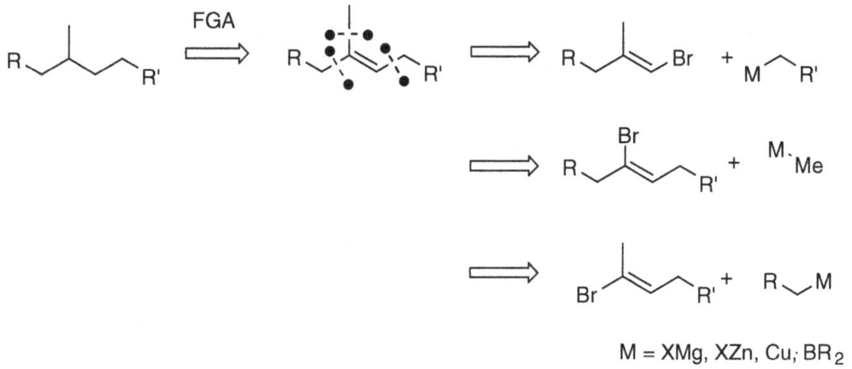

Abb. 3.15 Aufbau von Gerüstverzweigung mit einer olefinischen Doppelbindung als Hilfs-funktion durch Knüpfung vinylischer Bindungen

Seit Entwicklung der übergangsmetallvermittelten Kupplungsreaktio-nen rückt aber die Knüpfung vinylischer Bindungen in den Vordergrund (Abb. 3.15).

Damit hat man das Problem des Zugangs zu geeigneten Gerüstbau-steinen zunächst nur verlagert, da man nun gute Zugangswege zu Vinyl-halogen-Verbindungen benötigt, was meist unproblematisch ist, da sich die gerüsterweiternde Carbometallierung von terminalen Alkinen gut eingebürgert hat[142] und auch die Hydrometallierung interner Alkine in günstigen Situationen regioselektiv möglich ist [143] (Abb. 3.16).

Die als Zwischenprodukte auftretenden Vinylmetall-Verbindungen kön-nen ihrerseits gerüsterweiternd mit Elektrophilen (**a**-Synthons) umgesetzt

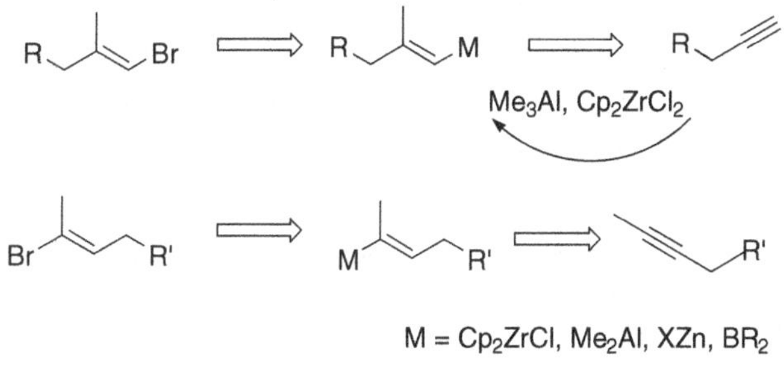

Abb. 3.16 Zugangsmöglichkeiten zu geometrisch definierten Vinylhalogeniden

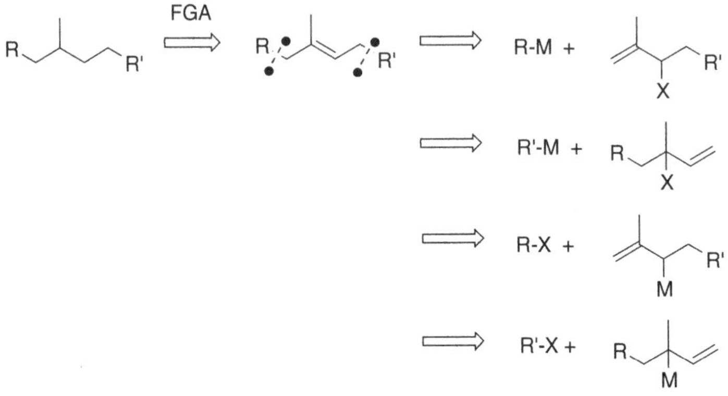

Abb. 3.17 Zugangsmöglichkeiten zu geometrisch definierten Alkenen unter Knüpfung allylischer Gerüstbindungen

werden. Insgesamt erweisen sich damit Alkine als die eigentliche Profunktionalität für den Aufbau von verzweigten Alkylketten.

Genauso gut etabliert ist die Knüpfung allylischer Gerüstbindungen im Umfeld einer Doppelbindung (Abb. 3.17).

Wenn die flankierenden Reste R oder R' als **d**-Synthons eingeführt werden sollen, eignet sich die Substitution von Allylacetaten mit Cupraten oder Pd(0)-vermittelt mit Malonaten und ähnlichen weichen C-Nucleophilen. Wenn die flankierenden Reste R oder R' als **a**-Synthons eingeführt werden sollen, eignet sich die Substitution von Allylsilanen bzw. Allylstannanen mit Elektrophilen unter Lewis-Säure-Katalyse. Die Vorgehensweise, eine Verzweigung durch Nutzung eines Methallyl- oder Isopren-Bausteins unter Knüpfung zweier allylischer Bindungen ins Molekül einzuführen, ist ein Standardbeispiel einer bausteinorientierten Synthesestrategie [144] (Abb. 3.18).

Die Knüpfung einer allylischen Bindung und damit der Aufbau von verzweigten Molekülskeletten gelingt in zuverlässiger Weise auch durch

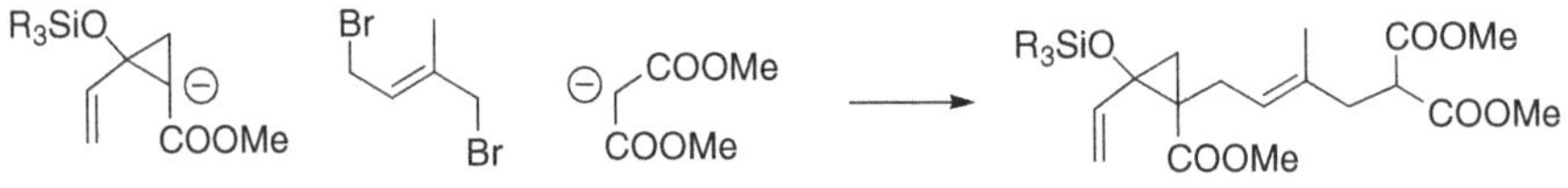

Abb. 3.18 Einbau eines verzweigten Verknüpfungsbausteins

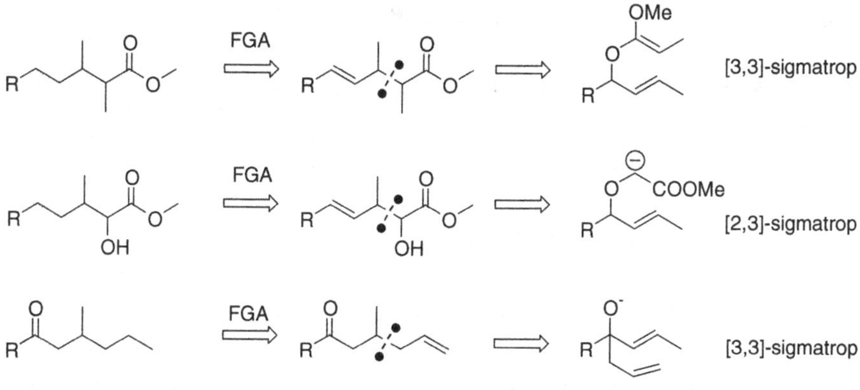

Abb. 3.19 Knüpfung allylischer Bindungen und damit Verzweigungsaufbau durch sigmatrope Umlagerungen

sigmatrope Umlagerungen, die somit einen bevorzugten Platz im Methodenarsenal einnehmen (Abb. 3.19).

Fazit: Verzweigungen im Gerüst einer Zielstruktur verlangen einen Bindungssatz, der sich an den Verzweigungen orientiert, denn Verzweigungen entstehen durch Bindungsknüpfung. Zunächst versucht man die Verzweigungen im Zusammenhang mit vorhandener Funktionalität aufzubauen. Wenn aber die Verzweigungen außerhalb der Reichweite vorhandener Funktionalität liegen, muss man Hilfsfunktionalitäten einführen (= FGA). Dafür bietet eine olefinische Doppelbindung die größte Flexibilität hinsichtlich möglicher gerüstaufbauender Reaktionen. Voraussetzung ist, dass man die Hilfsfunktion Doppelbindung am Ende durch Hydrierung entfernen kann. Wenn aber die strukturellen Eigenheiten des Zielmoleküls dies nicht zulassen, sind Phenylsulfonylgruppen wegen ihrer leichten reduktiven Abspaltbarkeit derzeit die populärste Hilfsfunktionalität. Viel Flexibilität bieten auch Carbonylgruppen als Hilfsfunktionalität zum Gerüstaufbau. Allerdings erfordert deren nachträgliche Entfernung mehrstufige Operationen unter z.T. relativ harten Bedingungen.

3.2 Symmetrie im Molekülskelett

Molekülskelette mit c_2- oder σ-Symmetrie lassen oft einen effizienten Gerüstaufbau zu, der die vorhandene Symmetrie ausnützt. Im günstigen Fall lässt ich die Zahl der nötigen Syntheseschritte verringern, wenn man jeweils zwei Gerüstbindungen „symmetrisch" in einer einzigen Operation aufbaut. Dies sei an einem Beispiel in Abb. 3.20 illustriert. [145]

Die Zielverbindung **21** ist c_2-symmetrisch. Diese c_2-Symmetrie versucht man im Zuge der Synthese möglichst früh einzuführen und dann in den Synthesezwischenstufen zu erhalten, beispielsweise retrosynthetisch über **22, 23** und zurück bis zur Verbindung **24,** die unter symmetrischer doppelter Michael-Addition aus Diethylketon und Acrylester aufgebaut werden kann. Ebenso gelingt die Alkylierung von **23** zu **22** unter doppelter Bindungsknüpfung. Man sieht, dass die Ausnutzung der Symmetrie ein bidirektionales Vorgehen ermöglicht,[146] wobei pro Syntheseoperation jeweils zwei Gerüstbindungen geknüpft werden. Wegen der damit verbundenen Vorteile versucht man, auch nicht-symmetrische Zielmoleküle auf eine symmetrische Vorstufe zurückzuführen. Im Beispiel in Abb. 3.21 lässt sich dieser Sachverhalt leicht erkennen.[147]

So ließ sich die Verbindung **26** mit einem Inversionszentrum als potentieller Vorläufer der unsymmetrischen Zielverbindung **25** identifizieren. Verbindung **26** wurde dann unter Ausnutzung bidirektionaler Bindungsknüpfung aufgebaut. Die so realisierte Synthese von **25** war dann erheblich effizienter als eine vorausgehende Synthese,[148] bei der die latente Symmetrie der Zielstruktur nicht genützt wurde.

Erst am Schluß dieser Synthese wurde die Symmetrie der Verbindung **26** gebrochen, um die unsymmetrische Verbindung **25** zu erhalten. Bei diesem Symmetriebruch kommt es allerdings auf die Art der Symmetrie an, die gebrochen werden muss. Verbindung **26** hat ein Inversionszentrum, ist also eine achirale *meso*-Verbindung. Die beiden Epoxidfunktionen in **26** sind zueinander enantiotop. Das Reagenz, mit dem der Symmetriebruch von **26** nach **25** erreicht werden kann, muss enantiomerenrein sein und in einer kinetischen Resolution die beiden enantiotopen Molekülenden differenzieren, z.B. durch eine enantioslektive Epoxidhydrolyse nach Jacobsen.[149]

Im vorausgehenden Beispiel (Abb. 3.20) hat das Molekül **21** c_2-Symmetrie. Die Enden dieses Moleküls sind zueinander homotop, d.h. sie sind

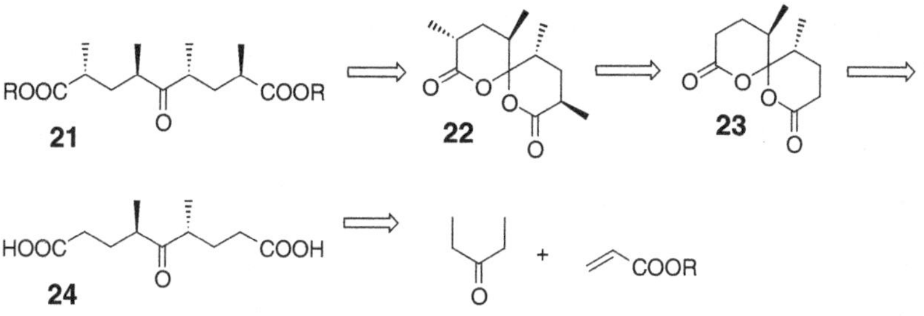

Abb. 3.20 Bidirektionaler Gerüstaufbau unter Ausnutzung vorhandener c_2-Symmetrie

identisch. Eine gegebenenfalls gewünschte Desymmetrisierung des Moleküls kann dadurch erreicht werden, dass lediglich eines der beiden Molkülenden umgesetzt (verändert) wird. Da die Molekülenden identisch sind, spielt es keine Rolle, welches der beiden Enden verändert wird, solange nur eines umgesetzt wird.

Daraus kann man erkennen, dass c_2-symmetrische Synthesezwischenstufen relativ einfach im Zuge einer Synthese desymmetrisiert werden können, während die Desymmetrisierung von *meso*-Verbindungen und deren bidirektionaler Aufbau schwieriger ist.[150] Es ist unmittelbar einsichtig, dass symmetrische Zwischenstufen wegen der Möglichkeit einer bidirektionalen Synthese vorteilhaft sind. Weit schwieriger ist es, in komplexen Zielstrukturen eine verborgene Symmetrie zu erkennen[151] wie etwa in der Struktur von Neohalicholakton (**27**) [152] (Abb. 3.22).

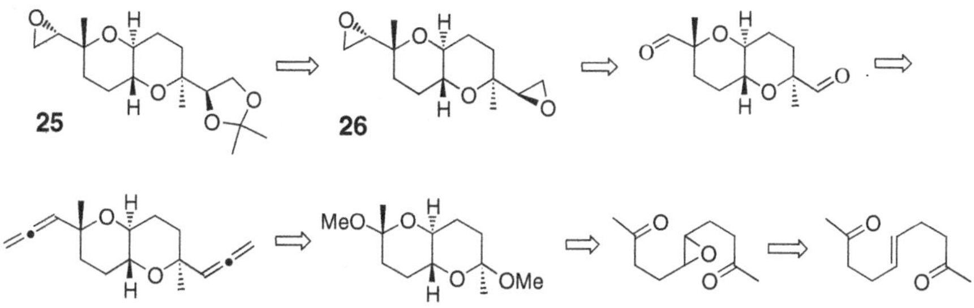

Abb. 3.21 Rückführung einer Zielstruktur auf einen *i*-symmetrischen Vorläufer zur Ausnutzung einer bidirektionalen Synthese

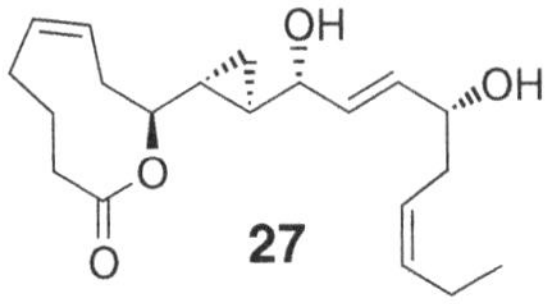

Abb. 3.22 Neohalicholakton, eine Verbindung mit latenter Symmetrie?

Vielleicht wird der Sachverhalt deutlicher, wenn man die Struktur anders darstellt? So wird der Bezug zu einer σ-symmetrischen *meso*-Vorläuferstruktur erkennbar. Darüberhinaus kommt auch eine c_2-symmetrische Vorläuferstruktur in Betracht, wenn man im weiteren Syntheseverlauf die Konfiguration an einem der Sauerstoff-funktionalisierten Gerüstatome umkehrt (Abb. 3.23). Das c_2-symetrische Vorläufermolekül hat den Vorteil, dass das zentrale C-Atom des Gebildes wegen des Durchaufens der c_2-Achse nicht stereogen ist.

Betrachte man z. B. den c_2-symmetrischen Vorläufer **28**, in dem die beiden Acetatreste homotop (identisch) sind. Die Verseifung eines der beiden Acetoxygruppen als symmetriebrechender Schritt würde die Endphase der Synthese unter Hydroxyl-dirigierter Simmons-Smith-Cyclopropanierung und Mitsunobu-Veresterung unter Inversion und abschließender Alkinmetathese[153] eröffnen (Abb. 3.24). In der Folge bliebe noch der Aufbau des zentralen stereogenen Zentrums, z. B. über eine Oxidation zum Keton, gefolgt von stereoselektiver Reduktion.

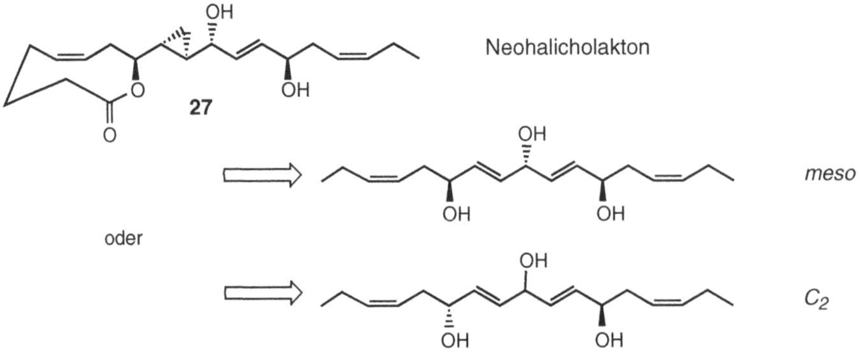

Abb. 3.23 Potenzielle symmetrische Synthesevorstufen für Neohalicholakton

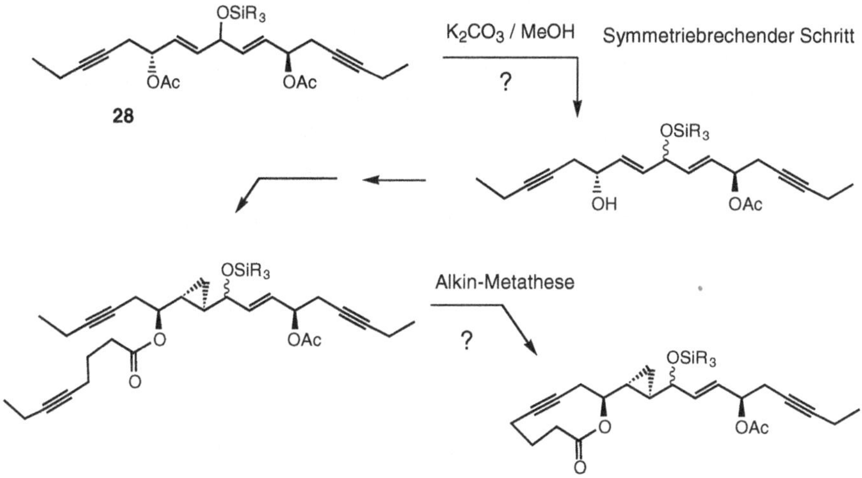

Abb. 3.24 Synthesevorschlag für Neohalicholakton unter Ausnutzung einer c_2-symmetrischen Zwischenstufe

Man kann auch einen Synthesevorschlag für Neohalicholakton **27** über den in Abb. 3.23 skizzierten *meso*-Vorläufer entwickeln, nur sollte man, wenn man die Wahl hat, zuerst den Weg über eine c_2-symmetrische Zwischenstufe prüfen.[150]

Sobald man sich auf eine symmetrische Zwischenstufe fokussiert hat, weil sie vorteilhaft aufbaubar ist, verfolgt man wieder eine bausteinorientierte Synthesestrategie.

4 Bausteinorientierte Synthesestrategie

Eine bausteinorientierte Synthesestrategie schlägt man dann ein, wenn ein (im Idealfall) leicht zugänglicher Baustein charakteristische Strukturelemente enthält, die sich im Zielmolekül wiederfinden. Meistens sind diese Strukturelemente stereochemischer Natur, z. B. die definierte Konfiguration einer mehrfach substituierten Doppelbindung oder eine bestimmte Sequenz von stereogenen Zentren. So wurde für die Synthese von **29**, einem Vorläufer des Cecropia-Juvenilhormons, das Thiapyran **30** als Baustein identifiziert (Abb. 4.1), der die dreifach-substituierte Doppelbindung mit der richtigen Konfiguration enthält.[154]

In den Zeiten, in denen das Methodenarsenal der stereoselektiven Synthese noch in den Kinderschuhen steckte, war es vorteilhaft, stereogene Zentren aus wohlfeilen enantiomerenreinen Naturstoffen in die Zielstruktur zu übernehmen[155] (sog. Ex-Chiral-Pool-Synthesen). Am Beispiel der einfachen Zielverbindung exo-Brevicomin **31** lässt sich dies illustrieren: Das bicyclische Acetal exo-Brevicomin lässt sich auf das chirale Keto-diol

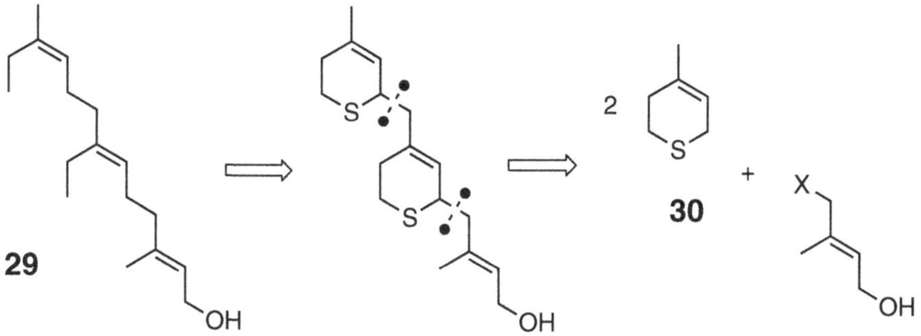

Abb. 4.1 Identifizierung eines Synthesebausteins mit der richtigen Doppelbindungskonfiguration

© Springer-Verlag GmbH Deutschland, ein Teil von Springer Nature 2006
R. W. Hoffmann, *Elemente der Syntheseplanung*,
https://doi.org/10.1007/978-3-662-59893-1_4

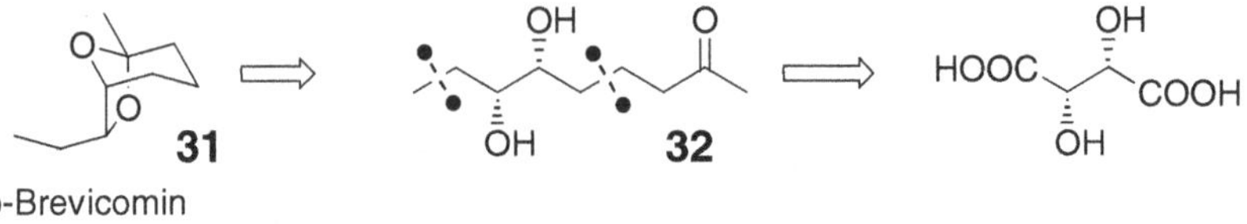

Abb. 4.2 Bausteinorientierte Retrosynthese für exo-Brevicomin

32 zurückführen. Dies legt nahe, die stereogenen Zentren der 1,2-Diol-Einheit z. B. dann direkt aus der (S,S)-(–)-Weinsäure als chiralem Baustein zu übernehmen. Damit ergibt sich der in Abb. 4.2 aufgeführte bausteinorientierte Bindungssatz.

Die nach diesem Bindungssatz ausgeführten Synthesen,[156, 157] deren Stufenzahl sich zwischen 7 und 12 bewegt, zeigen, dass dann in der Vorwärts-Planung noch genügend Spielraum für intelligentes Handeln liegt. Eine[157] dieser bausteinorientierten Synthesen von exo-Brevicomin aus Weinsäure ist in Abb. 4.3 angeführt. Sie benutzt eine zusätzliche Sulfongruppe (FGA), um die Knüpfung einer der Gerüstbindungen zu ermöglichen.

Bei einer gegebenen Zielstruktur erscheint die Wahl eines geeigneten chiralen Vorläufers oft augenfällig, ist aber nicht notwendigerweise die einzige mögliche oder sinnvolle Antwort. Im Falle des Eleutherobins **33** ist eine Rückführung auf (+)-Carvon naheliegend.[158] Eine andere „Einpassung" zeigt, dass das Enantiomere, (–)-Carvon, ebenso ein geeigneter Vor-

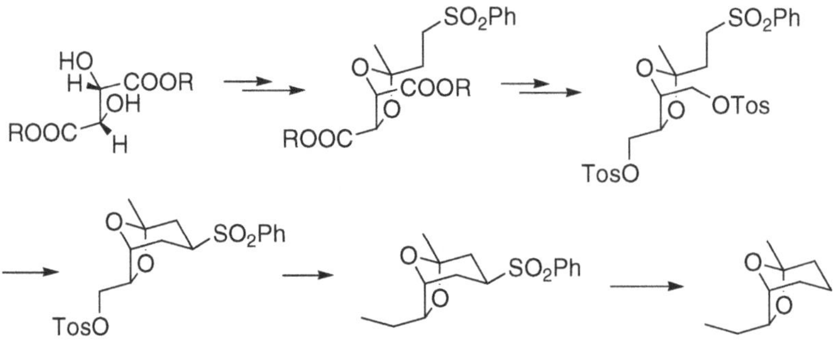

Abb. 4.3 Bausteinorientierte Synthese von exo-Brevicomin aus Weinsäure

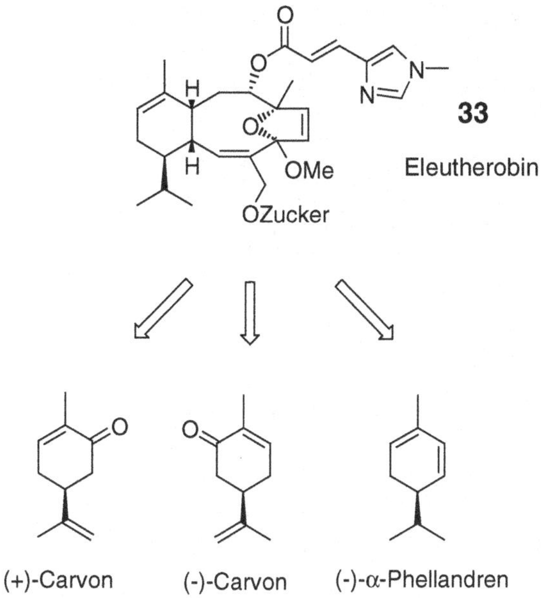

Abb. 4.4 Geeignete chirale Synthesebausteine für Eleutherobin

läufer ist.[159] Schließlich wurde auch (–)-α-Phellandren als Ausgangspunkt einer Eleutherobin-Synthese genutzt [160] (Abb. 4.4).

Um also geeignete, oder den optimalen chiralen Baustein für eine Synthese auszuwählen, bedarf es einer sehr guten Übersicht über die verfügbaren chiralen Naturstoffe. Eine Auswahl solcher Naturstoffe findet sich bei Scott.[161] Allerdings reicht eine solche Liste noch nicht aus, da man gewöhnlich das eigene Zielmolekül in einer ganz bestimmten Projektion schreibt, während die chiralen Grundbausteine oft in einer ganz anderen Schreibweise aufgeführt sind. Übereinstimmungen und Unterschiede in der Konstitution und Konfiguration sind so nur schwer zu erkennen. Ein solcher Vergleich lässt sich mithilfe von Computerprogrammen bewältigen.[162] Aber auch eine Lösung „zu Fuß" ist möglich, indem man Zielstruktur und Vorläufermoleküle in einer gleichartigen Anordnung schreibt wie z. B. eine Aufstellung der gängigen Zucker-Moleküle in einer Zickzack-Schreibweise der Hauptkette, einmal von C-6 nach C-1 und einmal in Gegenrichtung (Abb. 4.5, Abb. 4.6).

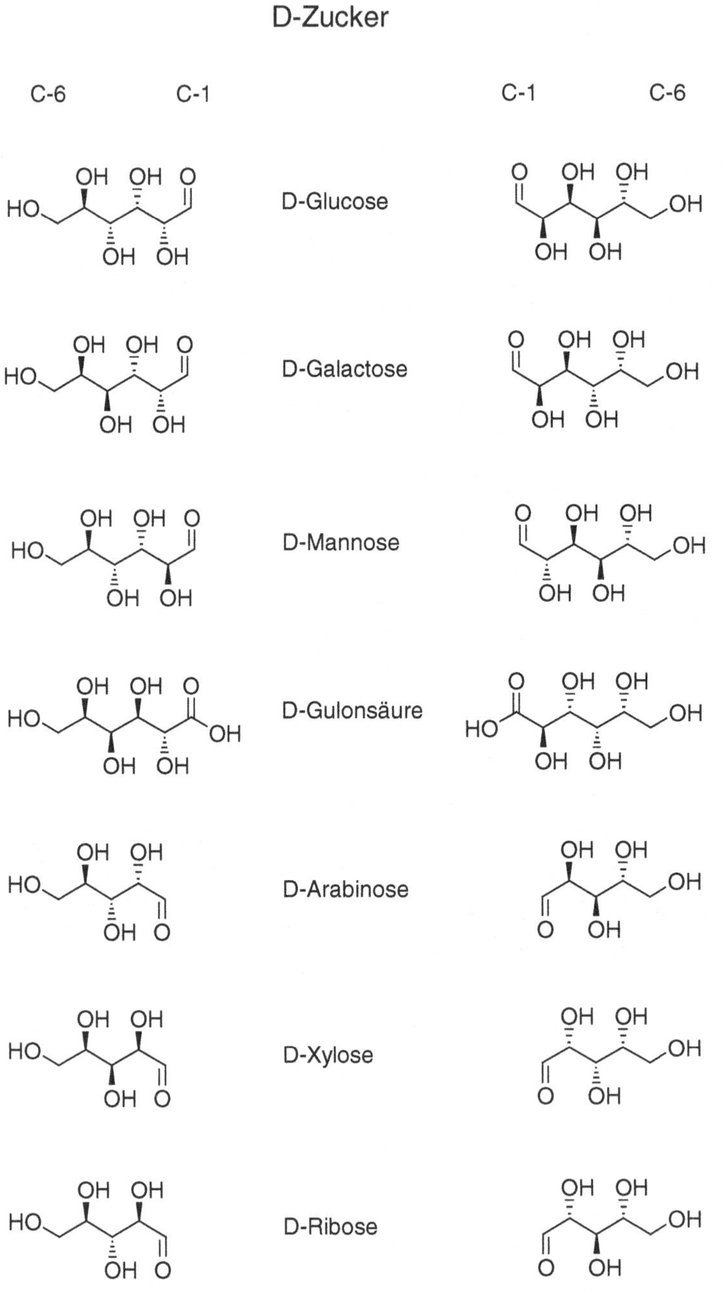

D-Zucker

Abb. 4.5 Leicht verfügbare (D)-Zucker in Zickzack-Schreibweise der Hauptkette

L-Zucker

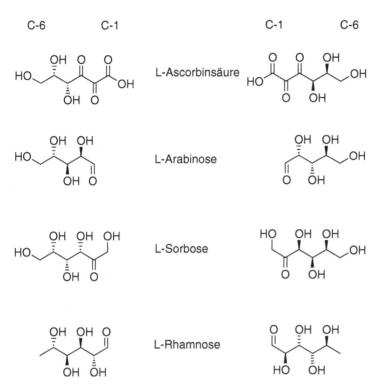

Abb. 4.6 Leicht verfügbare (L)-Zucker in Zickzack-Schreibweise der Hauptkette

Diese Zusammenstellungen kann man sich als Folie kopieren. Wenn es jetzt um ein Zielmolekül mit mehreren sekundären Alkoholfunktionen geht, kann man es in der Zickzack-Anordnung schreiben und durch Überlagern der Folien prüfen, welche leicht zugänglichen Zucker hinsichtlich der Stereozentren die beste Übereinstimmung zeigen. Im Falle des Arachidonsäure-Derivats **34** als Zielmolekül erkennt man so (Abb. 4.7), dass D-Glucose hier ein interessanter Vorläufer sein sollte. Nötig wird eine Desoxygenierung an C-3 der Glucose neben den Kettenverlängerungen an C-1 und C-6. D-Glucose war dann auch das Ausgangsmaterial für eine effiziente Synthese von **34**.[163]

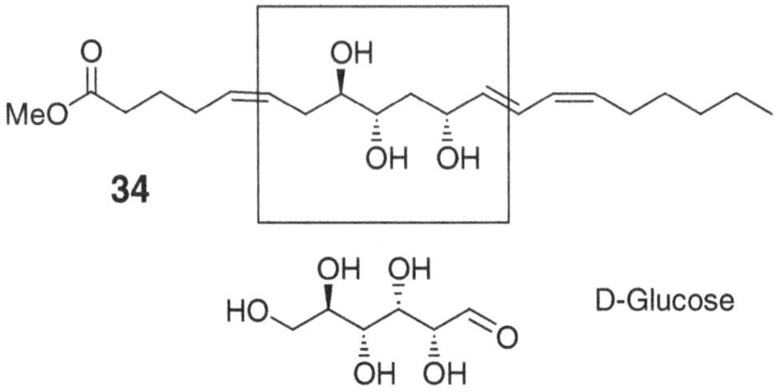

Abb. 4.7 Identifizierung von (D)-Glucose als Synthesevorläufer für Verbindung **34**

Bei einer von unserer Arbeitsgruppe in Marburg durchgeführten Synthese von Erythronolid A wurde der Aldehyd **35** als Ausgangsmaterial mit zwei stereogenen Zentren benötigt. Eine Durchsicht der aus dem „Chiral-Pool" verfügbaren Verbindungen ergab, dass das Lakton **36** in einer Stufe aus D-Fructose gewonnen werden kann (Abb. 4.8).

Die Synthese von **35** aus D-Fructose ließ sich dann auch in acht Stufen über **36** realisieren.[164] Nach heutigen Maßstäben sind acht Stufen, um einen Baustein mit zwei stereogenen Zentren zuzurichten, zuviel. Nachdem die Methoden der asymmetrischen Synthese weiterentwickelt wurden, konnte man die Synthese von **35** in drei Stufen aus dem Allylalkohol **37** mithilfe einer Sharpless-Epoxidierung realisieren.[165] Wie man daraus

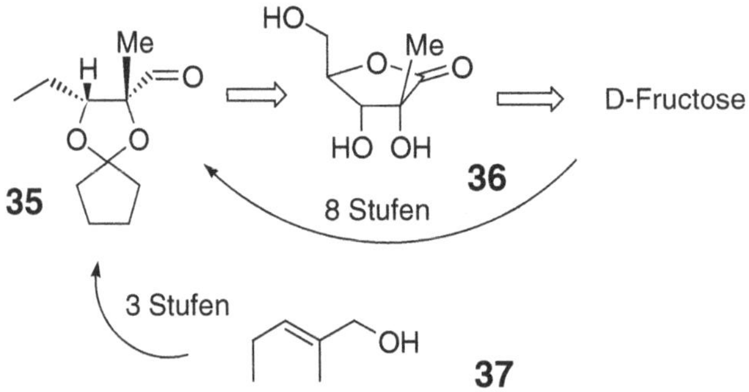

Abb. 4.8 Identifizierung von Synthesevorläufern für Verbindung **35**

sehen kann, benötigen Ex-Chiral-Pool-Synthesen häufig eine erhebliche Stufenzahl, um hoch- und überfunktionalisierte Naturstoffe für den eigentlichen Synthesezweck herzurichten, was sich nur dann lohnt, wenn der so eingebaute Baustein ein beträchtliches Maß an Komplexizität in das Zielmolekül einbringt, z. B. drei oder mehr stereogene Zentren. Synthesen, bei denen aus einem komplexen Zuckermolekül mit einem großen Syntheseaufwand nur ein einziges stereogenes Zentrum in das Zielmolekül überführt wird,[166] sind damit nur dann zu rechtfertigen, wenn es um die Zuordnung der absoluten Konfiguration des Zielmoleküls durch chemische Korrelation geht.

Die Suche nach geeigneten chiralen Bausteinen, die vorteilhaft in das Zielmolekül eingebaut werden können, ist ein wichtiger Weg in der Syntheseplanung. Oft wird man versuchen, das erste oder die ersten stereogenen Zentren einer Synthesesequenz aus dem Chiral-Pool zu übernehmen. Allerdings muss man hinsichtlich der Anzahl der Schritte sehr kritisch sein, die der Umbau und Einbau eines bestimmten leicht zugänglichen Bausteins erfordert.

5 Die Planungsgrundlage

Die bisherige Diskussion über Syntheseplanung zielte darauf ab, die Bindungen in einem Zielmolekül zu identifizieren, über deren Knüpfung der Aufbau des Zielmoleküls am raschesten zu erreichen sein sollte. Die Bindungsknüpfung selbst und ihre Polarität wurden dabei zunächst generalisiert, wobei wir davon ausgehen, dass am Schluß eine reale Reaktion für eine derartige Bindungsknüpfung existiert. Diese Generalisierung der unserer Planung zugrundeliegenden Verfahren betrachtet damit zunächst statt realer vollständiger Reaktionen lediglich fiktive **Halbreaktionen**,[167, 168] bei denen der eine Reaktionspartner, z.B. das Dithiananion, definiert und der andere Reaktionspartner (eine beliebige elektrophile **a**-Komponente im folgenden E-X) zunächst nur als Reaktionstyp spezifiziert ist (Abb. 5.1). Das Denken in Halbreaktionen ist ein wesentliches Element aller Syntheseplanungs-Überlegungen.

Die uns zur Verfügung stehenden Synthesereaktionen lassen sich bestimmten Typen von Halbreaktionen zuordnen.[169] Bei den Bemühungen, Syntheseplanung rechnergestützt zu erreichen, erkannte man, dass eigentlich nur eine vergleichsweise kleine Zahl an Halbreaktionstypen ausreicht, um einen Großteil des Synthesegeschehens zu beschreiben. In einer ersten Phase beschränkte man sich auf 29 Reaktionstypen basierend auf 11 nuc-

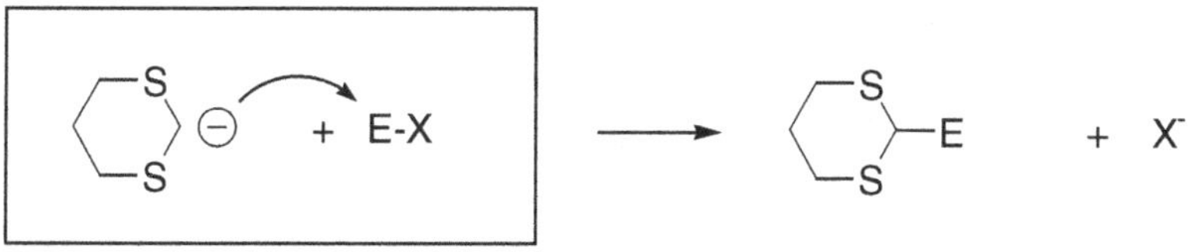

Abb. 5.1 Halbreaktion, die Beschreibung einer Reaktion mit einem definierten und einem undefinierten Partner

© Springer-Verlag GmbH Deutschland, ein Teil von Springer Nature 2006
R. W. Hoffmann, *Elemente der Syntheseplanung*,
https://doi.org/10.1007/978-3-662-59893-1_5

leophilen und 4 elektrophilen Halbreaktionen.[170] Der Satz wurde später auf eine Matrix aus 16 nucleophilen und 9 elektrophilen Halbreaktionen erweitert.[171] Einige Halbreaktionstypen seien in Abb. 5.2 illustriert.

Beim Übergang von der ersten Planungsphase zur Detailplanung benötigt man einen Katalog von realen Reaktionen, die den zuvor diskutierten Halbreaktionen entsprechen, z. B. für die Umsetzung bestimmter d^1-Synthons mit verschiedenen Elektrophilen. Bei einer systematischen Anordnung kann man die Typ 1– Halbreaktionen z. B. nach der Oxidationsstufe des ersten C-Atoms untergliedern und dann weiter nach der Art der Kohlenstoffgerüste unterscheiden (Abb. 5.3).

Man kann weiterhin die Oxidationsstufe am C-Atom 2 berücksichtigen und kommt so zu einer Matrix von denkbaren Synthons (Abb. 5.4).

Nach einem solchen Ordnungsprinzip kann man sich eine Liste gerüstaufbauender Reaktionen anlegen, die einer bestimmten Halbreaktion entsprechen. Ziel ist es, anhand einer solchen Liste zu prüfen, ob zu einem

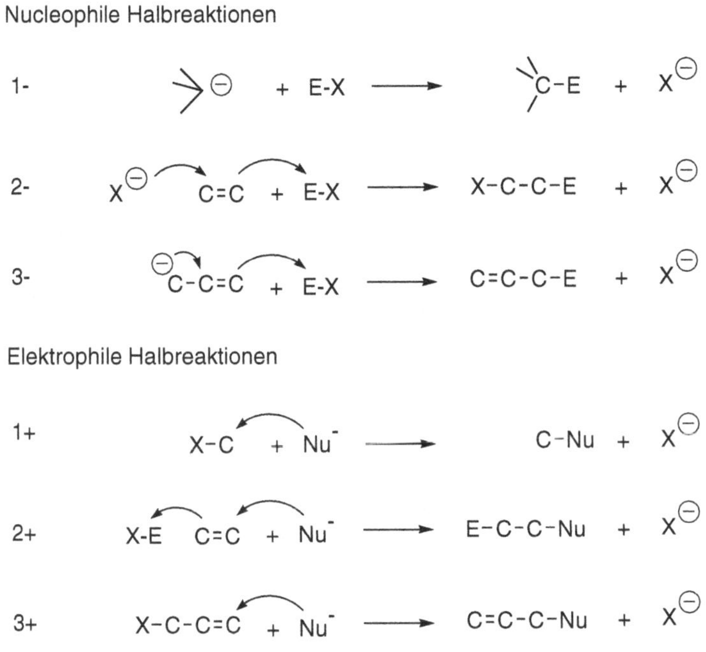

Nucleophile Halbreaktionen

Abb. 5.2 Einige Typen von Halbreaktionen

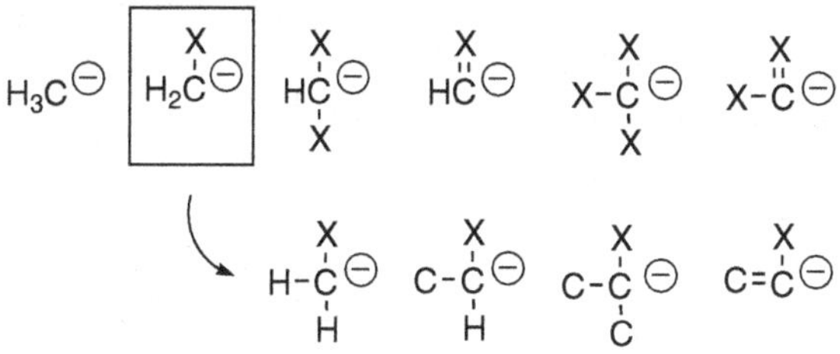

$$H_3C^\ominus \quad \boxed{H_2\overset{X}{\underset{}{C}}{}^\ominus} \quad H\overset{X}{\underset{X}{C}}{}^\ominus \quad H\overset{X}{\overset{\shortparallel}{C}}{}^\ominus \quad X-\overset{X}{\underset{X}{C}}{}^\ominus \quad X-\overset{X}{\overset{\shortparallel}{C}}{}^\ominus$$

$$H-\overset{X}{\underset{H}{C}}{}^\ominus \quad C-\overset{X}{\underset{H}{C}}{}^\ominus \quad C-\overset{X}{\underset{C}{C}}{}^\ominus \quad C=\overset{X}{\underset{}{C}}{}^\ominus$$

Abb. 5.3 Untergruppen von **d**^{1}-Synthons

vorgesehenen Syntheseschritt auch eine oder mehrere etablierte Synthesemethoden bereitstehen. Die Einträge in einer solchen Liste könnten wie
folgt aussehen: Sie enthalten das Reagenz der Halbreaktion, das Synthon,
dem es entspricht (vgl. auch die umfangreiche Liste umgepolter Synthons
in Lit.[172, 173]) und eine Auflistung der typischen damit realisierten gerüstaufbauenden Reaktionen.

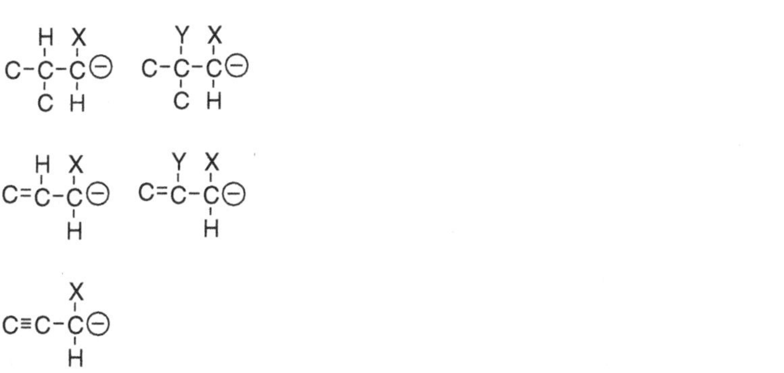

$$H-\overset{H}{\underset{H}{\overset{|}{C}}}-\overset{X}{\underset{H}{\overset{|}{C}}}{}^\ominus \quad H-\overset{Y}{\underset{H}{\overset{|}{C}}}-\overset{X}{\underset{H}{\overset{|}{C}}}{}^\ominus \quad H-\overset{Y}{\underset{Y}{\overset{|}{C}}}-\overset{X}{\underset{H}{\overset{|}{C}}}{}^\ominus \quad H-\overset{Y}{\overset{\shortparallel}{C}}-\overset{X}{\underset{H}{\overset{|}{C}}}{}^\ominus \quad Y-\overset{Y}{\underset{Y}{\overset{|}{C}}}-\overset{X}{\underset{H}{\overset{|}{C}}}{}^\ominus \quad Y-\overset{Y}{\overset{\shortparallel}{C}}-\overset{X}{\underset{H}{\overset{|}{C}}}{}^\ominus$$

$$C-\overset{H}{\underset{H}{\overset{|}{C}}}-\overset{X}{\underset{H}{\overset{|}{C}}}{}^\ominus \quad C-\overset{Y}{\underset{H}{\overset{|}{C}}}-\overset{X}{\underset{H}{\overset{|}{C}}}{}^\ominus \quad C-\overset{Y}{\underset{Y}{\overset{|}{C}}}-\overset{X}{\underset{H}{\overset{|}{C}}}{}^\ominus \quad C-\overset{Y}{\overset{\shortparallel}{C}}-\overset{X}{\underset{H}{\overset{|}{C}}}{}^\ominus$$

$$C-\overset{H}{\underset{C}{\overset{|}{C}}}-\overset{X}{\underset{H}{\overset{|}{C}}}{}^\ominus \quad C-\overset{Y}{\underset{C}{\overset{|}{C}}}-\overset{X}{\underset{H}{\overset{|}{C}}}{}^\ominus$$

$$C=\overset{H}{\underset{H}{\overset{|}{C}}}-\overset{X}{\underset{}{\overset{|}{C}}}{}^\ominus \quad C=\overset{Y}{\underset{H}{\overset{|}{C}}}-\overset{X}{\underset{}{\overset{|}{C}}}{}^\ominus$$

$$C\equiv C-\overset{X}{\underset{H}{\overset{|}{C}}}{}^\ominus$$

Abb. 5.4 Matrix von denkbaren **d**^{1}-Synthons

OH—SnBu$_3$ nBuLi → [OLi—Li]   E-X → OLi—E → OH—E   OH—$\ominus$

Alkylierung mit R-X	40–98 %
Hydroxyalkylierung mit Epoxid	keine Angaben
Hydroxalkylierung mit RCHO, R$_2$CO	40–60 %
Acylierung mit RCOX	keine Angaben
1,4-Addtion an Enone, etc.	keine Angaben
D. Seebach et al. Chem. Ber. 113, 1290-1303 (1980)	

R—C(O)Cl   PhMe$_2$SiLi → [R—C(OSiMe$_2$Ph)(Li)(SiMe$_2$Ph)]   E-X → R—C(OSiMe$_2$Ph)(E)(SiMe$_2$Ph) → R—C(O)E / R—CH(OH)E

R = Alkyl

R—C(O)$\ominus$ R—CH(OH)$\ominus$

Alkylierung mit R-X	40–98 %
Hydroxyalkylierung mit Epoxid	keine Angaben
Hydroxalkylierung mit RCHO, R$_2$CO	keine Angaben
Acylierung mit RCOX	keine Angaben
1,4-Addtion an Enone, etc.	keine Angaben
I. Fleming et al. Helv. Chim. Acta 85, 3349-3365 (2002)	

R—CH(S,S)   n-BuLi → R—C(Li)(S,S)   E-X → R—C(E)(S,S) → R—C(O)E

R = Alkyl, Aryl

R—C(O)$\ominus$ R—CH(OH)$\ominus$

Alkylierung mit R-X	60–90 %
Hydroxyalkylierung mit Epoxid	70–90 %
Hydroxalkylierung mit RCHO, R$_2$CO	60–90 %
Acylierung mit RCOX	problematisch
1,4-Addtion an Enone, etc.	Ca. 90 %
D. Seebach et al. Synthesis 1969, 17-36 C. A. Brown, et al. Chem. Comm. 1979, 100-101	

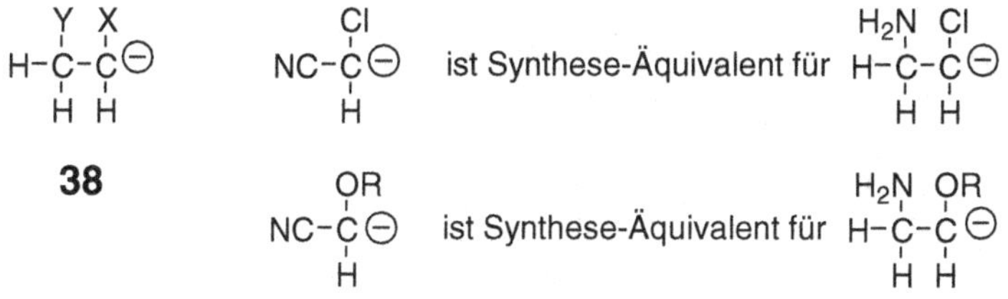

$$\underset{\underset{H\ H}{|\ \ |}}{H-\overset{\overset{Y\ X}{|\ \ |}}{C}-\overset{}{C}}{}^{\ominus} \qquad \underset{\underset{H}{|}}{NC-\overset{\overset{Cl}{|}}{C}}{}^{\ominus} \quad \text{ist Synthese-Äquivalent für} \quad \underset{\underset{H\ H}{|\ \ |}}{H-\overset{\overset{H_2N\ Cl}{|\ \ \ |}}{C}-\overset{}{C}}{}^{\ominus}$$

38

$$\underset{\underset{H}{|}}{NC-\overset{\overset{OR}{|}}{C}}{}^{\ominus} \quad \text{ist Synthese-Äquivalent für} \quad \underset{\underset{H\ H}{|\ \ |}}{H-\overset{\overset{H_2N\ OR}{|\ \ \ |}}{C}-\overset{}{C}}{}^{\ominus}$$

Abb. 5.5 Syntheseäquivalente für Synthons, denen kein reales Reagenz entspricht

Für eine detaillierte Syntheseplanung wird man sich zunächst die Reagenzien ansehen, mit denen die gewünschte Transformation direkt erreichbar ist. Manche Reagenzien, z. B. die des Typs **38**, dürften wegen einer zur negativen Ladung β-ständigen Abgangsgruppe nicht einsetzbar sein. Hier sollte man die entsprechenden **Syntheseäquivalente** in die Liste mit aufnehmen, d. h. Reagenzien, die für die gewünschte Transformation außer dem gerüstaufbauendem Schritt noch zusätzliche Umfunktionalisierungsschritte erfordern (Abb. 5.5).

Nach solchen oder ähnlichen Ordnungsprinzipien sind auch Reaktionsdatenbanken wie WebReactions (http://www.webreactions.net/), REACCS (http://www.mdl.com/company/about/history.jsp) oder MOS (http://www.accelrys.com/products/datasheets/chemdb_mos_a4.pdf) aufgebaut, in denen man nach Präzedenz für eine bestimmte Transformation suchen kann.

Darüberhinaus sind noch weitere Elemente der Planungsgrundlage nötig: Bausteinorientierte, an funktionellen Gruppen oder an Gerüstverzweigungen orientierte Synthesepläne betreffen meist nur Teilstrukturen des Gesamtzielmoleküls. Die so identifizierten Synthesebausteine oder Zwischenprodukte müssen miteinander zum Gesamtsystem verknüpft werden. Dazu bedarf es in einigen Fällen **bivalenter Verknüpfungsbausteine** auch *conjunctive reagents*[99] oder *multiple coupling reagents*[100] genannt, wie sie bereits im Abschnitt 2.2.5 (s. S. 44) vorgestellt wurden. Ein klassisches Beispiel für ein Aceton-1,1-dianion-Syntheseäquivalent ist Acetessigester. Er lässt sich zweimal alkylieren und anschließend decarboxylieren (Abb. 5.6).

In Abb. 5.7 sind einige wichtige Verknüpfungssynthons und entsprechende Syntheseäquivalente angegeben.

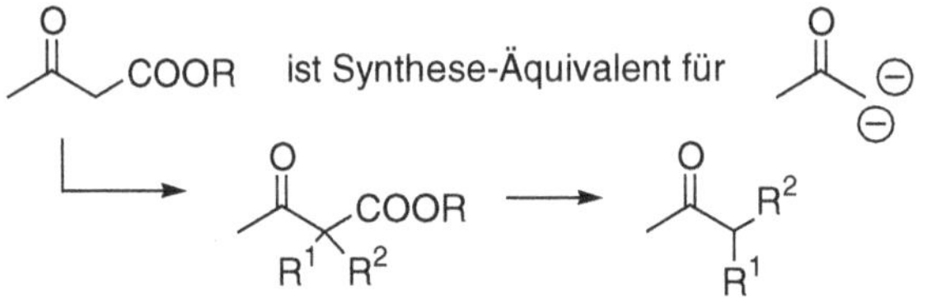

Abb. 5.6 Acetessigester als Syntheseäquivalent für das Aceton-1,1-dianion

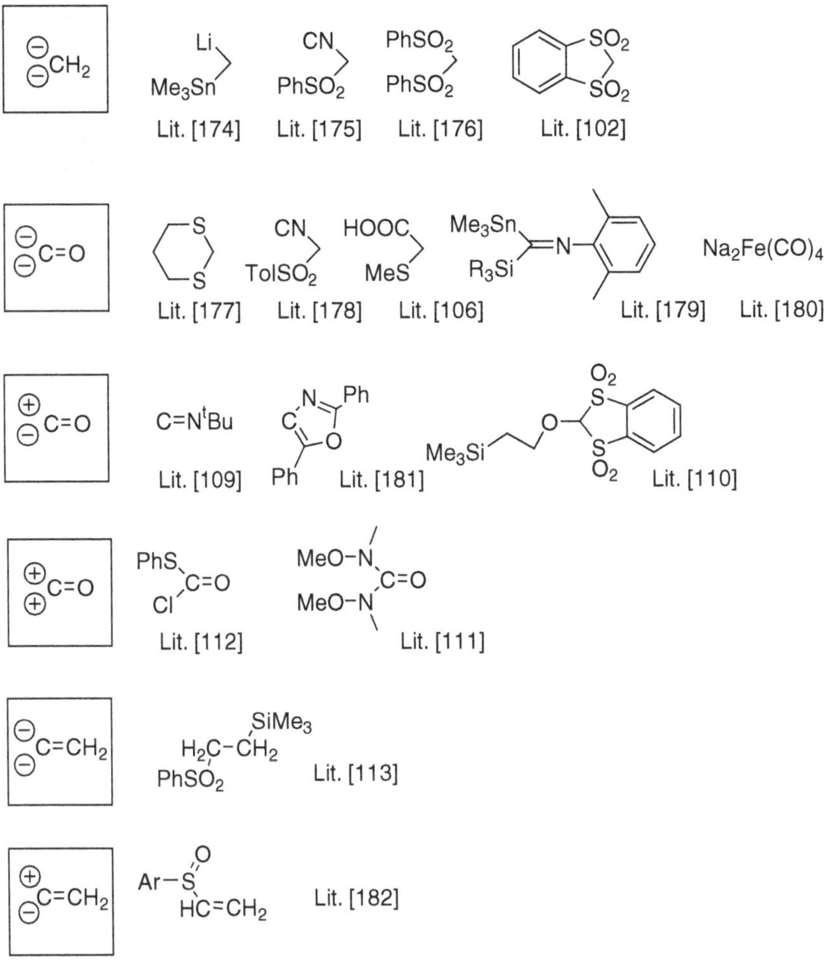

Abb. 5.7 Beispiele für Syntheseäquivalente 1,1-bivalenter Synthons

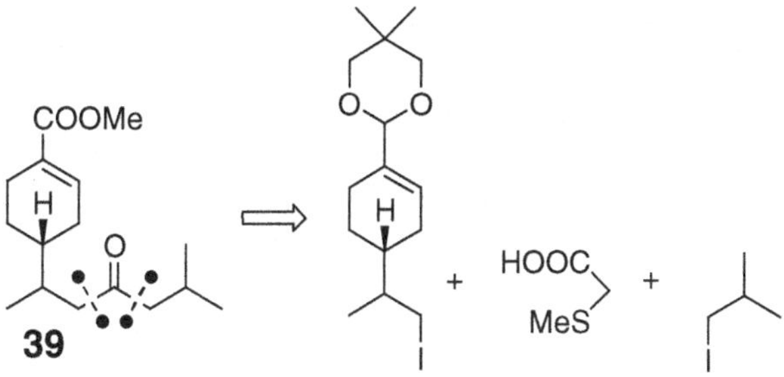

Abb. 5.8 Verwendung eines *1,1*-bivalenten Verknüpfungsbausteins in der Synthse von Juvabion

Die Möglichkeiten und die Zielsetzung des Einsatzes eines *1,1*-bivalenten Verknüpfungsbausteins werden in einer bausteinorientierten Synthese von Juvabion (**39**) deutlich [106] (Abb. 5.8).

Es gibt auch *1,2*- und *1,3*-bivalente Verknüpfungsbausteine in reichhaltiger struktureller Ausprägung.[100, 117, 173] Damit benötigt man als Basis für eine detaillierte Syntheseplanung nicht nur einen Katalog von unterschiedlich funktionalisierten Synthese-Bausteinen sondern auch einen von entsprechenden Verknüpfungsbausteinen.

6 Aufbau cyclischer Strukturen

Ringe in Zielstrukturen können unter Knüpfung einer Ringbindung durch Ringschluss aus offenkettigen Vorläufern aufgebaut werden. Zwei Ringbindungen lassen sich in einem Zuge bilden, wenn Ringe durch Cycloadditionen aufgebaut werden.[183] Für Cyclopropane sind beide Alternativen gleich gut entwickelt. Das gilt auch für Cyclobutane, für deren Bildung Photo-[2+2]- und Keten-[2+2]-Cycloadditionen eingesetzt werden. Für den Aufbau von Cyclopentan- oder Cycloheptan-Derivaten spielen Cycloadditionen nur eine untergeordnete Rolle, weil [3+2]- und [4+3]-Cycloadditions-Reaktionen[184] methodisch noch nicht so breit entwickelt sind, d. h. beim Aufbau von fünf- und siebengliedrigen Ringen dominieren Ringschlussreaktionen wie intramolekulare Alkylierung von Enolaten oder die Dieckmann-Cyclisierung (Abb. 6.1).

Cyclen durch Ringschluss   Cyclen durch Cycloaddition

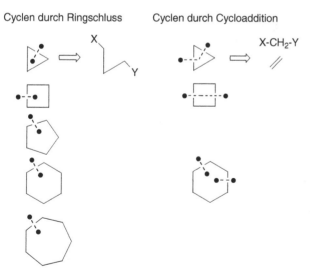

Abb. 6.1 Bindungssätze für den Aufbau cyclischer Verbindungen

© Springer-Verlag GmbH Deutschland, ein Teil von Springer Nature 2006
R. W. Hoffmann, *Elemente der Syntheseplanung*,
https://doi.org/10.1007/978-3-662-59893-1_6

Auch die im Kapitel 5.0 „Planungsgrundlagen" (Abb. 5.7, S. 74 vgl. auch Abb. 2.62, 2.63) vorgestellten bivalenten Verknüpfungsbausteine eignen sich vorzüglich zum Aufbau cyclischer Verbindungen und werden oft in diesem Sinne eingesetzt.

Das Methodenarsenal zum Aufbau von sechsgliedrigen Ringen ist am breitesten angelegt und verlangt deswegen entsprechende Abwägungen bei der Syntheseplanung. Die prinzipiellen Möglichkeiten[185] sind für die Synthese des Cyclohexanderivates **40** in Abb. 6.2 illustriert.

Man sollte bei einem Cyclohexanring in der Zielstruktur stets prüfen, ob es einen leicht zugänglichen Aromaten gibt, dessen erschöpfende Hydrierung oder Birch-Reduktion zur Zielstruktur führt (Abb. 6.2(1)). Es kommen die klassischen Ringschlussreaktionen zum Aufbau eines sechsgliedrigen Ringes in Frage (2), (3). Am reizvollsten ist es, Sechsringe durch [4+2]-Cycloaddition aufzubauen (4), denn die strategisch wertvolle [3+3]-Cycloaddition ist methodisch bislang nur rudimentär entwickelt.[186] Somit ist die Diels-Alder-Addition in vielen Fällen der Königsweg. Sobald aber Substituenten sowohl im Dien als auch im Dienophil platziert werden müssen, wird die zu erwartende Regioselektivität bei der Diels-Alder-Addition ein kritischer Parameter bei der Syntheseplanung. Grundsätzlich gilt, dass

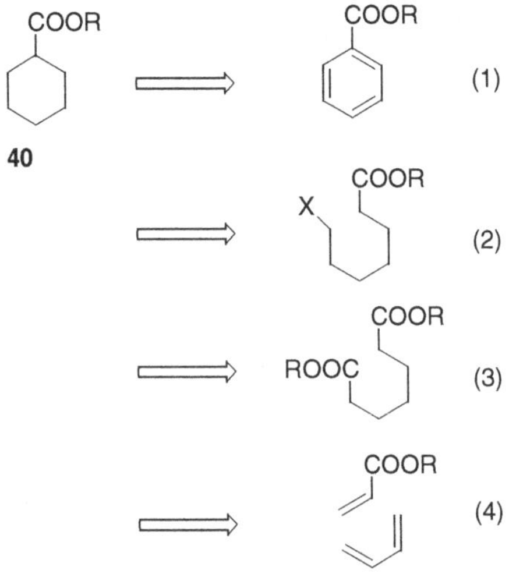

Abb. 6.2 Retrosynthese von Cyclohexan-Derivaten

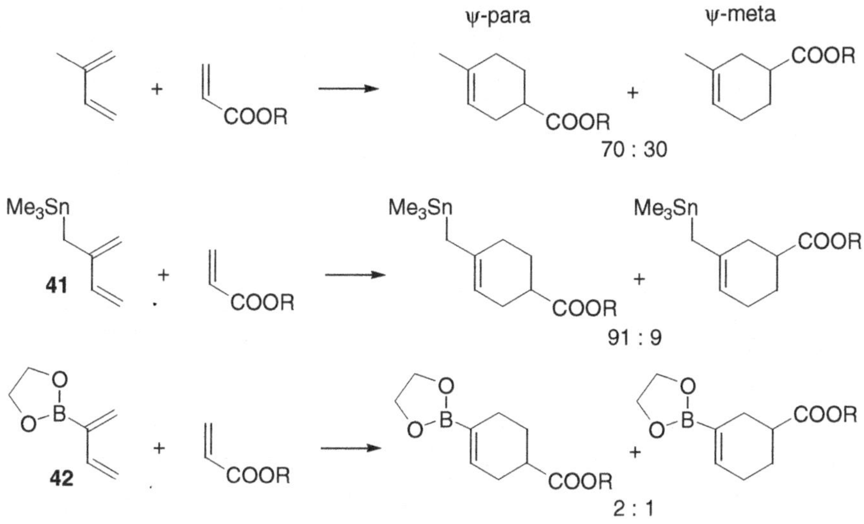

Abb. 6.3 Regioselektivität bei Diels-Alder-Additionen

eine ψ-ortho- und ψ-para- gegenüber einer ψ-meta-Stellung der Substituenten am resultierenden Cyclohexenring bevorzugt ist [187] (Abb. 6.3).

Das Ausmaß der Selektivität wird von den Orbitalkoeffizienten im HOMO des Diens und im LUMO des Dienophils kontrolliert, was den Ansatzpunkt gibt, um eine ungenügende Regioselektivität zu verbessern.[188] So kann ein Silyl- oder Stannylrest (vgl. **41**) als temporärer Hilfssubstituent dienen, um die Regioselektivität einer Diels-Alder-Addition zu erhöhen.[189] Ein Borylrest in **42** setzt einen Ankerpunkt für nachfolgende gerüsterweiternde C-C-Verknüpfungen,[190] erhöht aber nicht die Regioselektivität.

Sauerstoffsubstituenten am Dien führen zu einer hohen Regioselektivität bei Diels-Alder-Reaktionen. Dies wird bei der Addition der Danishefsky-Diene[191] ausgenützt (Abb. 6.4).

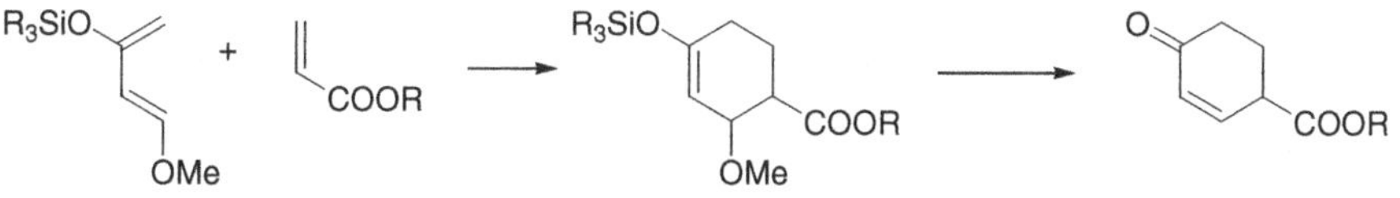

Abb. 6.4 Hohe Regioselektivität bei Reaktion der Danishefsky-Diene

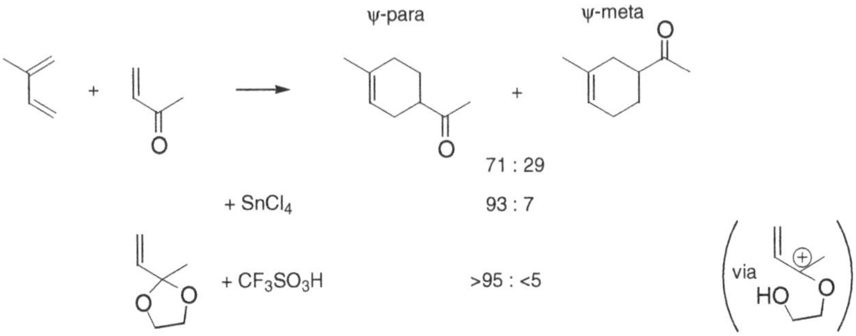

Abb. 6.5 Erhöhung der Regioselektivität durch Säure-Aktivierung des Dienophils

Das Ausmaß der Regioselektivität kann nicht nur durch Substituenten am Dien erhöht werden, auch am Dienophil sind Eingriffe möglich. Der einfachste ist der Zusatz von Lewis-Säuren[187] oder die Generierung von (substituierten) Allyl-Kationen als Dienophile [192] (Abb. 6.5).

Die Substitutionsmuster ψ-para und ψ-ortho lassen sich also bei Diels-Alder Reaktionen recht zuverlässig erreichen. Wenn man aber eine ψ-meta-Anordnung erreichen muss, greift man auf eine Umpolung durch zusätzlich Substituenten, z. B. am Dien zurück [193] (Abb. 6.6).

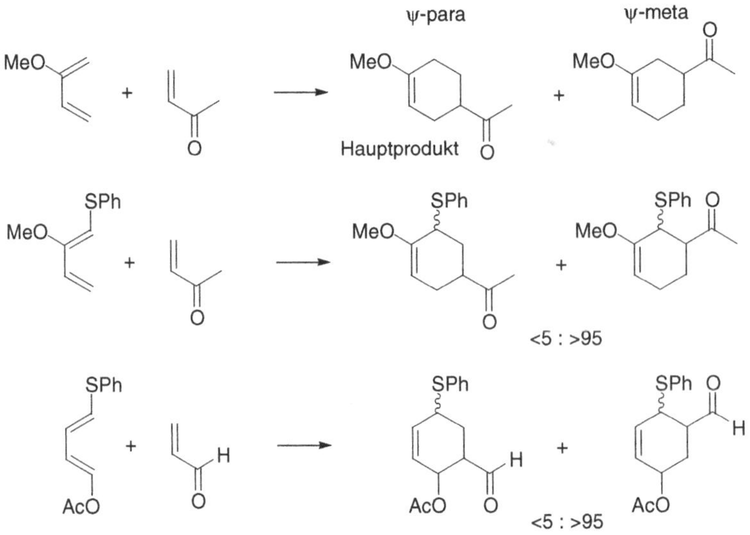

Abb. 6.6 Umpolung der Regioselektivität bei Diels-Alder-Additionen

Der die Umpolung bewirkende Arylthiosubstituent überspielt die steuernde Wirkung des Alkoxyrestes. Er muss, wie für eine Umpolung charak-
teristisch, in einem zusätzlichen Schritt nach der Diels-Alder-Addition,
z. B. durch Reduktion mit Raney-Nickel entfernt werden.

Für die regioselektive Diels-Alder-Addition gibt es also normale Dien-
Bausteine, die zu ψ-ortho- und ψ-para-Addukten führen (Abb. 6.7).
und umgepolte Dien-Bausteine, mit denen eine ψ-meta-Anordnung der
Bezugssubstituenten erreicht werden kann (Abb. 6.8).

Die steuernde bzw. die zu übersteuernde Wirkung nimmt in der Reihe
Alkyl, Acyloxy, Alkoxy, Silyloxy zu.

Eine ψ-meta-Anordnung von Substituenten am Cyclohexenring kann
man auch mithilfe spezieller Dienophile erreichen: So gibt es ein ψ-meta
selektives Dienophil, Vinyl-9-bora-bicyclo[3.3.1]nonan [194] (Abb. 6.9).

Dann muss man allerdings im Diels-Alder-Addukt die Borfunktionali-
tät weiteren gerüstaufbauenden Schritten unterwerfen. Damit ist von der
Stufenzahl her kein großer Vorteil z. B. gegenüber einer Umpolung des

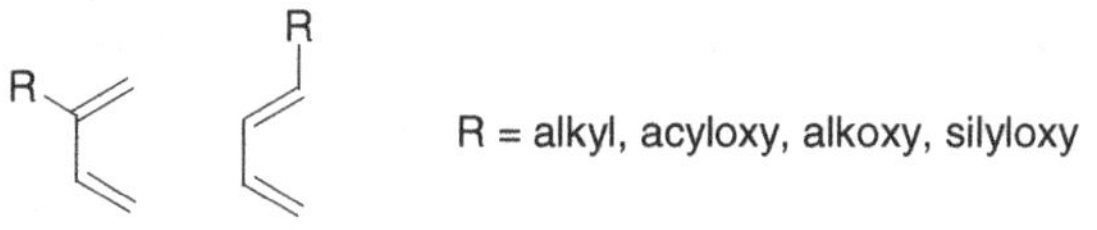

R = alkyl, acyloxy, alkoxy, silyloxy

Abb. 6.7 ψ-ortho- und ψ-para-dirigierende „normale" Diene

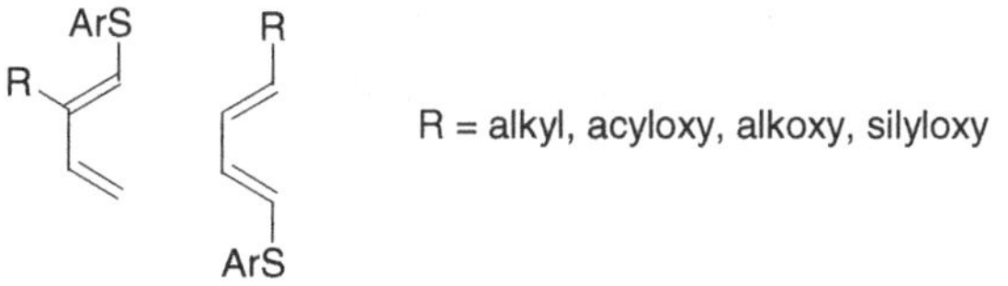

R = alkyl, acyloxy, alkoxy, silyloxy

Abb. 6.8 ψ-meta-dirigierende durch die Arylthiogruppe „umgepolte" Diene

Abb. 6.9 ψ-meta-dirigierendes Dienophil, 9BBN

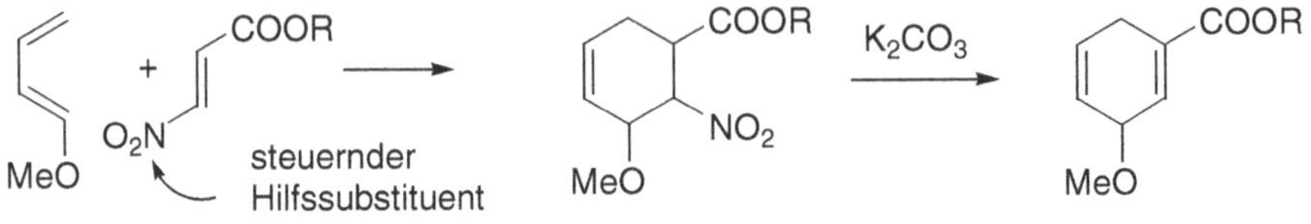

Abb. 6.10 Umpolung des Dienophils durch eine Nitrogruppe

Dienophils mit nachfolgender Abspaltung der Hilfsfunktion gegeben [195] (Abb. 6.10).

Diels-Alder-Reaktionen (mit normalem Elektronenbedarf) setzen ein elektronenreiches Dien und ein Akzeptorsubstituiertes Dienophil voraus. Damit gibt es eine ganze Reihe „unmöglicher" Dienophile, die sich in Diels-Alder-Reaktionen als zu wenig reaktiv oder andersartig reagierend erweisen. Dazu gehören $CH_2=CH_2$, $RCH=CH_2$, $CH_2=C=O$, $HC\equiv CH$, und $RC\equiv CH$, also Bausteine, die man bei der Planung einer Sechsringsynthese gerne einsetzen möchte. Glücklicherweise gibt es hierzu eine Reihe von Syntheseäquivalenten, die die gewünschte Cycloaddition eingehen und dann aber nachgelagerte Umfunktionalisierungsschritte erforderlich machen. DasBeispiel[196] in Abb. 6.11 zeigt, dass $CH_2=CHSO_2Ph$ als Syntheseäquivalent für $CH_2=CH_2$ oder $RCH=CH_2$ eingesetzt werden kann.

In Abb. 6.12 finden sich einige typische Syntheseäquivalente für $HC\equiv CH$.[197]

Die Möglichkeiten werden dadurch erweitert, dass sich substituierte Alkine $RC\equiv CH$ und $RC\equiv CR$ direkt mit zahlreichen Dienen in Co(I)-katalysierten Cycloadditionen, die Diels-Alder-Reaktionen entsprechen, zu 1,4-Cyclohexadienen umsetzen lassen.[198] Keten-Synthese-Äquivalente wurden

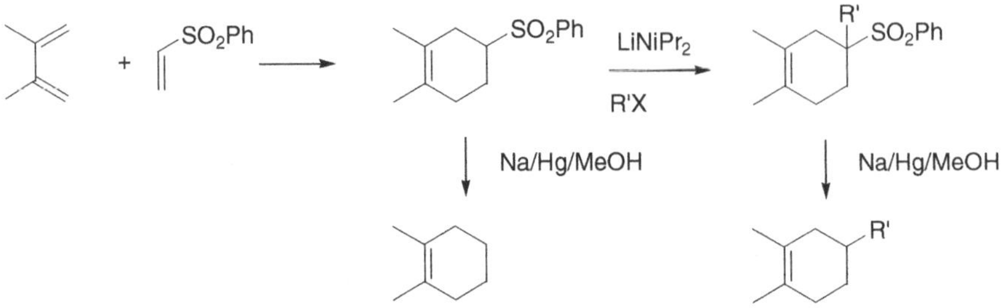

Abb. 6.11 $PhSO_2CH=CH_2$ als Syntheseäquivalent für $CH_2=CH_2$

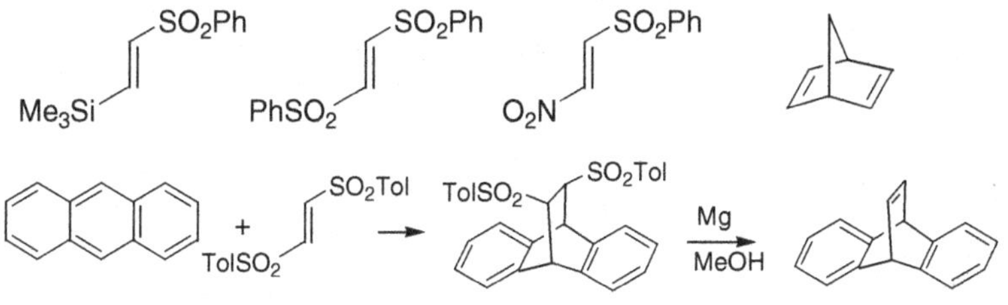

Abb. 6.12 Synthese-Äquivalente für HC≡CH

vor allem im Zuge von Prostaglandin-ynthesen entwickelt, so dass heute ein breites Spektrum an Synthesevarianten offen steht [199] (Abb. 6.13).

Beim Aufbau eines sechsgliedrigen Carbocyclus bietet damit die Diels-Alder-Reaktion die vielseitigste Strategie. Als ersten retrosynthetischen Schritt zeichnet man eine Doppelbindung in den Ring so ein (*add* DB), dass das zu erzielende Substitutionsmuster möglichst mühelos (d. h. unter Vermeidung umgepolter Synthons oder komplizierter Syntheseäquivalente) erreicht werden kann (Abb. 6.14).

Hat die Zielstruktur bereits eine Doppelbindung im Sechsring, dann ist der Blick auf eine Diels-Alder-Reaktion besonders naheliegend. Falls die Lage der Doppelbindung in Bezug auf die Anordnung der Ringsubstituenten für eine Diels-Alder-Reaktion problematisch ist, was vorkommen kann, gibt es Möglichkeiten, die Doppelbindung im Ring in einem zusätzlichen Schritt um eine Position zu verschieben (Abb. 6.15).

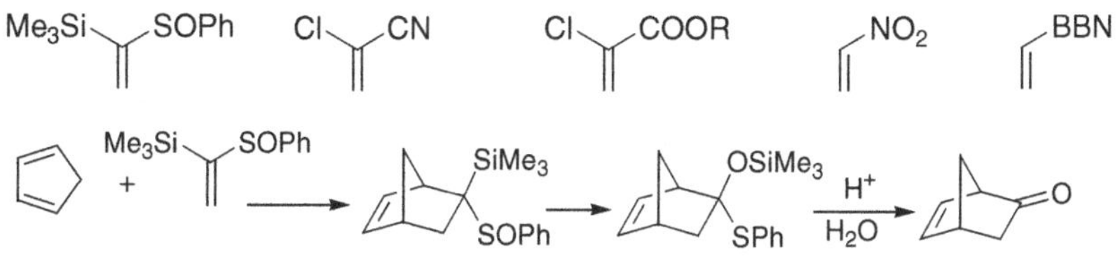

Abb. 6.13 Syntheseäquivalente für $H_2C=C=O$

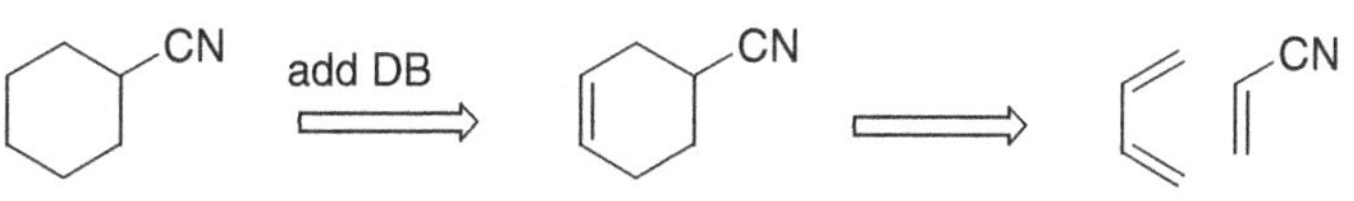

Abb. 6.14 Retrosynthese eines Cyclohexanderivats im Hinblick auf eine Diels-Alder-Reaktion

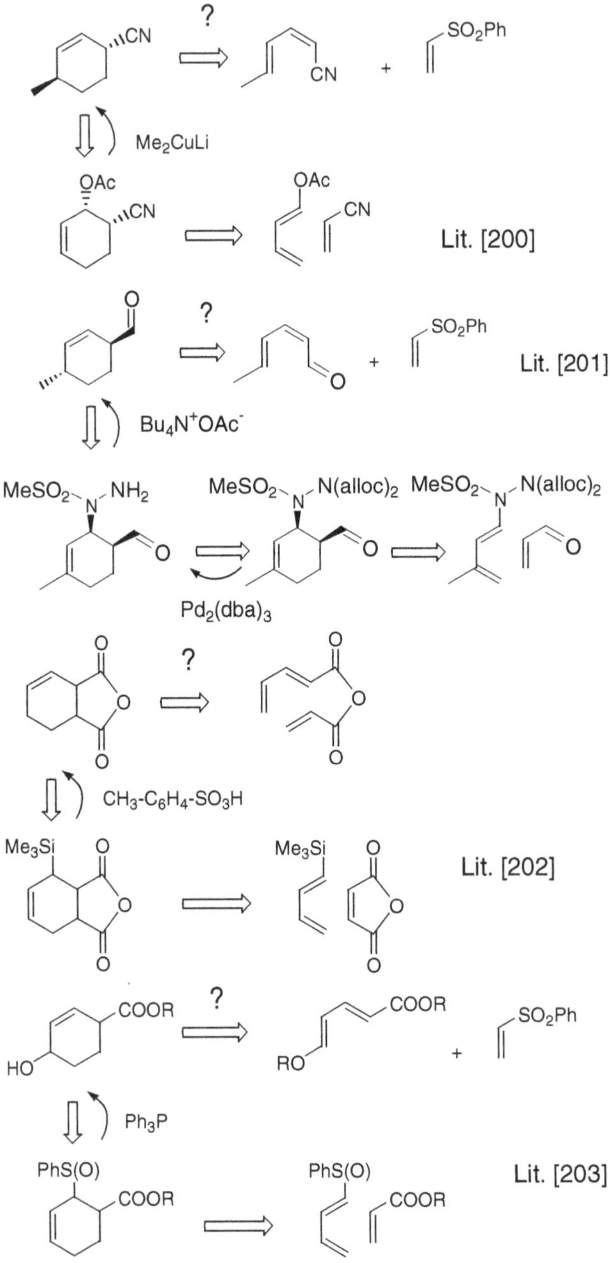

Abb. 6.15 Vermeidung problematischer Diels-Alder-Additionen durch (nachgelagerte) Verschiebung der Doppelbindung im Ring

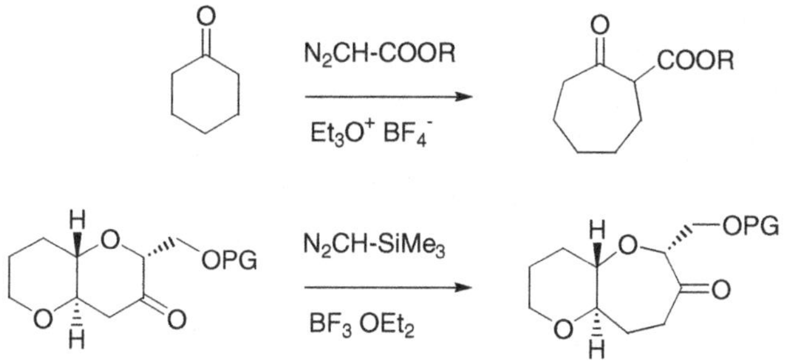

Abb. 6.16 Ringerweiterung von sechs- zu siebengliedrigen Ringen

Kommen wir noch einmal allgemein auf die Synthese cyclischer Verbindungen zurück:

Die Methodenvielfalt zum Aufbau von Sechsringen ist ein Vielfaches größer als die zum Aufbau von siebengliedrigen Ringen. Das führt dazu, dass Siebenringe häufig durch **Ringerweiterung** aus Sechsringen aufgebaut werden [204] (Abb. 6.16), wenn das erwünschte Substituentenmuster am Sechsring problemlos aufbaubar ist.[205]

6.1 Anellierte Bicyclen und anellierte Polycyclen

Ein anelliertes bicyclisches System kann man als einen Monocyclus A betrachten, der zwei Substituenten trägt, die zu einem zweiten Ring B geschlossen sind. Für eine retrosynthetische Disconnection sind vor allem die vier *exendo*-Bindungen wichtig, die jeweils in einem Ring endocyclisch, im anderen Ring exocyclisch sind (Abb. 6.17).

Die Knüpfung einer *exendo*-Bindung erzielt einen raschen Anstieg der Komplexizität, da somit in einem Schritt eine Verzweigung an einem Ring und der Ringschluss des zweiten Ringes vorbereitet oder erreicht

bicyclisches System

die vier *exendo*-Bindungen sind markiert

Abb. 6.17 Definition der *exendo*-Bindungen in einem anellierten Bicyclus

Abb. 6.18 Bindungssätze für die Synthese anellierter Bicyclen mit Fokus auf *exendo*-Bindungen

wird. Man wählt also den Bindungssatz so, dass nach Möglichkeit zwei *exendo*-Bindungen aufgebaut werden, d.h. dass der zweite Ring anelliert wird (Abb. 6.18).

Nachrangig betrachtet man Bindungssätze, in denen wenigstens eine *exendo*-Bindung geknüpft wird (Abb. 6.19).

Es wird detulich, dass bei dieser retrosynthetischen Analyse die *endoendo*-Bindung des anellierten Systems (Abb. 6.20) (auch als Fusions-Bindung bezeichnet) ausgespart wird

Seit der klassischen Robinson-Anellierung[206] sind zahlreiche Verfahren zur Anellierung von sechs- und fünfgliedrigen Ringen entwickelt worden.[207] Wie die nachstehende Auswahl in Abb. 6.21 zeigt, bedingen die einzelnen Anellierungsreaktionen bestimmte Funktionalität sowohl im Ausgangs- wie auch im anellierten Ring.

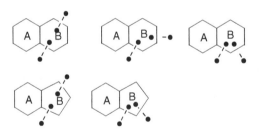

Abb. 6.19 Bindungssätze für die Synthese anellierter Bicyclen unter Nutzung einer *exendo*-Bindung

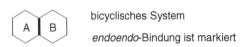

bicyclisches System

endoendo-Bindung ist markiert

Abb. 6.20 Definition der *endoendo*-Bindungen in einem anellierten Bicyclus

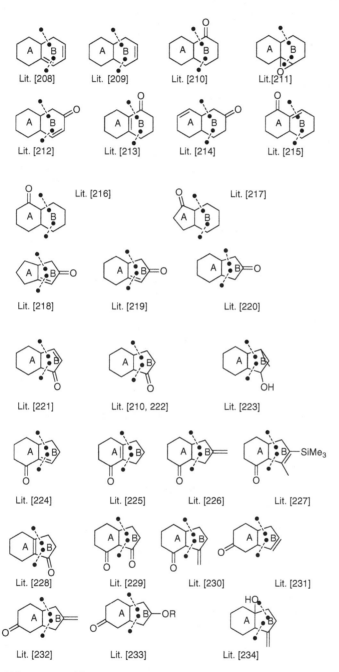

Abb. 6.21 Etablierte Anellierungsschemata für funktionalisierte Bicyclen

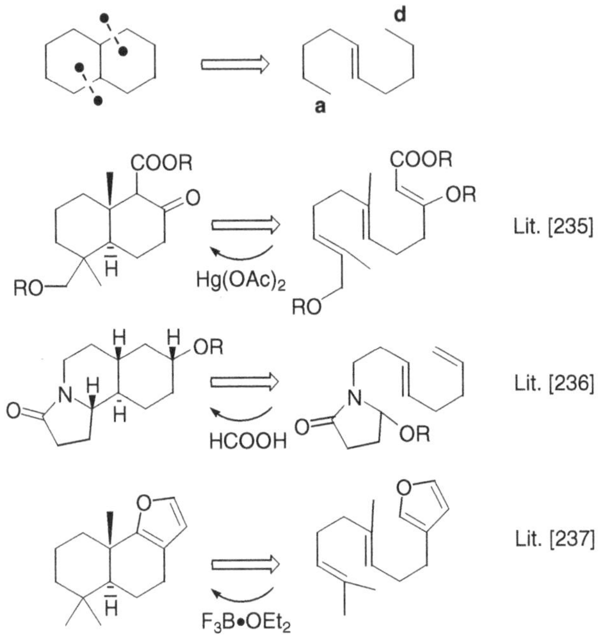

Abb. 6.22 Elektrophil induzierte Bicyclisierungsreaktionen

Einen rascheren Anstieg der Komplexizität als die Anellierung eines Ringes an einen bereits bestehenden Ring bieten **Bicyclisierungs-Reaktionen** (Zwei-Bindungs-Diskonnektion), d. h. Reaktionen, bei denen zwei Ringe in einem Schritt aus offenkettigen Vorläufern gebildet werden. Dabei stehen wieder die *exendo*-Bindungen im Blickpunkt, wie die in Abb. 6.22 illustrierte Elektrophil-induzierten Cyclisierungen zeigen.

Es sind jedoch auch solche Bicyclisierungs-Reaktionen vorteilhaft, bei denen eine *endoendo*- und eine *exendo*-Bindung aufgebaut werden wie Abb. 6.23 zeigt.[238]

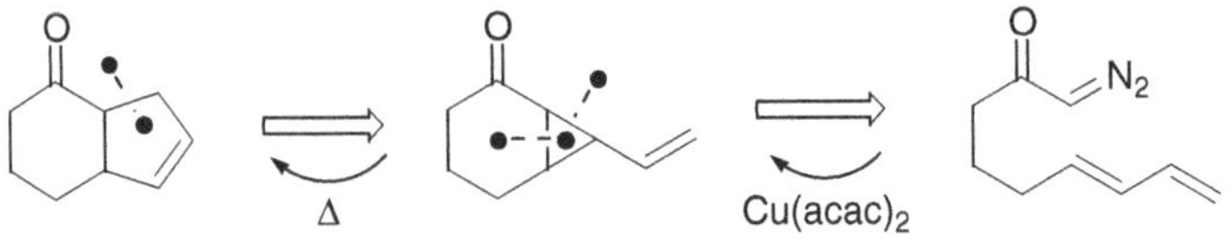

Abb. 6.23 Bicyclisierung unter Aufbau einer *endoendo*- und einer *exendo*-Bindung

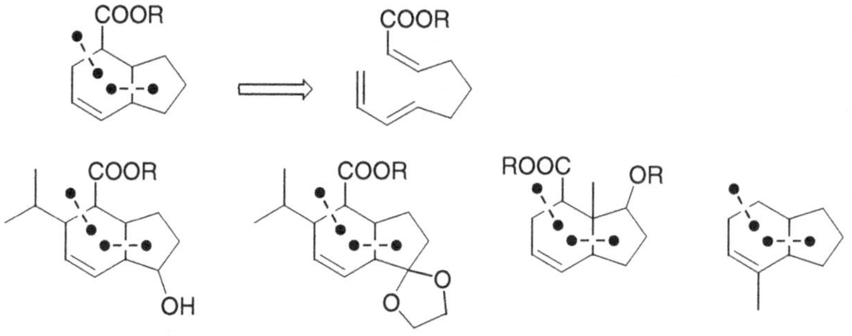

Abb. 6.24 Bicyclisierungsreaktionen über intramolekulare Diels-Alder-Addition

In diesen Beispiel führt die Bicyclisierung zunächst zu einem Bicyclo[4.1.0]-System. Die gebildete Vinylcyclopropan-Teilstruktur eröffnet eine thermische Umlagerung zu einem Cyclopenten, so dass als Folge dieser Reaktionssequenz auch Bicyclo[4.3.0]-Systeme zugänglich werden.

Bei Bicyclisierungsreaktionen dominiert die intramolekulare Diels-Alder-Addition [239] (Abb. 6.24).

Wenn die Zielstruktur keine geeignet platzierte Doppelbindung aufweist, beginnt die Retrosynthese wieder mit FGA (= Addiere Doppelbindung). Für Übersichten s. Lit. [240] Bei Bicyclisierungsreaktionen, die eine *endo-endo*-Bindung aufbauen, muss der stereochemische Verlauf der Reaktion (*cis*- oder *trans*-Verknüpfung der beiden Ringe) beachtet werden. Da aber die *cis*-Verknüpfung eines Fünf und eines Sechsrings thermodynamisch stabiler ist, als eine *trans*-Verknüpfung, kann man bei geschickter Platzierung einer Carbonylgruppe eine nachträgliche Epimerisierung ausnutzen, um ein einheitlich *cis*-verknüpftes Produkt zu erhalten [241] (Abb. 6.25).

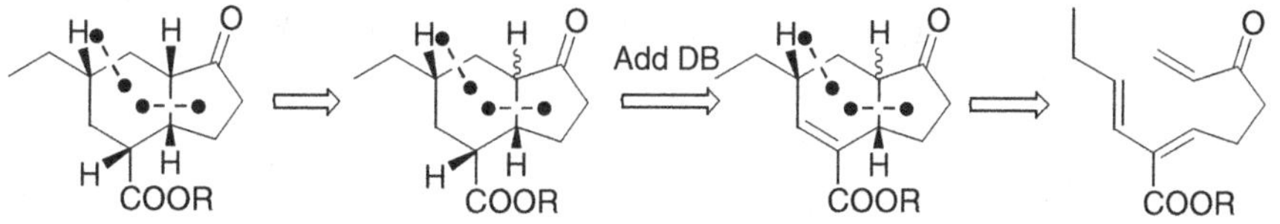

Abb. 6.25 Bicyclisierung mit nachträglicher Anpassung der relativen Konfiguration an der Ringverknüpfung

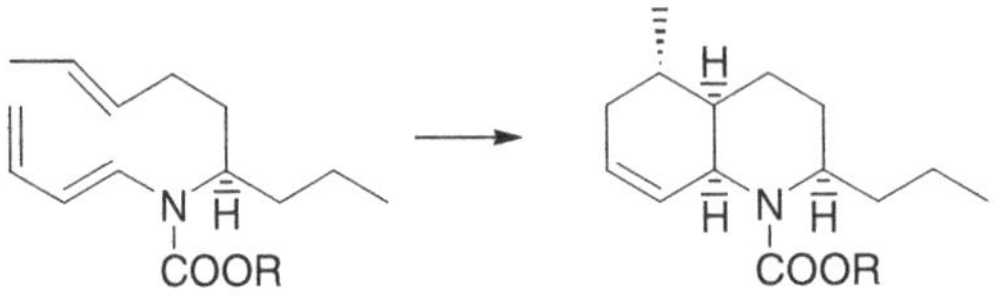

Abb. 6.26 Rascher Anstieg der Komplexizität im Bicyclisierungsschritt

Der Vorteil der Bicyclisierungsstrategie liegt darin, dass man komplizierte Skelett- und Substituentenmuster zunächst mit den Methoden der
Synthese offenkettiger Verbindungen aufbauen kann, worauf im letzten
Schritt (Abb. 6.26) unter raschem Anstieg der Komplexizität das Zielmolekül erreicht wird.[242]

Wer ein Gefühl für die Alternativen Ringannellierung oder Bicyclisierung gewinnen möchte, kann sich die zahlreichen Synthesen[243] des Systems Compactin oder Mevinolin ansehen, die Anfang der Achtzigerjahre
ein populäres Syntheseziel waren (Abb. 6.27).

Bei polycyclischen Zielstrukturen, wie z. B. den Tetracyclin- oder Anth-
racyclin-Antiobiotika, basieren die effektivsten Synthesen auf der Anwendung der Bicyclisierungs-Strategie. Am eindrucksvollsten sind sie, wenn
sie als Kaskadenreaktion geführt werden können. An dieser Stelle sei auf
die Muxfeldt'sche Tetracyclin-Synthese von 1965 (Abb. 6.28)[255] verwiesen,
den ersten Vertreter dieser seinerzeit zukunftsweisenden Strategie.

Die Eleganz dieses Vorgehens wird deutlich, wenn man sie mit der sequenziellen Anellierungsfolge in der Woodward'schen Tetracyclinsynthese[119] vergleicht (Abb. 6.29).

Einige weitere Beispiele verdeutlichen die Vielseitigkeit von Bicyclisierungsstrategien (Abb. 6.30).

Bicyclisierungen vom Diels-Alder-Typ sind ebenso das Kennzeichen
moderner Steroidsynthesen, wie die Beispiele in Abb. 6.31 illustrieren.

In Kombination mit einer Cobaltkatalysierten Alkincyclotrimerisierung
wird der Zugang zum Oestronskelett spektakulär (Abb. 6.32). [260]

Wegen des raschen Anstiegs der Komplexizität, der mit einer Bicyclisierungsstrategie verbunden ist, ist es wichtig bei der Synthese von anellierten Bi- und Poycyclen zunächst zu prüfen, ob ein zentraler Sechsring der
Zielstruktur z. B. unter Ausnutzung einer Diels-Alder-Addition aufgebaut
werden kann.

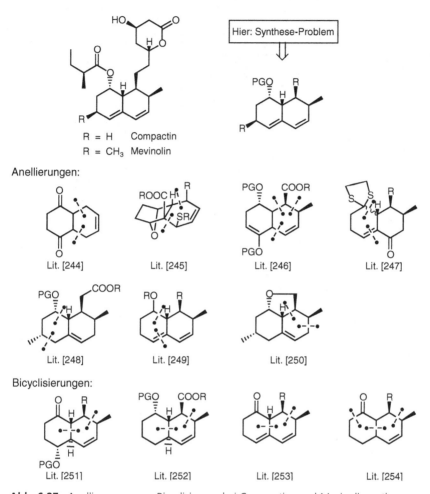

Abb. 6.27 Anellierung versus Bicyclisierung bei Compactin- und Mevinolinsynthesen

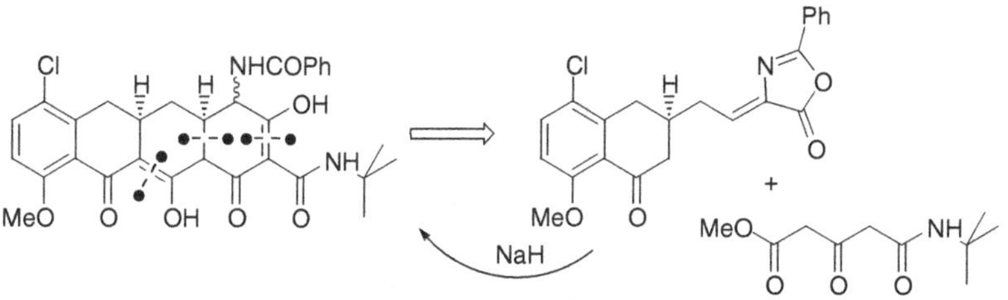

Abb. 6.28 Rascher Anstieg der Komplexizität im Bicyclisierungsschritt der Muxfeldt'schen Tetracyclinsynthese

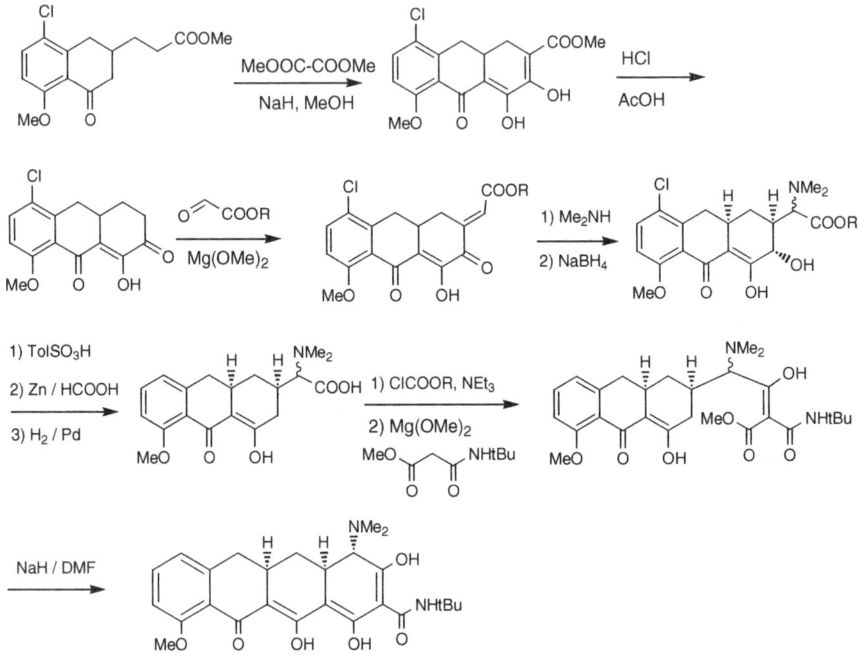

Abb. 6.29 Aufbau des Tetracyclingerüsts über schrittweise Anellierungen

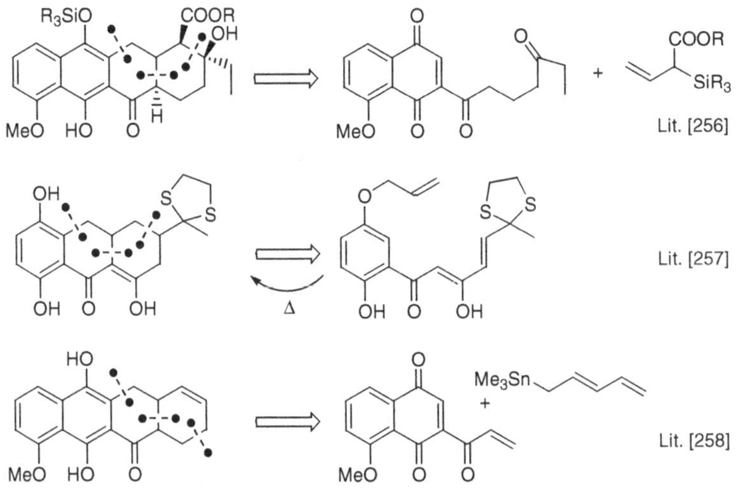

Abb. 6.30 Rascher Anstieg der Komplexizität durch Bicyclisierungsstrasegien

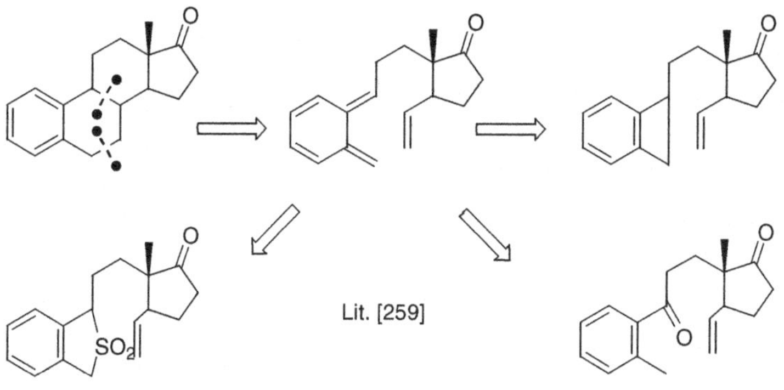

Abb. 6.31 Steroid-Synthesen, die auf Diels-Alder-Bicyclisierungen basieren

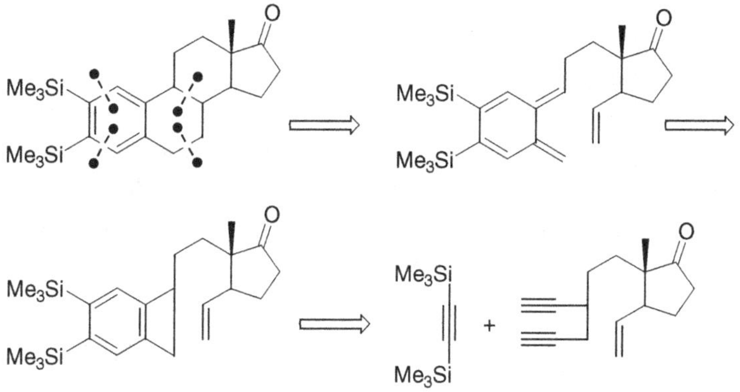

Abb. 6.32 Bicyclisierungen als Schlüssel zu einem raschen Zugang zum Oestrongerüst

6.2 Verbrückte Bi- und Polycyclen

Verbrückte Polycyclen, wie etwa der Tetracyclus **43,** gehören wegen ihres Molekülskeletts zu den komplexeren Strukturen. Enstsprechend sind die Schritte bei der Syntheseplanung nicht so offensichtlich, weswegen man systematisch vorgehen sollte. Eine solche Vorgehensweise wurde von der Corey-Gruppe in den Siebzigerjahren entwickelt.[261] Zentrale Aspekte dieser Analyse sind in Abb. 6.33 am Beispiel von **43** erläutert.

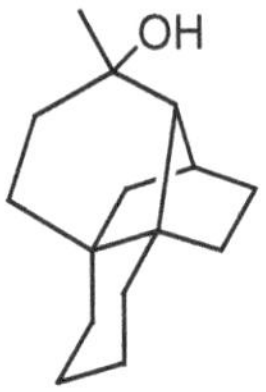

43

Abb. 6.33 Beispiel eines verbrückten polycyclischen Ringsystems

Um einige Möglichkeiten aufzuzeigen, sind in Abb. 6.34 willkürlich einige der Gerüstbindungen von **43** markiert. Es gilt nun herauszufinden, welcher retrosynthetische Bindungsbruch eine signifikante (am besten größtmögliche) Vereinfachung der Struktur bewirkt.

Eine retrosynthetische Vereinfachung resultiert dadurch, dass die Zahl der Brücken verringert wird. Dies wird durch jeden der Bindungsbrüche „a" bis „h" erreicht. Die Spaltung der Brücke „b" ist allerdings ungünstig, weil dabei als Vorläufer ein zehngliedriger Ring (ein mittlerer Ring) notwendig wird. Da dessen Synthese, abgesehen von allen weiteren Verbrückungen, schwierig ist, werden derartige Bindungsbrüche aus der Syntheseplanung ausgeschlossen. Die Bindungsbrüche „c", „d", „f", „g", und „h"

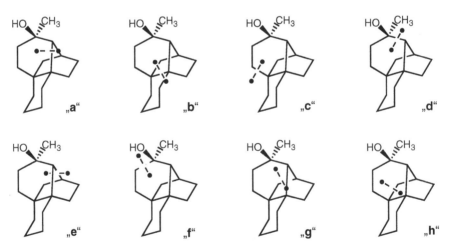

Abb. 6.34 Herantasten an günstige retrosynthetische Bindungsbrüche bei verbrückten Polycyclen

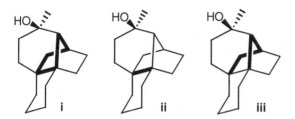

Abb. 6.35 Der am höchsten verbrückte Ring in Verbindung **43**

generieren abhängende Seitenketten, wobei im Falle von „c", „d" und „f"
das Stereozentrum zusätzliche Beachtung erfordert.

Aus diesen Beobachtungen lassen sich die folgenden Ziele ableiten: Der
retrosynthetische Bindungsbruch sollte so erfolgen, dass

- die Zahl der Brücken verringert wird;
- keine mittleren Ringe gebildet werden;
- die Zahl abhängender Ketten möglichst niedrig gehalten wird.

Diese Ziele kann man dadurch erreichen, dass man zunächst in der Zielstruktur den am höchsten verbrückten Ring identifiziert.[261] Im Falle von
43 ist das der unter „i" markierte Ring (Abb. 6.35).

Im vorliegenden Fall ist jede der so markierten Bindungen eine *exendo*-
Bindung. Wenn diese retrosynthetisch gebrochen werden, reduziert sich die
Zahl der Ringe. Allerdings ist die in Abb. 6.35 mit „ii" markierte Bindung
eine so genannte *Kern*-Bindung, deren retrosynthetischer Bruch zu einem
mittleren Ring als Vorläufer führt. Da mittlere Ringe synthetisch nicht einfach zugänglich sind, konzentriert man die weiteren Betrachtungen auf die
in „iii" markierten **strategischen Bindungen** (= „i" minus „ii"). Der Bruch
einer „Null"-Brücke in Abb. 6.34 „a" oder „e" führt zu einem vereinfachten
Ringsystem, ohne dass abhängende Ketten generiert werden. Der Bruch
einer Brücke mit einer Kettenlänge von 1 oder größer, z. B. „g" oder „h"
bedingt abhängende Ketten, was als weniger günstig eingestuft wird.

Das Vorgehen lässt sich also wie folgt zusammenfassen: Man suche
zunächst den am höchsten verbrückten Ring: Ist eine seiner Bindungen
eine Kernbindung, wird sie nicht weiter beachtet. Alle andern Bindungen,
sofern es sich um *exendo*-Bindungen handelt (dies reduziert die Zahl der
enstehenden abhängenden Ketten), sind strategische Bindungen, deren re-

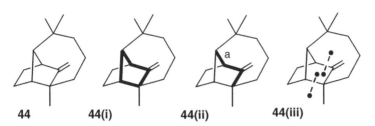

Abb. 6.36 Suche nach strategischen Bindungen für die Synthese von Longifolen

trosynthetischer Bindungsbruch weiter verfolgt wird. Erst dann prüft man, ob eine der Bindungen in einem Ring mit zusätzlichen Stereozentren liegt. Ein Bindungsbruch dort bedingt in Syntheserichtung Stereoselektivitäts- probleme, die man vermeiden möchte. Insofern wird einem retrosynthe- tischen Bindungsbruch in solchen Ringen meist eine niedriegere Priorität zugeordnet. Im Falle des hier diskutierten Beispiels hätten also die Bin- dunsgbrüche „e" und „a" Priorität vor „g" und „h" (Zahl der abhängenden Ketten). Diese Regeln lassen sich z. B. auf ein klassisches Syntheseproblem wie die Synthese von Longifolen (**44**) anwenden (Abb. 6.36).

Der am höchsten verbrückte Ring ist rasch identifiziert (i). Nach Aus- schluss der Kern-bindungen verbleiben die in (ii) angedeuteten strate- gischen Bindungen, von denen (a) als Null-Brücke die höchste Priorität genießt. Eine Übersicht über Longifolen-Synthesen zeigt,[262] dass in der Tat in drei von sieben Synthesen die Bindungsknüpfung (a) der Schlüssel- schritt war. Die hier angestellte Analyse bezieht sich auf die Diskonnektion einer *einzelnen* Bindung. Betrachtet man wie im vorausgehenden Abschnitt *zwei*-Bindungs-Diskonnektionen, i. e. Bicyclisierungsstrategien, dann wird eine Situation wie in (iii) augenfällig, deren Vor- und Nachteile im Kontext von Longifolen-Synthesen ausführlich diskutiert wurden.[262] Man beachte, dass bei solchen Bicyclisierungsstrategien Kernbindungen oft eine der re- trosynthetisch vorteilhaft zu brechenden Bindungen sind.

Ein mit diesen Regeln konformes Vorgehen findet man gleicherma- ßen bei Syntheseproblemen neueren Datums, wie z. B. in Synthesen von FR901483 (**45**) (Abb. 6.37).

Der höchst verbrückte Ring und damit die strategischen Bindungen (vgl. **46** in Abb. 6.38) im tricyclischen Grundgerüst sind leicht zu identifizieren. Um die Zahl abhängender Ketten zu minimieren, ist ein Bindungsbruch ei-

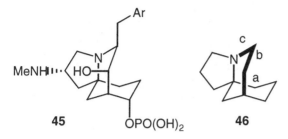

Abb. 6.37 Suche nach strategischen Bindungen für die Synthese von FR901483

ner *exendo*-Bindung (a) oder (c) günstiger als der Bindunsgbruch der rein endocyclischen Bindung (b). Beeindruckend ist, dass fünf[263] von sechs Synthesen des FR901483-Gerüsts die Bindungsknüpfung bei (a) als strategische Reaktion nutzen. Das bisher einzige andere Syntheseschema[264] nützt eine bicyclisierende Kaskadenreaktion (Abb. 6.38).

Ein weiteres Syntheseziel „Sarain" (**47**) weist ein polycyclisches Kerngerüst (i) ähnlicher Schwierigkeit auf. Der am stärksten verbrückte Ring und die strategischen Bindungen sind leicht zu identifizieren, vgl. **47ii** (Abb. 6.39).

Retrosynthetischer Bindungsbruch bei (d) generiert zwei abhängende Ketten, ein Bindungsbruch bei (f) ein anneliertes 6/7-Ring-System. Die stärkste Vereinfachung lässt sich durch den retrosynthetischen Bindungsbruch (c) erzielen. Genau dieser Weg wurde überwiegend in den bisherigen Synthesebemühungen um Sarain genutzt oder ernsthaft erprobt (Abb. 6.40).

Diese Betrachtungen zumAufbau verbrückter polycyclischer Systeme können anhand eines klassischen Syntheseziels, wie Morphin, vertieft werden. Eine entscheidende Zwischenstufe vieler Morphinsynthesen[268] ist

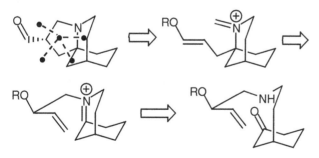

Abb. 6.38 Bicyclisierender Aufbau von FR901483

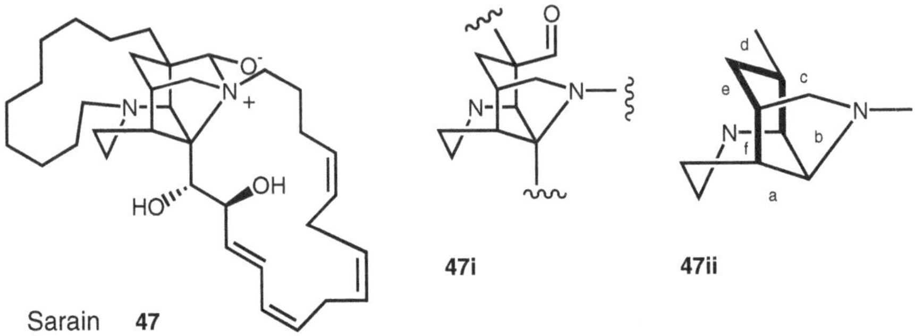

Abb. 6.39 Suche nach strategischen Bindungen für die Synthese von Sarain

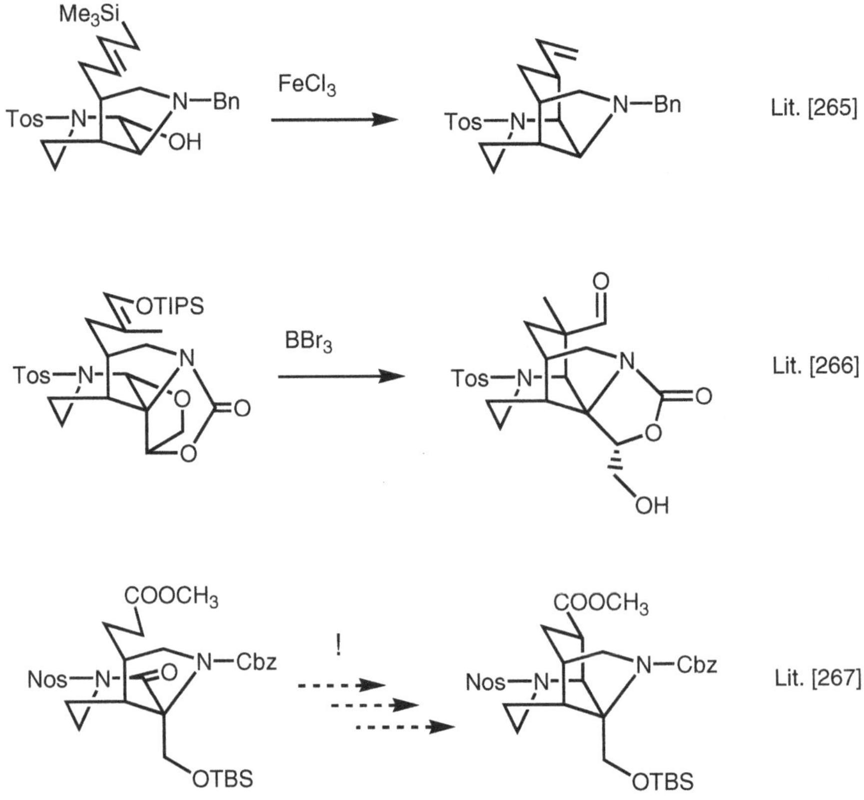

Abb. 6.40 Syntheserouten zum Aufbau des polycyclischen Kerns von Sarain

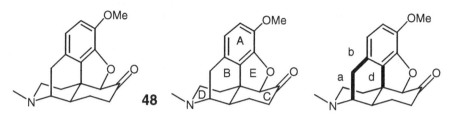

Abb. 6.41 Bezeichnung der Ringe und strategische Bindungen in Dihydrocodeinon

das Dihydrocodeinon (**48**) (Abb. 6.41). In ihm sind die Ringe A, E und C annelliert. Die Ringe B und D sind verbrückt.

Der am höchsten verbrückte Ring B ist leicht identifiziert. Damit erkennt man als strategische Bindungen (a) und (b). Die Bindung (d) ist eine Kernbindung zwischen den Ringen E und B. Wenn man von vornherein eine spätere Annellierung des Ringes E in Betracht zieht, dann verliert Bindung (d) den Status einer Kernbindung und wird ebenfalls zu einer strategischen Bindung.

Es ist nun interessant zu sehen, wie weit sich solche Überlegungen in den neueren Synthesen von Dihydrocodeinon und verwandten Verbindungen widerspiegeln. Es lohnt sich, diese Synthesen in der Originalliteratur nachzulesen und nachzuvollziehen. In Abb. 6.42 ist der Gang der Synthese bis zum Extrem verkürzt dargestellt, um die Unterschiede in der Strategie herauszuarbeiten.

Die Synthese von Evans (Abb. 6.42a) schließt zwei dieser strategischen Bindungen spät in der Synthese, bei Overmans Synthese werden sie früh geschlossen. Die Synthese von Parker bzw. Trost (b) schließt das verbrückte bicyclische System spät, wobei im letzten Schritt keine als strategisch markierte Bindung genutzt wird. Dies gilt besonders für die Synthese von Mulzer (d). Denn hier zeichnet sich eine zum bisher diskutierten Corey'schen Denkansatz unterschiedliche Vorgehensweise ab: Man baut den am höchsten verbrückten Ring früh auf und häkelt dann die verbrückenden und weiteren Ringe wie Luftmaschen durch Anellierungsfolgen daran. Dieses alternative Vorgehen findet man prominent in den vielen Synthesen des Quadrons (**50**), das in den Achtzigerjahren ein populäres Syntheseziel war (Abb. 6.43).

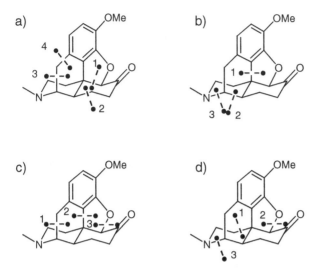

Abb. 6.42 Neuere Synthesen von Dihydrocodeinon, a) von D. A. Evans[269] b) von K. A. Parker[270] bzw. B. M. Trost[271] (Codein) c) von L. E. Overman[272] d) von J. Mulzer[273]

Von den vier Ringen des Quadrons wird der Laktonring in allen Planungen am Schluss der Synthese geschlossen. Damit liegt die eigentliche Herausforderung im effizienten Aufbau des verbrückten tricyclischen Systems. Der höchst überbrückte Ring und die strategischen Bindungen sind rasch identifiziert. Ein retrosynthetischer Bindungsbruch (a) schafft die größte Vereinfachung, ein Bindungsbruch (c) würde zwei abhängende Ketten erzeugen. Unter den zahlreichen Synthesen des Quadrons findet sich allerdings nur eine, bei der die strategische Bindung (a) (in einer eindrucksvollen Reaktionskaskade) geschlossen wird [274] (Abb. 6.44).

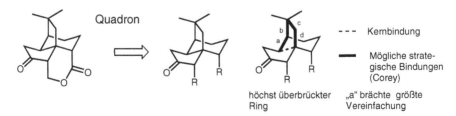

Abb. 6.43 Suche nach strategischen Bindungen für die Synthese von Quadron

O
O
O
O
O

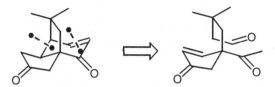

Abb. 6.44 Bicyclisierende Synthese des Quadronskeletts

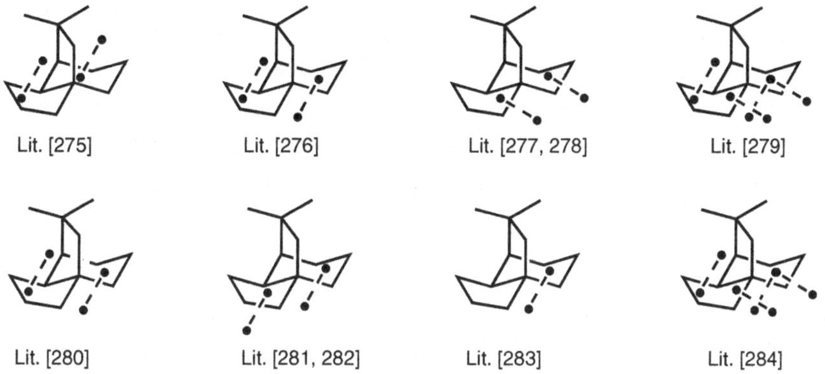

Lit. [275]
Lit. [276]
Lit. [277, 278]
Lit. [279]
Lit. [280]
Lit. [281, 282]
Lit. [283]
Lit. [284]

Abb. 6.45 Bindunsgsätze einer Reihe von Quadronsynthesen

Eine Übersicht über eine größere Zahl weiterer Quadronsynthesen zeigt jedoch, dass im Gegenteil meistens der höchstverbrückte Ring als Ausgangsbasis für die Synthese genommen wird, und dass jeweils dann die äußeren Ringe angegliedert werden. Dabei zeigt sich ein große Vielfalt an Synthesemöglichkeiten (Abb. 6.45), bis hin zu einer Kaskadenbicycliserung (Abb. 6.46). [285]

BnO
O
O
O
BnO
N
N
N
N
N
N
Ph
Ph
Ph
Li
65 %
Lit. [285]

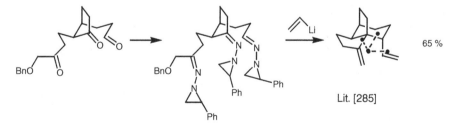

Abb. 6.46 Kaskadenbicyclisierung zum Quadrongerüst

Fazit: Wenn es um den Aufbau verbrückter Polycyclen geht und man in Ein-Bindungsdiskonnektionen denkt, dann sollte man zwei Denkschemata prüfen:

Zum einen die Vorgehensweise nach Corey, d. h. Suche des höchst verbrückten Ringes und Identifizierung von strategischen Bindungen in diesem Ring unter Ausschluss von „Kernbindungen". Und alternativ die Wahl des höchst verbrückten Ringes als Basis, an den die anderen Ringe anelliert werden.

Aber auch über zweifache Bindungs-Diskonnektion kann man verbrückte Polycyclen effizient aufbauen, z. B. unter Anwendung der Diels-Alder-Transformation. D. h. bei Polycyclen, die sechsgliedrige Ringe aufweisen, sollte man stets auch diese Möglichkeit prüfen.

Besonders augenfällig sind die Möglichkeiten einer Diels-Alder-Transformation bei der Retrosynthese des Patchoulialkohols (**51**), einer Verbindung, die insofern Geschichte gemacht hat, als die ursprünglich angenommene (falsche) Struktur durch geplante und gezielte Synthese als vermeintlich richtig bewiesen wurde![286] Ein Beweis der später hinfällig wurde.[287] Die richtige Struktur **51** hat drei verbrückte Sechsringe. Die Diels-Alder-Transformation kann man durch „*add* DB" = Einzeichnen einer Doppelbindung initiieren. Dann zeigt der doppelte Bindungsbruch, welche Dien-Dienophil Kombination als Ausgangsmaterial in Frage kommt. Die Möglichkeiten lassen sich systematisch durchspielen.[288] Einige Beispiele sind in Abb. 6.47 aufgeführt. Die letztgezeigte Variante wurde in der Tat zu einer sehr kurzen Synthese des Patchoulialkohols, einer wertvollen Riechstoff-Komponente, genutzt.[289]

In der bisherigen Diskussion haben wir die Syntheseplanung nach Regeln, also schulmäßig vorgestellt. Das überraschende, fast artistische Element sind Lösungen, die diesen Rahmen sprengen. Dazu gehört das geschickte Einbeziehen von Gerüstumlagerungen in die Synthese.[290] Möglichkeiten dazu findet man bei verbrückten Polycyclen wie etwa dem Quadrongerüst. Einige Beispiele sind in Abb. 6.48 illustriert.

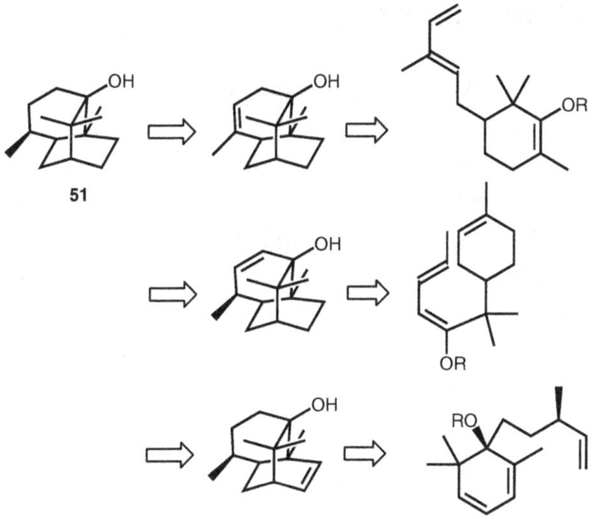

Abb. 6.47 Retrosynthetische Analyse des Patchoulialkohols

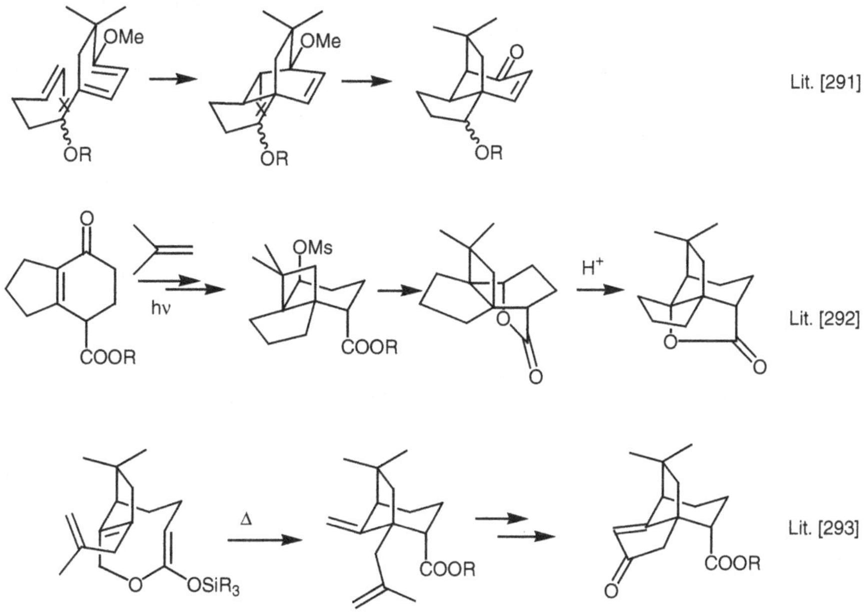

Lit. [291]

Lit. [292]

Lit. [293]

Abb. 6.48 Überraschende Syntheserouten zum Quadrongerüst unter Ausnutzung von Umlagerungen

6.3 Das überzüchtete Skelett

Bei der Synthese polycyclischer Verbindung findet man immer wieder
Synthesefolgen, bei denen eine oder mehrere Zwischenstufen strukturell
komplizierter sind als die Zielstruktur. Das molekulare Skelett wird zunächst überzüchtet, um es später in seiner Komplexizität zu reduzieren.
Absolut gesehen macht dies keinen Sinn, aber dennoch gelangt man so zu
effizienten Synthesen, vor allem weil in Bicyclisierungsreaktionen rasch
zwei (oder gar mehr) Bindungen geknüpft werden können. Wenn man eine
davon nicht benötigt, wird sie später (in einem zusätzlichen Schritt) wieder
gelöst, wie das Beispiel in Abb. 6.49 zeigt.[294]

Durch intramolekulare Photocycloaddition zwischen dem Aromaten
und der Doppelbindung entsteht zunächst eine tetracyclische Zwischenstufe **52**. Die im Hinblick auf das Quadron-Gerüst überzählige Cyclopro-
panbindung wird dann durch eine thermische 1,5-H-Verschiebung zu **53**
gelöst. Modellstudien zeigten, dass man in **53** leicht die für das Quadron typischen Funktionalitäten einführen kann.[294] Die Zwischenstufe **52** ist zwar
strukturell komplexer als die folgende Stufe **53** bzw. das angestrebte Skelett
54, aber wegen der leichten Zugänglichkeit von **52** und der nur einstufigen
„Korrektur" ist dieser Weg über ein überzüchtetes Skelett ganz klar attraktiv.
Abb. 6.50 gibt ein weiteres Beispiel aus den Quadronstudien.[295, 296]

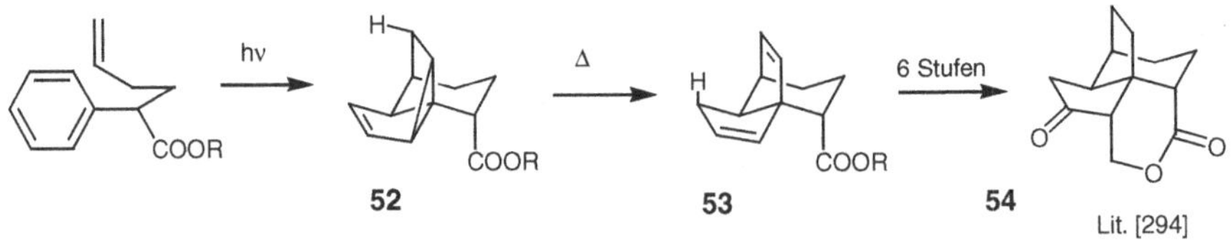

Abb. 6.49 Synthese über eine Zwischenstufe mit überzüchtetem Skelett

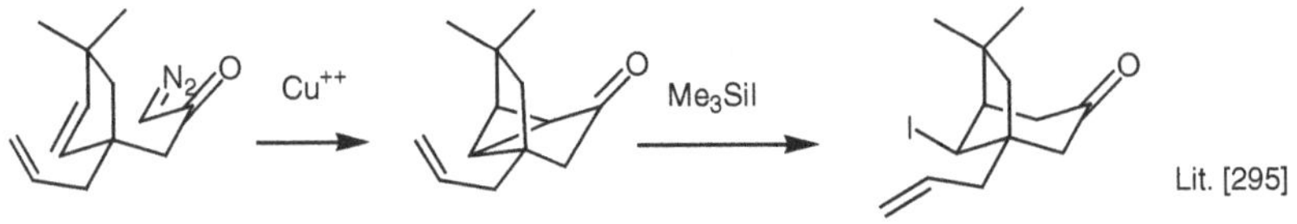

Abb. 6.50 Quadronsynthese über Zwischenstufe mit überzüchtetem Skelett

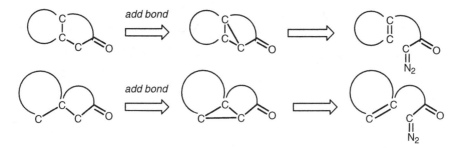

Abb. 6.51 *Add bond*-Strategie für Synthesen von Bicyclen über ein überzüchtetes Skelett

Syntheseplanung unter Einbezug eines überzüchteten Skeletts wirkt exotisch, ist sie aber nicht. Voraussetzung hierfür ist die Kenntnis über C–C-bindungsbrechende Reaktionen,[290, 297] die sich in direkte retrosynthetische Handlungsanweisungen, *add bond* genannt, umsetzen lässt. *Add bond* wird z. B. beim Aufbau anellierter oder spirocyclischer Systeme eingesetzt (Abb. 6.51).

Die Vorwärtsausführung derartiger Transformationen ist gut belegt (Abb, 6.52). [298]

Spricht man von anellierten Ringsystemen, zeigt sich, dass mithilfe der Strategie des überzüchteten Skeletts Sieben- und Achtringe zugänglich werden. In Abb. 6.53 wird gezeigt, dass man so rasch zu **55** kommt, von wo es noch vier Stufen bis zum Longifolen (**44**) sind.

Bei dieser Strategie wird nicht eine der zuletzt aufgebauten Bindungen wieder gelöst, sondern eine Gerüstbindung, die man bewusst mit einer der Komponenten vorher eingebracht hat. Beim Aufbau von Achtringen über

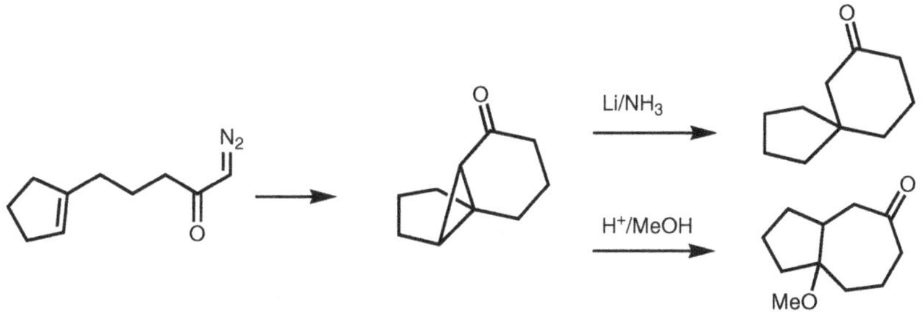

Abb. 6.52 Wege zu anellierten oder Spirocyclen über ein überzüchtetes Skelett

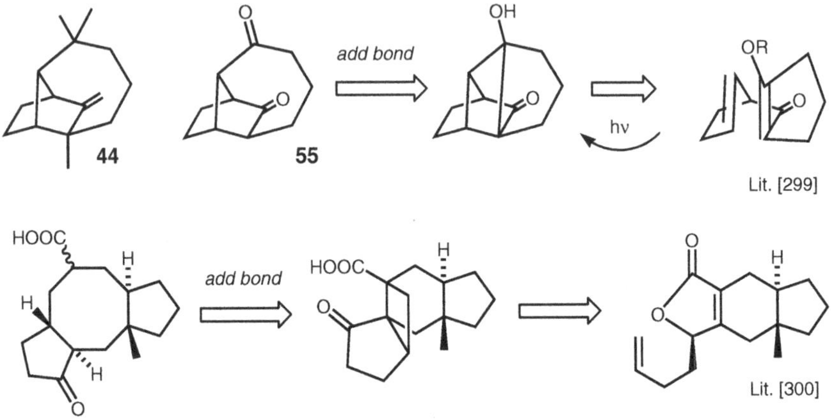

Lit. [299]

Lit. [300]

Abb. 6.53 Wege zu anellierte Sieben- und Achtringen über Zwischenstufen mit überzüchtetem Skelett

ein überzüchtetes Molekülgerüst werden nicht nur anellierte Vier/Sechs-ringsysteme, sondern ebenso vorteilhaft anellierte Fünf/Fünfringsysteme genützt (Abb. 6.54).

Eine weitere synthetische Problemstellung, bei der man den Weg über ein überzüchtetes Skelett wählen kann, ist die *cis*-ständige Anordnung zweier benachbarter Seitenketten an einem Ring: Man betrachtet die bei-den Seitenketten als eine durch ein zusätzliche Bindung (*add bond*) ver-bundene Einheit, die als solche durch Cycloadditon an den vorhandenen Grundring anelliert wird (Abb. 6.55). Im Prinzip wären auch zwei benach-barte *cis*-ständige Methylgruppen auf diese Weise einbringbar. [302]

Synthesewege über ein überzüchtetes Skelett sind die Methode der Wahl, wenn es um die stereochemisch richtige Anordnung von Substi-

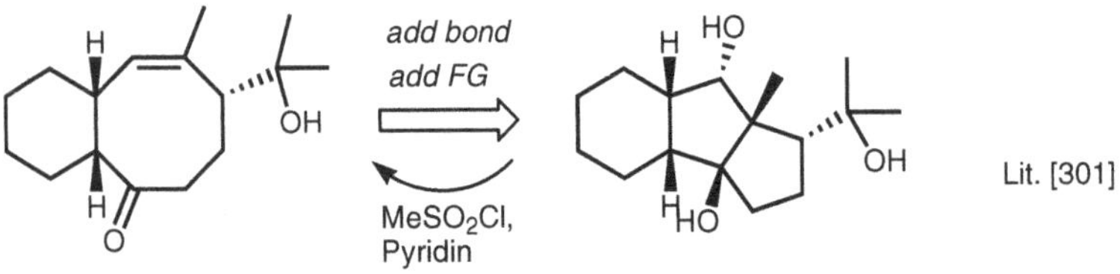

Lit. [301]

Abb. 6.54 Synthese eine anellierten Achtringes über ein Fünf/Fünfringsystem

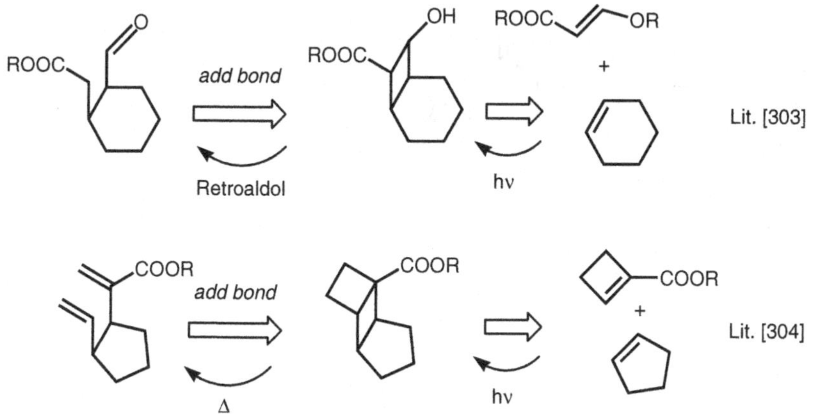

Abb. 6.55 Synthese 1,2-*cis*-disbubstituierter Ringe über Zwischenstufen mit überzüchtetem Skelett

tuenten an spirocyclischen Systemen geht. Die Beispiele in Abb. 6.56 illustrieren dies.

Bei diesen Beispielen stehen die Carbonylgruppe im Sechsring und der Substituent am Fünfring *cis* zu einander. Eine *trans*-Anordnung ist ebenfalls über eine *add bond*-Strategie erreichbar, wenn man eine nucleophile Ringöffnung eines Cyclopropans z.B. durch Dialkyl-cuprate in Betracht zieht (Abb. 6.57).

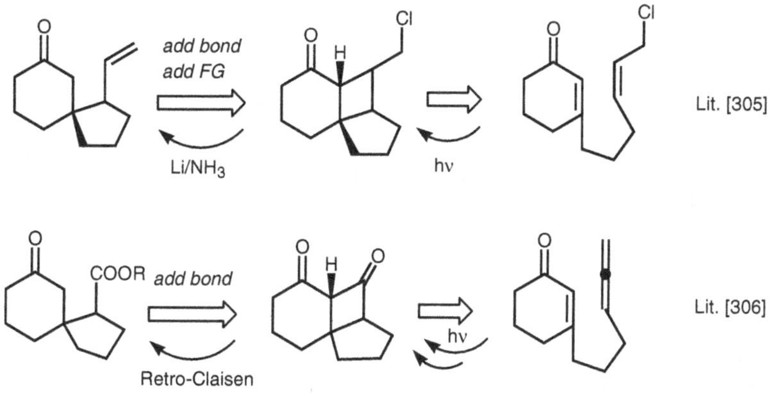

Abb. 6.56 Synthese spirocyclischer Verbindungen über Zwischenstufen mit überzüchtetem Skelett

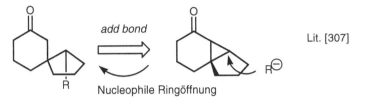

Abb. 6.57 Synthese spirocyclischer Verbindungen mit definiertem Substitutionsmuster über Zwischenstufen mit überzüchtetem Skelett

Um die in diesem Kapitel über die Syntheseplanung cyclischer Moleküle angestellten Überlegungen zu vertiefen, lohnt es sich, einen ganz einfachen symmetrischen Polycyclus, das Tricyclo[3.3.1.1^{2,6}]decan, Twistan genannt, (Abb. 6.58) zu betrachten.[308]

Die Überlegungen seien hier in Fragen gekleidet: Aufgrund der Symmetrie hat Twistan nur vier verschiedene Gerüstbindungen. Identifizieren Sie diese Bindungen und den am höchsten verbrückten Ring.

Abb. 6.58 Tricyclo[3.3.1.1^{2,6}]decan, Twistan

Welche der Bindungen ist die strategische Bindung für einen einfachen retrosynthetischen Bindungsbruch? Mit welcher Transformation könnte man demzufolge eine Twistan-Synthese realisieren?[309]

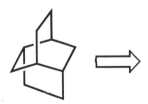

Welcher doppelte Bindungsbruch bietet sich für eine Synthese des Twistans an? Mit welchem Problem wird man dabei zu kämpfen haben?

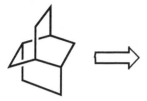

Wenden Sie die *add bond*-Strategie auf das Twistan-Gerüst an (führen Sie eine Einfachbindung zwischen zwei CH_2-Einheiten im 1,3-Abstand ein. Welche Verknüpfung von CH_2-einheiten bringt den größeren synthetischen Vorteil?) Auf welche Synthesesequenz macht dies aufmerksam?[310] Welches Selektivitätsproblem müssen Sie dabei beherrschen?

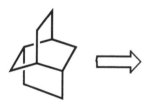

7 Schutzgruppen

Die Synthetiker haben sich daran gewöhnt, dass bei der Synthese von hoch-funktionalisierten Zielmolekülen eine einmal aufgebaute Funktionalität bei den nachfolgenden Synthese-Schritten gegen den Angriff weiterer Reagenzien geschützt werden muss. Insofern wurde ein ganzes Arsenal an Schutzgruppen für praktisch alle vorkommenden funktionellen Gruppen entwickelt.[311] Abb. 7.1 illustriert das Schutzgruppenmuster der epochalen Synthese von Palytoxincarbonsäure,[312] bei der acht verschiedene Schutzgruppen (insgesamt 42) zum Einsatz kamen, die nicht nur jeweils einzeln eingeführt, sondern am Schluss in fünf weiteren Schritten abgespalten werden mussten.

Der Einsatz von Schutzgruppen liefert den untrüglichen Beweis dafür, dass man noch nicht in der Lage ist, Synthese richtig zu machen. Schutzgruppen verlangen meist zur Einführung und Abspaltung zwei (eigentlich

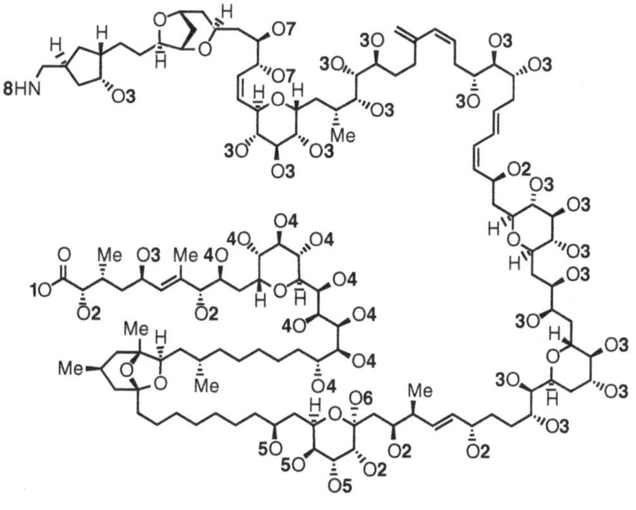

1 = Me
2 = COCH$_3$
3 = Si(Me)$_2$tBu
4 = CH$_2$C$_6$H$_4$OMe
5 = COC$_6$H$_5$
6 = Me
7 = Acetonid
8 = (CO)OCH$_2$CH$_2$SiMe$_3$

Y. Kishi,

Lit. [312]

Abb. 7.1 Schutzgruppenmuster in der Endphase der Synthese von Palytoxincarbonsäure

© Springer-Verlag GmbH Deutschland, ein Teil von Springer Nature 2006
R. W. Hoffmann, *Elemente der Syntheseplanung*,
https://doi.org/10.1007/978-3-662-59893-1_7

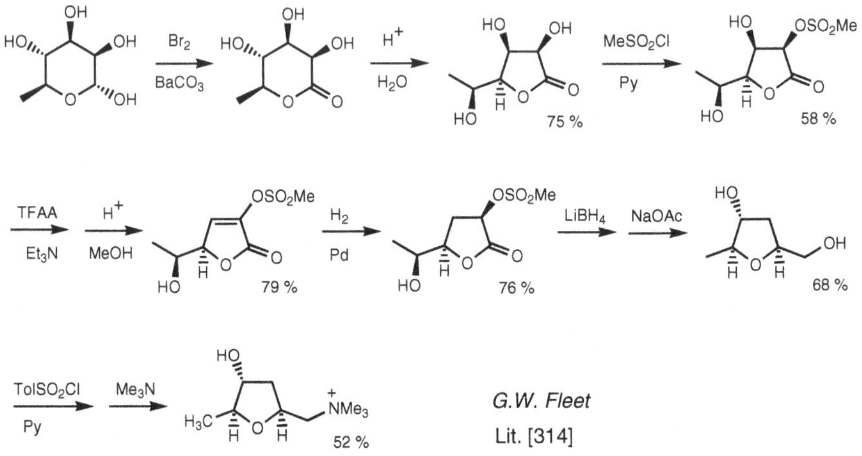

Abb. 7.2 Beispiel einer Schutzgruppenfreien Synthese

überflüssige) zusätzliche Schritte, die die Effizienz einer Synthese erheblich mindern. Die Natur baut die komplexesten Naturstoffe ohne den Rückgriff auf Schutzgruppen auf. Dagegen ist für den Chemiker die schutzgruppenfreie Synthese[313] selbst eines kleinen multifunktionellen Moleküls, wie etwa die Fleetsche-Synthese von Muscarin[314, 315] (Abb. 7.2), eine absolut seltene Ausnahme.

Der Wahl der Schutzgruppen kommt beim heutigen Stand der Synthesemethodik große Bedeutung bei der Syntheseplanung zu. Denn eine einzige zu reaktive oder zu wenig reaktive Schutzgruppe kann eine Synthese fast oder auch gänzlich scheitern lassen, wie Beispiele aus unseren eigenen Arbeiten belegen.[316, 317] Wenn sich Schutzgruppen, d. h. die Schritte zu ihrer Einführung nicht vermeiden lassen, dann sollte man versuchen, wenigstens die Zahl der zur Abspaltung nötigen Schritte zu reduzieren. Dies kann man mit einer **konvergenten** Wahl von Schutzgruppen, die gleichzeitig in einer einzigen Spaltungsreaktion abgeräumt werden können, erreichen; s. z. B. Abb. 7.3.[318]

Die Wahl der Schutzgruppen kommt erst spät in der Syntheseplanung, wenn man schon detaillierte Vorstellungen über die auszuführenden Syntheseschritte (einschließlich alternativer Varianten!) und damit über die Reaktionsbedingungen hat, denen das aufzubauende Molekül ausgesetzt

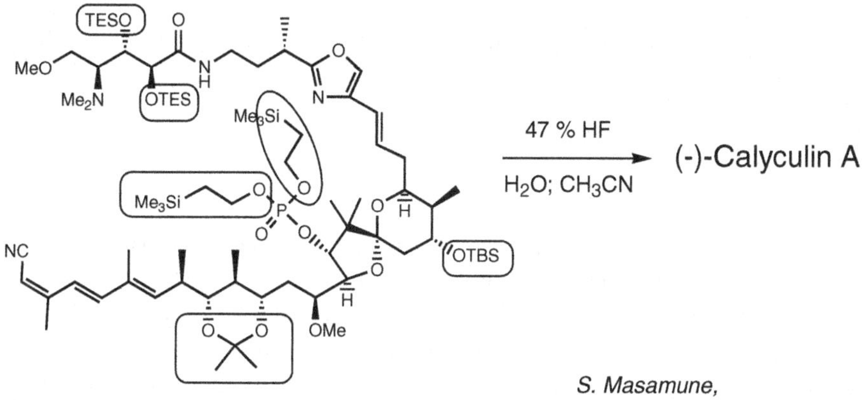

TES = Et_3Si; TBS = $tBuMe_2Si$

S. Masamune,
Lit. [318]

Abb. 7.3 Konvergentes Schutzgruppenmuster, das in einem einzigen Schritt abgespalten werden kann.

werden muss. Doch nicht alle Funktionalitäten und damit verbundene Schutzgruppen müssen allen Reaktionsbedingungen standhalten. Je früher bzw. später eine Schutzgruppe während einer Synthesesequenz eingeführt wird, desto größer bzw. kleiner ist die Zahl der Reaktionsschritte, die unbeschadet überstanden werden müssen. Von der Planung her unterscheidet man deswegen

- *Langzeitschutzgruppen*, die erst am Ende der Synthese abgespalten werden.
- *Mittelzeitschutzgruppen*, die im Lauf der Synthese nach einigen Schritten wieder abgespalten werden.
- *Kurzzeitschutzgruppen*, die eine Funktionalität für einen oder maximal zwei Schritte blockieren sollen.

Kurzzeitschutzgruppen verhalten sich zu Langzeitschutzgruppen wie etwa ein Heftpflaster zu einem Gipsverband. Langzeitschutzgruppen müssen die größte Vielfalt an Reaktionsbedingungen durchstehen. Zu ihrer Abspaltung bedarf es Reaktionsbedingungen, die im normalen Synthesegeschehen nicht vorkommen. Am häufigsten findet man als Langzeitschutzgruppen bestimmte Silylreste, die am Ende der Synthese durch Einwirkung von Fluorid abgespalten werden (Abb. 7.4).

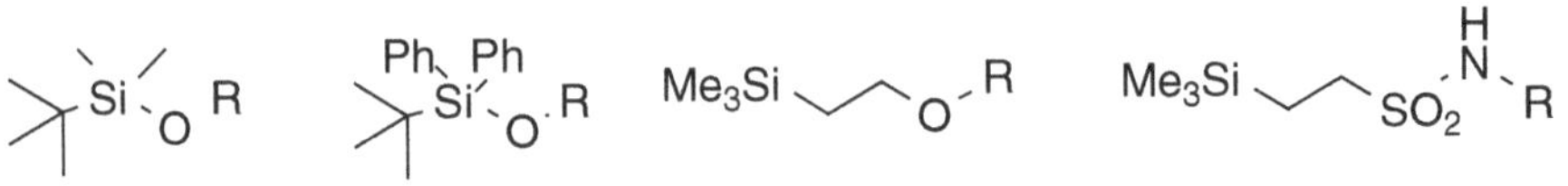

Abb. 7.4 Beispiele für Langzeitschutzgruppen

In Synthesen, in denen wenig oder keine katalytischen Hydrierungen oder Metallreduktionen erforderlich sind, werden die Benzyl oder die p-Methoxy-benzyl-Gruppe vorteilhaft als Langzeitschutzgruppen eingesetzt. Extreme Langzeitschutzgruppen sind solche, die vor der Abspaltung erst in einem zusätzlichen Reaktionsschritt aktiviert werden müssen (Abb. 7.5).[319]

Mittelzeit- und Kurzzeitschutzgruppen müssen so gewählt werden, dass sie den Schutz der betreffenden Funktionalität für die geplanten Schritte gewährleisten, aber auch so, dass sie ohne Beeinträchtigung vorhandener Langzeitschutzgruppen abgespalten werden können. Man nennt zwei unabhängig voneinander einführbare und abspaltbare Schutzgruppen *orthogonal*. In Abb. 7.6 wird eine p-Methoxybenzyl Gruppe (PMB) selektiv in Gegenwart der Langzeit-Silylschutzgruppen abgespalten. [320]

Als Kurzzeitschutzgruppe für die Carbamatfunktion wurde hier eine Trichloracetylgruppe eingesetzt, die konvergent mit dem Silylgruppen abgespalten wird. Kennzeichnend ist, dass diese Schutzgruppe hier bereits mit dem Reagens (Trichloracetyl-isocyanat) mitgebracht wurde. So bedingte diese Schutzgruppe weder bei der Einführung noch bei der Abspaltung einen zusätzlichen Schritt. Das Einbringen der Schutzgruppe, sei es mit dem Reagens in direkter oder in latenter Form, bietet sich vor allem an, um bei Einsatz von Mittelzeitschutzgruppen die Zahl der Schritte gering zu halten.

Statt die funktionelle Gruppe erst in das Zielmolekül einzubringen und dann zu schützen, ist es sinnvoller, die betreffende Funktionalität gleich

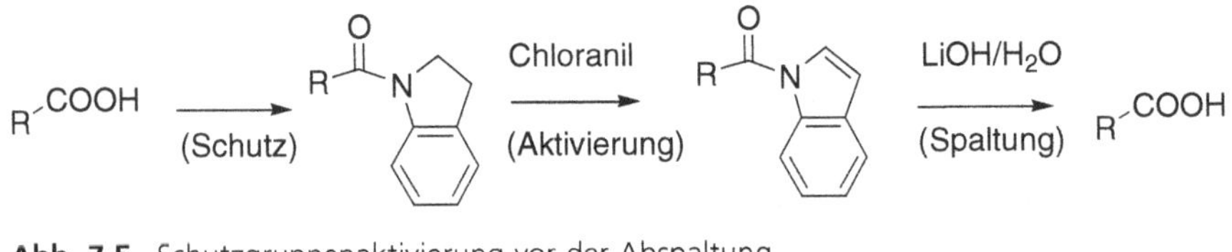

Abb. 7.5 Schutzgruppenaktivierung vor der Abspaltung

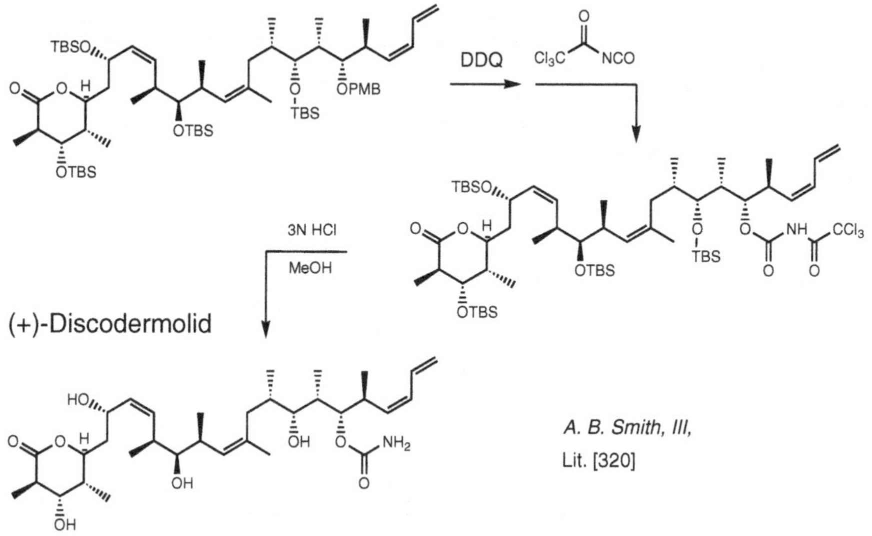

Abb. 7.6 Orthogonale Schutzgruppen im Zuge einer Discodermolidsynthese

geschützt oder maskiert, d. h. in latenter Form einzubringen.[321] Das Beispiel in Abb. 7.7 zeigt, wie ein Furanrest als latente Esterfunktion genutzt werden kann.[322]

Eine an ein Kohlenstoffatom gebundene Dimethylphenylsilyl-Gruppe ist wegen ihrer Reaktionsträgkeit, d. h. Unempfindlichkeit eine ideale latente Funktion für eine Hydroxylgruppe [323] (Abb. 7.8).

Methoxyphenylreste[122] oder 2-Alkylpyridine[324] lassen sich zweckmäßig als latente Cyclohexenoneinheiten durch lange Synthesesequenzen führen (Abb. 7.9).

Ein Methoxyphenylrest kann gleichermaßen als latenter β-Ketoester in einer Synthesesequenz eingesetzt werden [325] (Abb. 7.10).

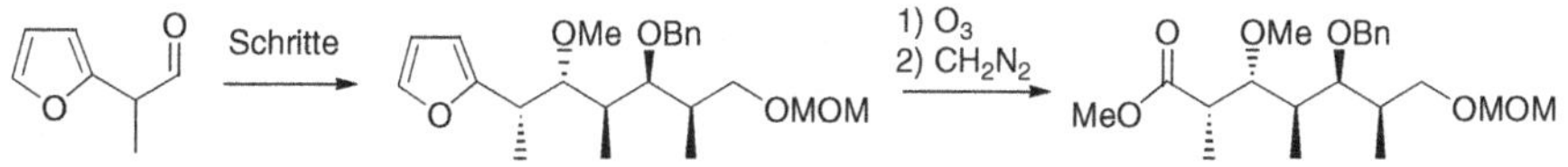

Abb. 7.7 Ein Furanrest als latente (und damit geschützte) Estergruppe

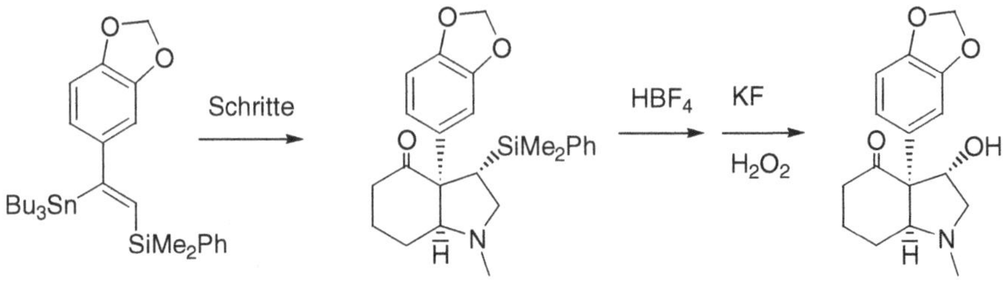

Abb. 7.8 Eine Phenyldimethylsilylgruppe als latente Hydroxylfunktion

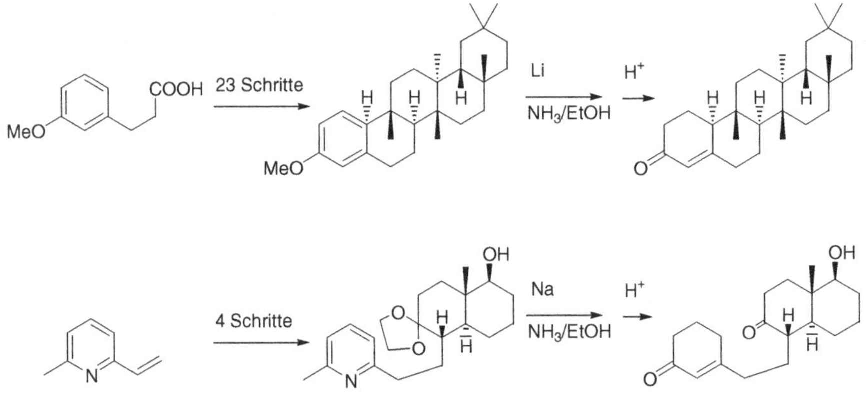

Abb. 7.9 Methoxyphenylgruppe bzw. α-Picolylgruppe als latentes Cyclohexenon

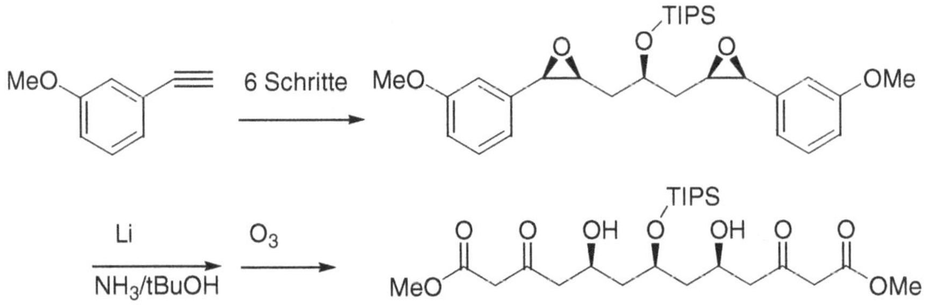

Abb. 7.10 Methoxyphenylrest als latenter β-Ketoester

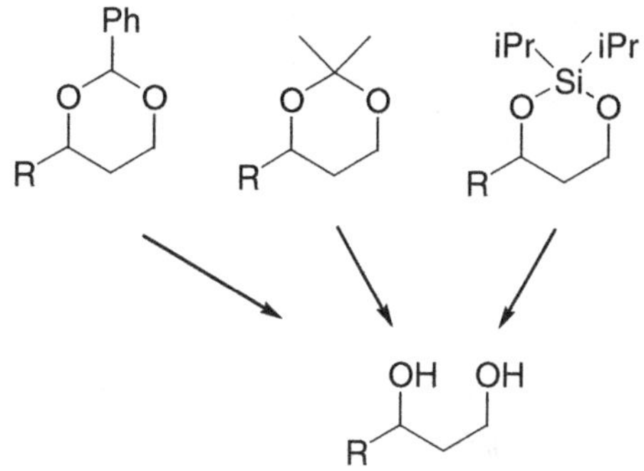

Abb. 7.11 Kombinierter Schutz zweier Alkoholfunktionen

Dies entspricht dem kombinierten Schutz zweier funktioneller Gruppen (Keton *und* Ester). Ein derartiger kombinierter Schutz z. B. zweier benachbarter Alkoholfunktionen, sei es als Benzylidenacetal, als Acetonid, oder als Siladioxan, ist weit verbreitet (Abb. 7.11).

Benzylidenacetale erlauben auch eine regioselektive mono-Entschützung der sterisch weniger gehinderten oder der stärker gehinderten Hydroxylfunktion.[311] Ein geschicktes Zusammenfassen von Schutzgruppen (und latenter Funktionalität) wird zum Kennzeichen einer gut geplanten Synthese, wie der von FK506 durch die Ireland-Gruppe.[326] Um nicht durch die Komplexizität des Moleküls zu verwirren, sei in Abb. 7.12 lediglich gezeigt, dass die Struktureinheit **57** mit Hydroxylgruppe, Keton und terminalem Alken in der geschützten Form von **56** aufgebaut und durch die Synthese geführt wurde. Erst in den allerletzten Schritten wurde dann die eigentlich erwünschte Einheit **57** freigesetzt.

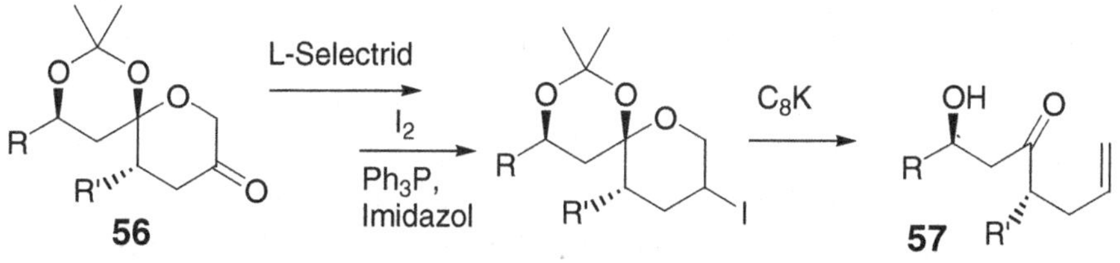

Abb. 7.12 Kombinierter Schutz einer komplexen Funktionsgruppe in einer FK506-Synthese

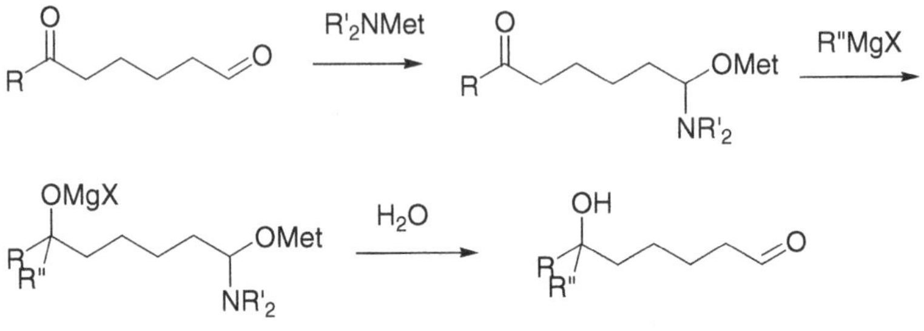

Met: Li, Lit. [327]; Me$_2$Al, Lit.[328]; (R'$_2$N)$_3$Ti, Lit. [329]

Abb. 7.13 *In situ*-Schutz einer Aldehydfunktion durch Addition eines Metallamids

Kurzzeitschutzgruppen sind bei einer Synthese so ärgerlich wie das Bezahlen einer 24 h Parkgebühr, wenn man nur gerade um die Ecke einen Kaffee trinken möchte. Der mit der Einführung einer Kurzzeitschutzgruppe verbundene Aufwand lässt sich dann reduzieren, wenn es gelingt, die Schutzgruppe *in situ*, d. h. ohne zusätzliche Syntheseoperationen einzuführen und abzuspalten. Diese *in situ*-Technik wurde vor allem zum Schutz von Aldehydfunktionen in Gegenwart eines Ketons ausgearbeitet. Dazu addiert man zunächst ein Metallamid an den Aldehyd zu einem gegenüber weiterem nucleophilen Angriff stabilen Addukt. Jetzt erfolgt die eigentlich beabsichtige Umsetzung an der Keton Gruppe. Bei der anschließenden wässrigen Aufarbeitung wird die Aldehydgruppe wieder in Freiheit gesetzt (Abb. 7.13).

Der *in situ*-Schutz von weiteren funktionellen Gruppen müsste noch zuverlässig ausgearbeitet werden. Ein *in situ*-Schutz beruht darauf, dass die reaktivere von zwei funktionellen Gruppen zunächst blockiert wird. Das ist der einfachere Fall. Wenn es jedoch gilt, die weniger reaktive von zwei funktionellen Gruppen zu blockieren, bleibt meist nur ein stufenaufwendiger und als solches unbefriedigender Schutzgruppentanz [330] (Abb. 7.14).

Bei dem Beispiel in Abb. 7.14 stehen vier Schutzgruppenoperationen den nur zwei zielführenden Syntheseschritten gegenüber. Das sind Situationen, die man durch eine gute Syntheseplanung zu vermeiden trachtet. Insofern sollte man die Notwendigkeit der in Abb. 7.15 vorgestellten Synthesefolge[331] hinterfragen.

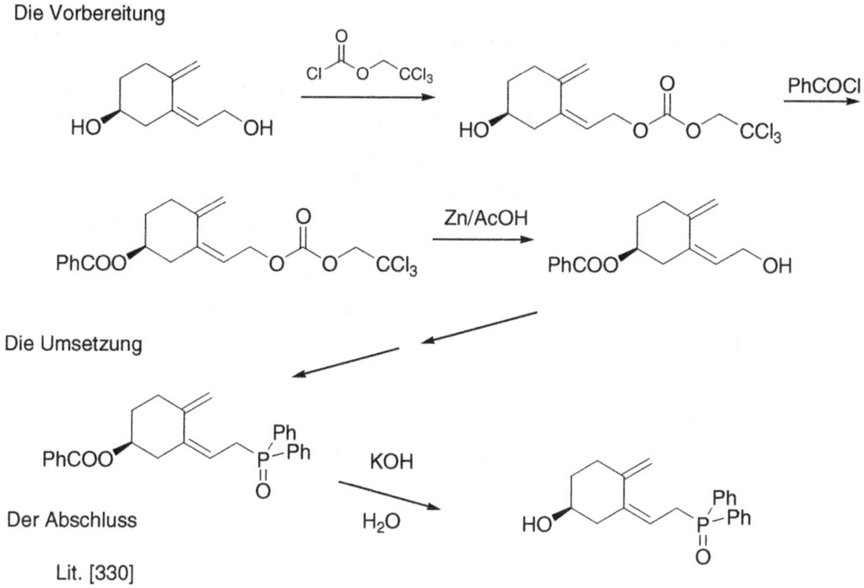

Die Vorbereitung

Die Umsetzung

Der Abschluss

Lit. [330]

Abb. 7.14 Schutzgruppentanz zum Schutz der weniger reaktiven von zwei ähnlichen Funktionen

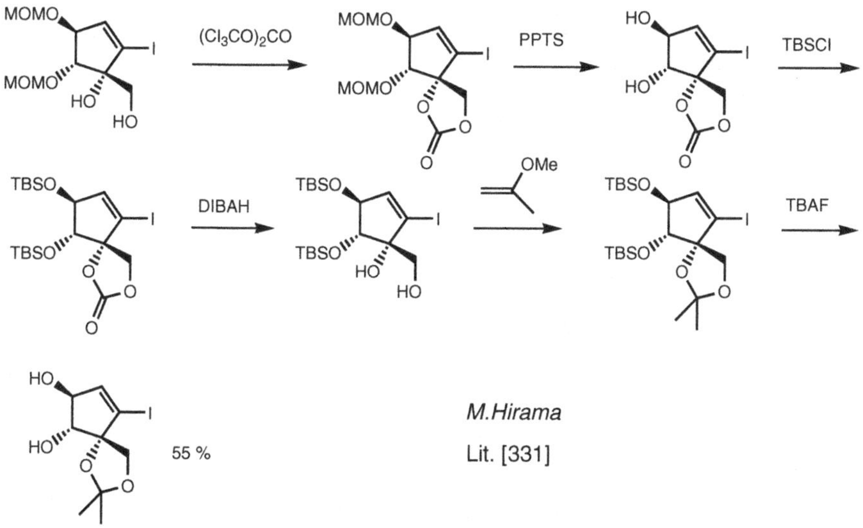

M.Hirama

Lit. [331]

55 %

Abb. 7.15 Schutzgruppentanz bei der Umschützung zweier Paare von Hydroxylgruppen

Fazit: Die Planung hinsichtlich der Schutzgruppen bei einer Synthese setzt erst dann ein, wenn man bereits definierte Vorstellungen hat, mit welchen Syntheseschritten die Synthese durchgeführt werden soll. Jetzt prüft man, welche funktionellen Gruppen über welche Syntheseoperationen hinweg geschützt werden müssen, und wählt danach die Langzeitschutzgruppen aus, die auch beim Ausweichen auf Alternativrouten gegenüber den Reaktionsbedingungen stabil sein sollten! Die Langzeitschutzgruppen sollten konvergent gewählt werden, d. h. sich nach Möglichkeit alle in einer einzigen Operation abspalten lassen. Als nächstes wendet man sich den Mittelzeitschutzgruppen zu, die orthogonal zu den Langzeitschutzgruppen sein müssen. Hier ist zu prüfen, inwieweit die Möglichkeit besteht, Mittelzeitschutzgruppen durch latente Funktionalität zu ersetzen. Kurzzeitschutzgruppen sind zu vermeiden, wenn sich nicht eine *in situ*-Lösung anbietet.

Als nächstes prüft man, ob sich die Zahl der nötigen Schutzgruppen nicht durch eine andere Abfolge der Syntheseschritte reduzieren lässt[332] und welche Vereinfachung durch eine Kombination von Schutzgruppen möglich ist.

Die so erarbeitete Schutzgruppenstrategie sollte keine Kompromisse oder gar Fragezeichen beinhalten, denn nichts ist ärgerlicher, als wenn ein sonst glänzender Syntheseplan letztlich an einer falsch gewählten Schutzgruppe scheitert.[317]

8 Bewertung von Synthesen und Syntheseplänen

Jede Bewertung eines Syntheseplans ist abhängig von den Zielvorgaben, unter denen der Plan entwickelt und die Synthese durchgeführt wurde. Kriterien sind etwa

- der kürzeste Weg (Zeitaufwand)
- der billigste Weg (Materialkosten)
- der neuartigste Weg (Patentfähigkeit)
- der umweltfreundlichste Weg (keine Abfall- und Koprodukte)
- der gesundheitlich unbedenklichste Weg (keine toxischen Reagenzien oder Zwischenprodukte), und
- der zuverlässigste Weg (Risiko von Fehlschlägen und Nebenrektionen)

Sieht man von diesen äußeren Kriterien ab, könnte es auch immanente Bewertungskriterien geben, wie z. B. die benötigte **Stufenzahl**. Eine Synthese, die das Ziel mit weniger Stufen erreicht, ist besser als eine, die eine höhere Stufenzahl erfordert. Jede Synthese benötigt obligatorische Schritte, nämlich die, die das Molekülgerüst aufbauen. Insofern geben die Zahl der Bindungen im Bindungssatz in etwa eine Untergrenze der Stufenzahl einer Synthese an. Zu den gerüstaufbauenden Schritten kommen noch die Umfunktionalisierungs- und Schutzgruppenschritte hinzu. Der Bindungssatz allein sagt also noch nicht viel über die Stufenzahl (und damit möglicherweise die Güte) einer Synthese aus. So ist der Unterschied im Bindungssatz der Tetracyclinsynthesen von Woodward[119] und von Muxfeldt[255] gering (Abb. 8.1). Was der Bindungssatz nicht zeigt, ist, dass bei der Muxfeldt'schen Synthese drei Gerüstbindungen in einer Operation geschlossen werden, was die Synthese substanziell verkürzt. So stehen sich 22 Stufen bei Woodward und 17 Stufen bei Muxfeldt gegenüber.

Im Vergleich zu den obigen Bindungssätzen sieht man, dass die Umfunktionalisierungsschritte die Hauptlast dieser Synthesen bedingen. So-

© Springer-Verlag GmbH Deutschland, ein Teil von Springer Nature 2006
R. W. Hoffmann, *Elemente der Syntheseplanung*,
https://doi.org/10.1007/978-3-662-59893-1_8

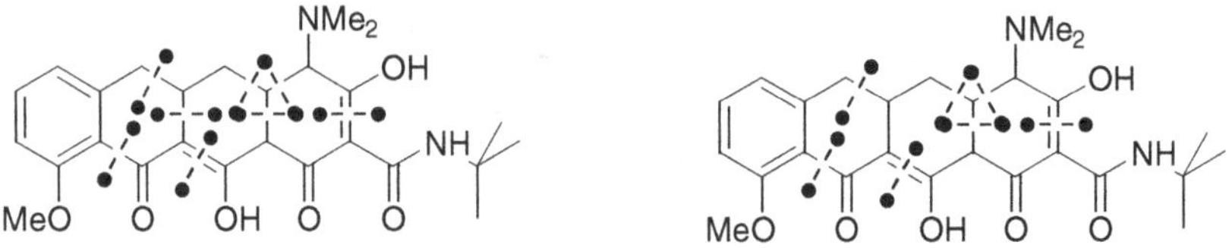

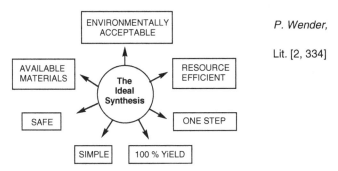

Woodward Lit. [119]   Muxfeldt Lit. [225]

Abb. 8.1 Bindungssätze der Woodwardschen under Muxfeldtschen Tetracyclinsynthesen

Abb. 8.2 Überlegungen von Wender zur „Idealen Synthese"

fern die Stufenzahl einer Synthese als das entscheidende Gütekriterium angesehen wird, sollte man hier einige Äußerungen zur „idealen Synthese" erörtern (Abb.8.2).

„An ideal synthesis is generally regarded as one, in which the target molecule is prepared from readily available, inexpensive starting materials in one, simple, safe, environmetally acceptable, and resource-efficient operation that proceeds quickly and in quantitative yield."

Von Turner [333] bzw. Wender[2, 334] wird die Idealsynthese als die Eintopfreaktion postuliert, bei der alle Reaktanden gemischt und dann direkt zum Endprodukt führen. Eine solche Vorstellung ist beim heutigen Stand der Eintopfsynthese[335] für die *in vitro*-Synthese komplexer Zielmoleküle noch utopisch. Allerdings ist es wichtig, zu erkennen, dass die *in vivo*-Biosynthese aller Naturstoffe in der Zelle nach diesem Schema funktioniert.

Dennoch erscheint es mir sinnvoll, das Idealziel so zu definieren, dass Handlungsanweisungen für die Syntheseplanung daraus ableitbar sind So definierte Hendrickson[167] eine ideale Synthese in folgender Weise:

„*The ideal synthesis creates a complex molecule... in a sequence of only construction reactions involving no intermediary refunctionalizations, leading directly to the target, not only its skeleton but also its correctly placed functionality.*"

Hendrickson[167] geht davon aus, dass in einer Synthese lediglich die gerüstaufbauenden Schritte obligatorisch sind. Die damit eigentlich überflüssigen Umfunktionalisierungsschritte könnten entfallen, wenn es im Zuge der gerüstaufbauenden Schritte gelingt, die im Zielmolekül einzuführenden oder für die Durchführung des nächsten gerüstaufbauenden Schrittes notwendigen Stereozentren und Funktionalität gleich richtig zu platzieren. Als Maßzahl für die Güte einer Synthese könnte demnach der Quotient aus gerüstaufbauenden Schritten und Umfunktionalisierungsschritten dienen. Bei den oben angeführten Tetracyclinsynthesen ergäbe sich 6/16 = 0,37 (Woodward) und 5/12 = 0,41 (Muxfeldt). Es gibt in der Tat Synthesesen, bei denen dieser Quotient groß ausfällt z. B. 2,5 in der Geissoschizinsynthese von V. Rawal [336] (Abb. 8.3).

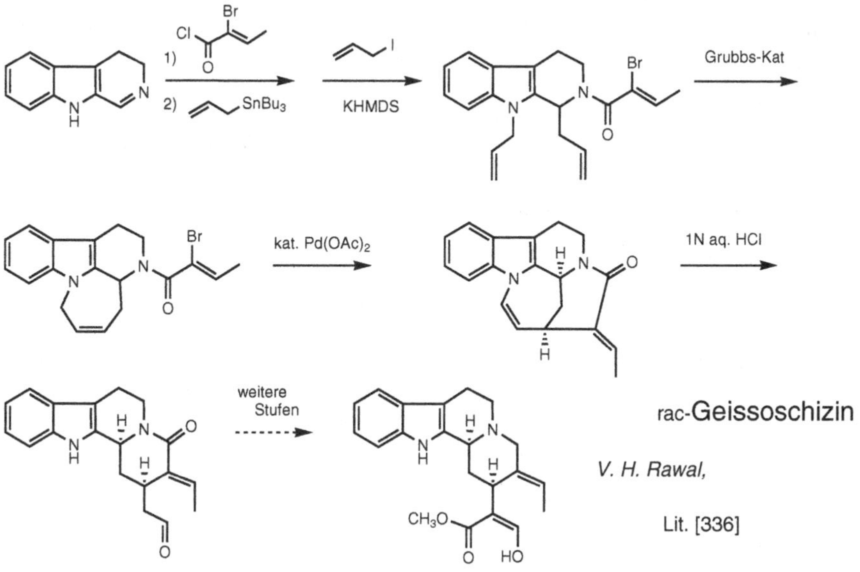

Abb. 8.3 Dominanz der gerüstaufbauenden Schritte in der Geissoschizinsynthese von Rawal

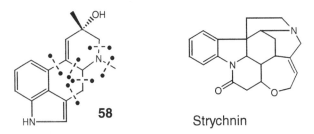

rac.-Setoclavin, Lit. [337]

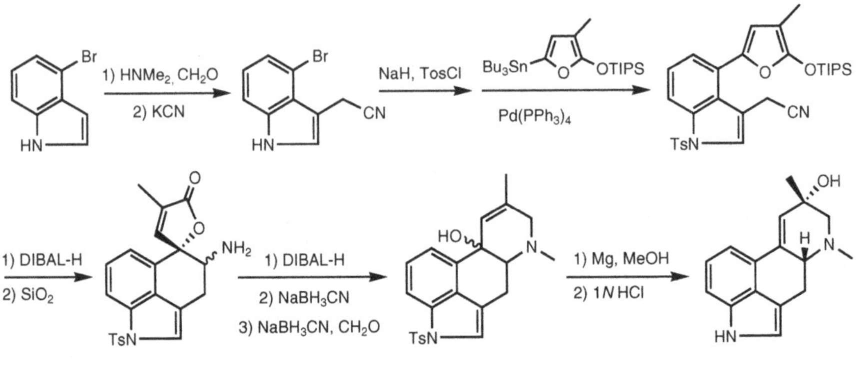

Abb. 8.4 Dominanz gerüstaufbauender Schritte in einer Synthese von Setoclavin

Eine Synthese wird jedoch nicht automatisch dadurch gut, dass die gerüstaufbauenden Schritte dominieren wie etwa die Synthese von Seto-clavin (Abb. 8.4) mit einem Quotienten von 1,67.[337]

Ein Blick auf den Bindungssatz (Abb. 8.5, **58**) verrät, dass hier Stückwerk betrieben wird, indem jeweils sehr kleine Bausteine (oft C_1) eingebaut werden.

Daraus kann man die fast triviale Schlussfolgerung ableiten, dass eine Synthese umso besser ist, je kürzer sie ist (d. h. so wenig aufzubauende Bindungen im Bindungssatz wie möglich), je weniger Umfunktionalisierungsschritte (und Schutzgruppenschritte) sie benötigt und je mehr sie von Reaktionen Gebrauch macht, in denen zwei oder mehr Gerüst-

58   Strychnin

Abb. 8.5 Bindungssatz der Setoclavinsynthese von Abb. 8.4

bindungen in einem Zuge aufgebaut werden. Das erklärt die hohe Aufmerksamkeit, die derzeit der Entwicklung von Tandemreaktionsfolgen entgegengebracht wird.[338]

Bei einer Synthese gelangt man von einfachen Bausteinen ausgehend schrittweise zu einer komplexen Zielverbindung. Der Syntheseverlauf führt also zu einem schrittweisen **Anstieg der Komplexizität** der jeweils bearbeiteten Verbindung. Die Art, wie rasch und wo in der Synthesesequenz die Komplexizität ansteigt, ist ein weiteres wichtiges Kriterium zur Bewertung von Synthesen. Allerdings ist Komplexizität einer Verbindung nicht allgemeingültig definiert. Subjektiv kann man die Feststellung von Robinson[339] leicht nachvollziehen, dass, gemessen an der Molekülgröße, Strychnin (Abb. 8.5) die komplexeste bekannte Verbindung sei. Wenn der Chemiker von Komplexizität spricht, denkt er nicht nur an die in der Struktur fixierte, topologisch aus den Verknüpfungen zu definierende Komplexizität, sondern ebenso an die durch die begrenzten Synthesemethoden bedingten Schwierigkeiten bei der Synthese.[185] So mutet Adamantan (Abb. 8.6) als recht komplex an und galt lange Zeit als Herausforderung für die Synthese. Seitdem von Schleyer erschlossenen simplen Zugang[340] ist Adamantan lediglich eine leicht zugängliche Kommodität.[341] Allerdings ist eine solche, thermodynamikgetriebene Synthese nicht einer rationalen Planung zugänglich.

Wie geht nun Komplexizität in die Syntheseplanung ein? Hier muss man mit Gemeinplätzen beginnen: Eine Reaktion an einem einfachen Molekül verläuft meist glatt und in hohen Ausbeuten. Komplexe Moleküle sind oft viel empfindlicher, so dass selbst einfach aussehende Reaktionen zu Nebenreaktionen und damit Ausbeuteverlusten führen. Die Folge ist, dass man die Zahl der Reaktionsschritte niedrig halten sollte, sobald die Zwischenprodukte komplex geworden sind. Denn ein zu früher Anstieg der Komplexizität in einer Synthesesequenz wird meist mit niedrigen

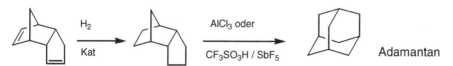

Abb. 8.6 Themodynamikgetriebene Bildung von Adamantan

Ausbeuten in den folgenden Syntheseoperationen bestraft. Überzüchtete Molekülskelette, d. h. eine Überschusskomplexizität in den Zwischenstufen einer Synthesesequenz, lassen sich nur dann und solange rechtfertigen, als dadurch eine substanzielle Reduktion der Zahl der Syntheseschritte ermöglicht wird. Aus den oben genannten Überlegungen heraus ist ein später Anstieg der Komplexizität in einer Synthesesequenz am unproblematischsten und sollte deswegen angestrebt werden.

Zur Analyse von Syntheseplänen oder von Synthesesequenzen kann man versuchen, die Komplexizität der Zwischenstufen und Endprodukte quantitativ zu beziffern. Zu diesem Zweck wurden Komplexizitätsindices entwickelt, die entweder auf der strukturellen Komplexizität allein beruhen,[185] oder die qualitativ auch die synthetischen Schwierigkeiten berücksichtigen wie etwa die Intricacyindices.[342] Nun kann man für einen Syntheseplan oder zum Vergleich mehrerer Synthesen die Komplexizitätsindices der Zwischenstufen gegen die Stufenzahl auftragen. Dabei kommt man zu Darstellungen wie der in Abb. 8.7 gezeigten. Eine noch eingehendere Analyse[343] bezieht darüber hinaus die strukturelle Ähnlichkeit der Zwischenstufen zur Zielstruktur als Parameter mit ein.

In einer lesenswerten Analyse diskutiert Bertz[344] die so an den Diagrammen ablesbaren Vor- und Nachteile der unterschiedlichen Synthesepläne. [342] Bertz addiert die Komplexizitäten der einzelnen Zwischenstufen zu einer Gesamtkomplexizität einer Synthese. Der Befund überrascht nicht: je größer die Gesamtkomplexizität, desto kleiner die Gesamtausbeute. Dies ist sicherlich kein Naturgesetz, aber eine wichtige Erfahrung. Man kann daraus ableiten, Reaktionsschritte zu vermeiden, vor allem Umfunktionalisierungsschritte, wenn die Zwischenstufen bereis eine hohe Komplexizität erreicht haben!

Bei den in Abb. 8.7 schematisch dargestellten Syntheseplänen dürfte Synthesefolge (3) mit einer niedrigen Gesamtkomplexizität und einem späten Anstieg der Komplexizität am günstigsten sein. Bei Synthesefolge (2) steigt die Komplexizität zu früh an und führt zu einer zu hohen Gesamtkomplexizität. Synthesefolge (1) beinhaltet eine über das Ziel hinausschiessende Komplexizität und wäre so nicht attraktiv. Wenn man sich die Mühe dieser Art der Darstellung macht, kann man erkennen, wo in einem Syntheseplan Defizite liegen und an welcher Stelle der Synthesefolge Verbesserungen möglich und am wichtigsten sind. [342]

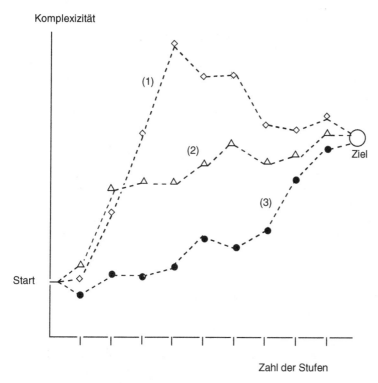

Abb. 8.7 Anstieg der Komplexizität der Zwischenstufen in verschiede (fiktiven) Synthesefolgen

Bei dieser Art der Bewertung sind Synthesen mit einem exponentiellen (= spätem) Anstieg der Komplexizität[345] am günstigsten. Dies lässt sich durch die Reihenfolge, in der die einzelnen Bindungen des Bindungssatzes aufgebaut werden, beeinflussen. Hier tauchen die Begriffe „**lineare**" oder „**konvergente**" bzw. „teilkonvergente" Synthese auf. Sie stammen von Velluz aus seinen Überlegungen zu einer optimalen Strategie für die Synthese von Steroiden.[346] Konvergente Synthesen haben hinsichtlich der Materialbilanz gegenüber linearen Synthesefolgen dann einen Vorteil, wenn die Ausbeuten der einzelnen Reaktionsschritte nicht quantitativ sind. Der Vergleich (Abb. 8.8 und 8.9) für die Kupplung von acht Bausteinen zu einem Zielmolekül ABCDEFGH illustriert dies, wobei eine Ausbeute von jeweils 80 % für die einzelnen Kupplungsschritte angenommen wird.

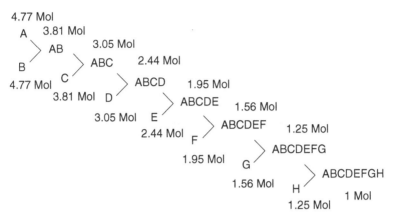

Abb. 8.8 Materialverbrauch bei einer linearen Synthesefolge bei 80 % Ausbeute pro Schritt

Bei durchgängig quantitativen Reaktionsausbeuten benötigte man je ein Mol, d. h. insgesamt acht Mol der Startkomponenten, um ein Mol der Zielverbindung zu generieren. Wegen der bei z. B. 80 % Ausbeute auftretenden Verluste in den einzelnen Reaktionsschritten ist aber eine „Materialschlacht" nötig. Es müssen insgesamt 24 Mol an Bausteinen eingesetzt werden, sodass 2/3 des Materials als Nebenprodukte anfallen und damit der eigentlichen Synthese verloren gehen und entsorgt werden müssen. Hinzu kommt noch der Stofffluss der Reagenzien!

In einer voll konvergenten Synthese stellt sich die Situation deutlich günstiger dar (Abb. 8.9).

Hier muss man zwar immer noch mehr als acht Mol, nämlich 15,6 Mol an Bausteinen einsetzen, um ein Mol der Zielverbindung zu generieren. Es gehen aber nur 7,6 Mol an Bausteinen verloren, d. h. nur knapp die Hälfte des eingesetzten Materials. Auch wenn dies unbefriedigend ist, so ist das Verhältnis Ausbeute zu Einsatz doch deutlich besser, als bei der linearen Synthesefolge. Je höher die durchschnittliche Ausbeute bei den Kupplungsschritten ist, umso geringer fallen die Unterschiede zwischen der linearen und konvergenten Synthese aus. In diesem Zusammenhang wird häufig auf die Unterschiede in der „Gesamtausbeute" hingewiesen. Gemeint ist damit die Ausbeute an Zielverbindung ABCDEFGH bezogen auf die eingesetzte Menge des ersten Bausteins A. Im linearen Fall wäre sie bei sieben Schrit-

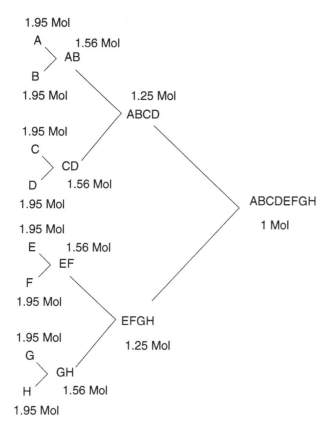

Abb. 8.9 Materialverbrauch bei einer konvergenten Synthesefolge bei 80 % Ausbeute pro Schritt

ten = $0{,}8^7$ = 21 %. Dieselbe Angabe für den konvergenten Fall, in dem der Baustein A nur drei Syntheseschritten ausgesetzt ist, wäre der Wert $0{,}8^3$ = 51 %. Die „Gesamtausbeute" ist aber keine geeignete Maßzahl, um die Güte einer Synthese zu bewerten, da sie lediglich die Ausnutzung eines einzigen (des ersten) Bausteins in der Synthese angibt. Der Ausnutzungsgrad eines später eingeführten Bausteins (= die darauf bezogene Ausbeute) ist höher, da er nur einer kleineren Zahl von ausbeutemindernden Syntheseschritten unterworfen ist.[7] Es ist dahersinnvoll, die Syntheseplanung so auszurichten, dass „teure" Bausteine zum spätestmöglichen Zeitpunkt in die Synthesesequenz eingefügt werden.

Wegen ihrer historischen Bedeutung für das Verständnis des Konvergenzprinzips sei in Abb. 8.10 die Oestron-Synthese von Velluz[347] kurz zusammengefasst.

Parallel zu der Oestronsynthese ist in Abb. 8.10 der Konstruktionsplan, also die Verknüpfung der Gerüstatome ohne Berücksichtigung der Funktionalität angegeben.[7, 348] Aus ihm wird die (Teil)Konvergenz dieser Synthese besonders deutlich.[349]

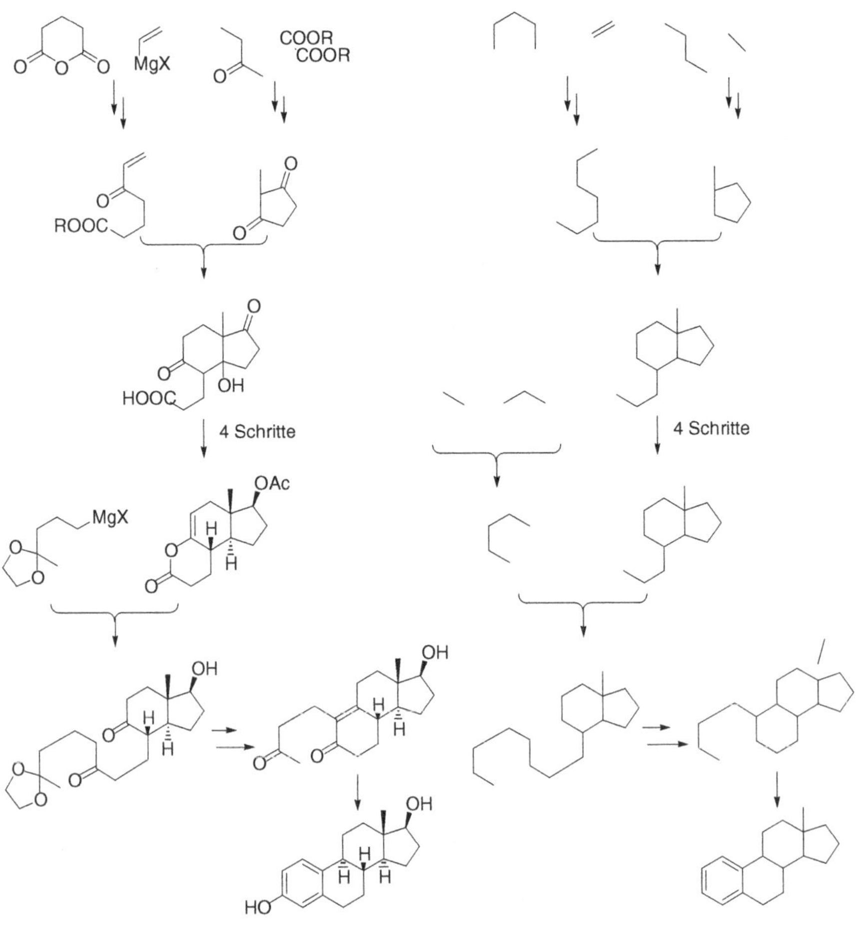

Abb. 8.10 Schematische Übersicht über die Oestronsynthese von Velluz

Zusammenfassung: Ein guter Syntheseplan muss konvergent sein und entsprechend einen späten Anstieg der Komplexizität bedingen. Die Synheseschritte sollten sich auf Gerüstaufbauende Schritte beschränken und Schutzgruppen- sowie Umfunktionalisierungsschritte weitestgehend vermeiden. Letztere bestehen sehr oft in einem Wechsel in der Oxidationsstufe einer funktionellen Gruppe. Hier kann der Einsatz latenter Funktionalität erhebliche Vereinfachungen im Syntheseplan bewirken!

Pläne, und damit Synthesepläne, sind anfällig gegenüber Fehlschlägen. Bei allen Syntheseplänen gibt es die Möglichkeit des Scheiterns. Insofern sollte man sich Gedanken über die **Robustheit eines Syntheseplans** machen.[350] Die Frage lautet, welche und wie viel Alternativen gibt es, wenn ein Schritt der geplanten Synthesefolge sich als undurchführbar erweist. Ein robuster Syntheseplan weist für jeden geplanten Schritt mindestens eine Alternative auf. Alternativen könne sich auch für Schrittsequenzen anbieten, wenn man z. B. deren Reihenfolge umstellen kann, oder wenn man das Zwischenziel gegebenenfalls auf einem anderen, vielleicht etwas längeren Weg erreichen kann. Ein Syntheseplan mit einem spezifischen Schlüsselschritt, der nur auf eine denkbare Weise zu erreichen ist, ist ein riskantes Unterfangen. Es stellt sich die Frage, wie viel von einem Synthesebaum wegbricht, wenn ein bestimmter Schlüsselschritt versagt. Wenn z. B. der Aufbau eines Ringes durch Diels-Alder-Addition versagt und man auf eine Robinson-Annellierung ausweichen muss, welche der vorher aufgebauten Vorstufen sind dann noch einsetzbar, oder muss man von vorne mit ganz anderen Startmaterialien beginnen? Ist das geplante Schutzgruppenmuster noch mit der Alternativstrategie und den damit verbundenen Reaktionsbedingungen kompatibel?

Da die wenigsten Synthesen am Ende so zum Ziel kommen, wie sie ursprünglich geplant worden sind (für ein Beispiel s. z. B. Lit.[351]), sollte man der Robustheit eines Syntheseplans große Aufmerksamkeit widmen. Und zum Schluss sollte man den Ratschlag[352] beherzigen: *„Get the most done in the fewest steps and in the highest yield."*

9 Rechnergestützte Syntheseplanung

Ein Zielmolekül mittlerer Größe wie Callystatin A (Abb. 9.1) hat 28 Gerüstbindungen und fünf Bindungen vom Gerüst zu Heteroatomen. Die Zahl der denkbaren Bindungssätze und Konstruktionspläne ist damit so groß, dass sie im Kopf eines einzelnen Chemikers nicht entfernt durchgespielt und bewertet werden können.

Wenn der Chemiker bis zu zehn Lösungswege konzipiert und analysiert hat und einer ist dabei, der seinen Ansprüchen in etwa genügt, wird er hier meist keine weiteren Gedanken mehr investieren, obwohl er damit rechnen muss, dass er vielleicht gleich mehrere noch viel bessere Lösungswege übersehen hat. Eine systematische Suche unterbleibt allein schon wegen der Größe des Problems. Der systematische Umgang mit großen Mengen an Information ist eine Domäne der Computer. Insofern liegt es nahe, die Möglichkeiten einer rechnergestützten Syntheseplanung auszuloten.[4, 353]

Dies war einer der Gründe, sich überhaupt mit dem intellektuellen Vorgang „Syntheseplanung" zu befassen, um zu prüfen, ob und in welchem Umfang es logische Strukturen gibt, mit denen sich das Vorgehen bei der Syntheseplanung beschreiben lässt. So wurde die „Logic of Chemical Synthesis"[3] herausgearbeitet[354] und 1990 mit dem Nobelpreis gewürdigt. Im Vorfeld der rechnergestützten Syntheseplanung mussten drei Aufgaben gemeistert werden.

i Die Abbildung chemischer Strukturen in computerlesbarer Form.

ii Die Abbildung chemischer Reaktionen in computerlesbarer Form.

iii Die Beschreibung von Ordnungs- und Bewertungskriterien für Synthesepläne in computerlesbarer Form.

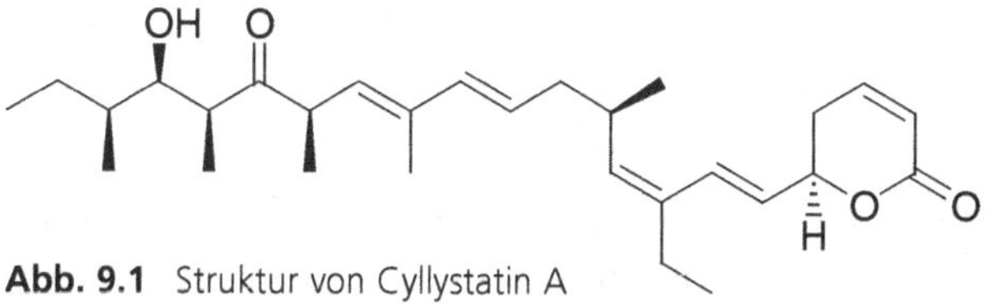

Abb. 9.1 Struktur von Cyllystatin A

R. W. Hoffmann, *Elemente der Syntheseplanung*,
https://doi.org/10.1007/978-3-662-59893-1_9

Sobald die Probleme i und ii gelöst waren, war der Rechner in der Lage, ein Zielmolekül retrosynthetisch zu zerlegen und alle theoretisch denkbaren Synthesewege aufzulisten und kam damit zu einer astronomischen Zahl von Möglichkeiten. Es ist also entscheidend, die Zahl an sinnvollen Möglichkeien zu reduzieren. Die Reduktion (der Schnitt des Synthesebaums), d. h. das Verwerfen ganzer Familien ähnlicher Synthesevorschläge, kann interaktiv erfolgen. Dann ist es der Chemiker, der gegebenenfalls (folgenreiche) Fehlentscheidungen trifft. Oder man verlässt sich nach Punkt iii auf den Rechner, der die Synthesepläne nach den Bewertungskriterien ordnet. Er gibt dann die Vorschläge mit der jeweils höchsten Punktzahl aus. Dies ist nur dann akzeptabel, wenn sicher gestellt ist, dass die Bewertungskriterien wirklich richtig sind und der Rechner diese auch in der gewünschten Weise anwendet. Allein diese Problemstellung zeigt, dass es das universelle ideale Programm für die Syntheseplanung nicht geben kann.

Programmentwicklungen wurden ab etwa 1970 weltweit in verschiedenen Laboratorien voran getrieben. Dabei zeichnen sich deutliche Unterschiede ab.[355] Es gibt Programme, die in erster Linie von der Topologie des Zielmoleküls ausgehen, die also aufzeigen, wie man das Zielmolekül aufbauen könnte und sollte, unabhängig davon ob es Reaktionen gibt, mit denen das gelingen könnte. Hier sind die Programme EROS,[356] WODCA[357, 358] (http://www2.chemie.uni-erlangen.de/software/wodca/contents.html#overview_c) und SYNGEN[359] (http://syngen2.chem.brandeis.edu/syngen.html) zu nennen. Diese logikorientierten Programme gehen das Problem „Syntheseplanung" von der fundamentalen Seite an. Ihr Wert liegt auch darin, dass sie Anregungen zum Auffinden von völlig neuen chemischen Reaktionen geben. Andere Programme wie etwa LHASA (http://lhasa.harvard.edu/) stützen sich auf einen großen Erfahrungsschatz von Reaktionen. Die Vorschläge haben also eine willkommene Präzedenz in Bekanntem. Das LHASA Programm kennt nicht nur einfache Transformationen, sondern evaluiert z. B. die Möglichkeiten, bestimmte Reaktionen wie etwa Diels-Alder-Reaktionen zu implementieren, und schlägt den Einbau von Hilfsfunktionen (FGA) vor, um diese Reaktionen zu ermöglichen. Die Zahl der Synthesemöglichkeiten (der Synthesebaum) wird bei LHASA sowohl interaktiv als auch rechnergesteuert reduziert, um attraktive Lösungsvorschläge zu erhalten, vgl. z. B. die in Abb. 9.2 gegebene Analyse für das Sesquiterpen Valcranon, von der der Nobelpreisträger

E. J. Corey sagte:[354] *„The suggestion by LHASA of such non-obvious pa-thways is both stimulating and valuable to a chemist. The field of computer assisted synthetic analysis is fascinating in its own right, and surely one of the most interesting problems in the area of machine intelligence. Because of the enormous memory and speed of modern machines and the probability of continuing advances, it seems clear that computers can play an important role in synthetic design."*

Solche informationsorientierten Programme wie LHASA sind der Denkweise des Synthetikers näherstehend. Sie verlangen jedoch einen sehr hohen Aufwand, um die zugrundeliegende Reaktionsdatenbank zu aktualisieren. Aber auch die logikorientierten Syntheseprogramme wie WODCA und SYNGEN benützen Datenbanken mit den leicht verfüg-baren Ausgangsmaterialien. Sie untersuchen die strukturelle Ähnlichkeit (bzw. die synthetische Ähnlichkeit) des Zielmoleküls oder der Synthese-zwischenstufen zu potenziellen Ausgangsmaterialien, um retrosynthetisch den kürzesten Weg zu bekannten Ausgangsmaterialien zu finden.

Trotz aller Fortschritte in der Entwicklung der Syntheseplanungspro-gramme[4, 360] bleibt deren Akzeptanz noch hinter den Erwartungen zurück. Aber mit anwendungsfreundlicheren Nutzeroberflächen könnte das Poten-zial dieser und ähnlicher Programme künftig besser genutzt werden.

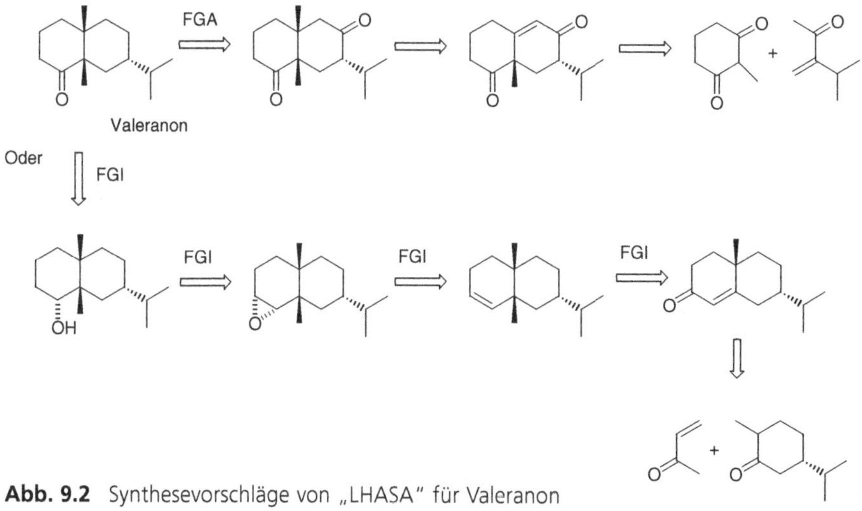

Abb. 9.2 Synthesevorschläge von „LHASA" für Valeranon

10 Stereozentren und Syntheseplanung

Last, not least wollen wir uns den Problemen zuwenden, die bei der Planung von Synthesen berücksichtigt werden müssen, sofern stereogene Zentren mit einheitlicher definierter Konfiguration aufgebaut werden sollen.

Falls das Zielmolekül mehrere stereogene Zentren besitzt, betrachtet man zunächst deren Abstand. Sind die Stereozentren benachbart oder ist deren Abstand kleiner als *1,4*, sollte man die Möglichkeit in Betracht ziehen, diese Sterozentren entweder gleichzeitig oder sequenziell unter asymmetrischer Induktion von einem der Stereozentren aufzubauen. Im letzteren Fall genügt es, sich zunächst auf den Aufbau des ersten stereogenen Zentrums zu fokussieren.

Ist der Abstand stereogener Zentren > *1,4* muss man die stereogenen Zentren aus Sicht der Syntheseplanung als einzelstehende Stereozentren behandeln. In jedem Fall ist es wichtig, wie man das erste Stereozentrum in der Synthesesequenz erzeugt.[361] Hierzu gibt es verschiedene Möglichkeiten.

- durch asymmetrische Synthese z. B. durch eine stereoselektive gerüstaufbauende Reaktion
- durch asymmetrische Synthese z. B. durch eine stereoselektive Umfunktionalisierung
- durch Synthese der Verbindung zunächst als Racemat und einer folgenden Racemat-Spaltung
- durch Umfunktionalisierung eines geeigneten Vorläufers aus dem „Chiral-Pool"

Einen Eindruck dieser Alternativen erhält man anhand eines konkreten Beispiels, der Gewinnung von Sulcatol (Abb. 10.1), das Pheromon eines Schadkäfers. Die Art *Gnathotrichus retusus* reagiert auf das reine (*S*)-Enantiomer. Die Wirkung wird durch das andere Enantiomer inhibiert. Die verwandte Spezies *Gnathotrichus sulcatus* reagiert auf keines der beiden reinen Enantiomeren, wohl aber auf eine 65/35-Mischung von (*S*)- und (*R*)-Sulcatol.[362]

© Springer-Verlag GmbH Deutschland, ein Teil von Springer Nature 2006
R. W. Hoffmann, *Elemente der Syntheseplanung*,
https://doi.org/10.1007/978-3-662-59893-1_10

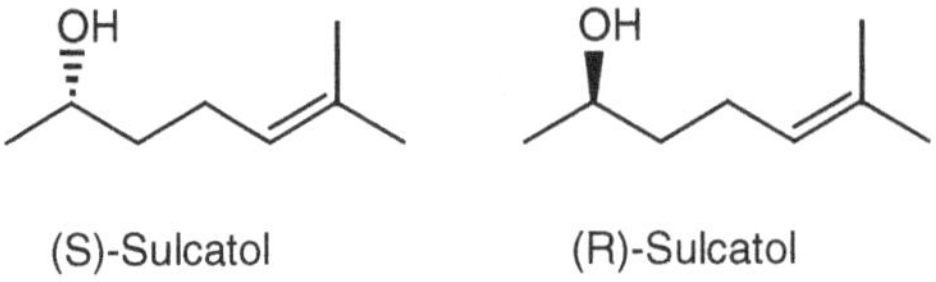

(S)-Sulcatol   (R)-Sulcatol

Abb. 10.1 Die beiden enantiomeren Formen von Sulcatol

Die Anforderung an die Synthese lautet also, Wege zu jedem der reinen Enantiomere zu erschließen.

Beim Aufbau eines stereogenen Zentrums durch asymmetrische Synthese sollte man in der Retrosynthese alle vier Bindungen am Stereozentrum für eine stereoselektive Bindungsknüpfung in Betracht ziehen (Abb. 10.2).

Es liegt nahe, bei Sulcatol an eine asymmetrische Reduktion eines Ketons zu denken (Abb. 10.2; Bindungssatz i) etwa mit der Corey-Bakshi-Shibata-Methodik.[363] Im vorliegenden Fall ist aber auch eine biotechnologische Reduktion mit Bäckerhefe oder anderen Hefestämmen attraktiv, da sie hohe e.e.-Werte ergibt.[362]

Im Sinne der Hendrickson'schen Definition einer idealen Synthese[167] sollten Stereozentren im Zuge der gerüstaufbauenden Schritte aufgebaut werden (vgl. Abb. 10.2, Bindungssätze ii oder iii). Man könnte z.B. Acetaldehyd mit Allyl-di-isopinocampheyl-boran zu dem enantiomerenangereicherten Homoallylalkohol **59** umsetzen (Abb. 10.3),[364] der über weitere Syntheseschritte in Sulcatol überführt werden könnte.

Im Bindungssatz iii in Abb. 10.2 hilft beim Aufbau des Sulcatols z.B. die Nutzung umgepolter Synthons unter Anwendung der Hoppe'schen Carbamat Methodik (Abb. 10.4).[365]

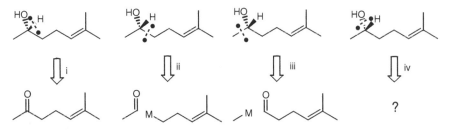

Abb. 10.2 Retrosyntheseüberlegungen für das stereogene Zentrum in Sulcatol

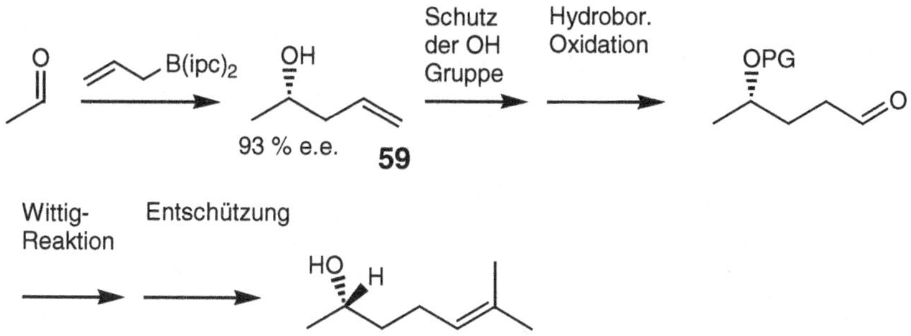

Abb. 10.3 Asymmetrische Allyborierung zum Aufbau des stereogenen Zentrums in Sulcatol

Bei diesen Überlegungen wird deutlich, dass die Einführung der Chiralität zusätzliche Schritte bedingt, sei es auf Seiten des Reagens oder am Substrat, z. B. die Anknüpfung der Carbamathilfsgruppe und deren spätere Abspaltung. Aus Sicht der Syntheseplanung ist dies im selben Maße effizienzmindernd wie die Einführung und Abspaltung einer Schutzgruppe. Insofern sollte man prüfen, ob man das benötigte stereogene Zentrum nicht günstiger aus dem Chiral-Pool erhalten kann. Sucht man Vorläufer für das (R)-Sulcatol, kann man nach Bausteinen fahnden, in denen ein doppeltgebundenes Heteroatom an C-1 und das sekundäre-Alkoholzentrum an C-4 zu finden sind. Eine Durchsicht der Zusammenstellung von Scott[161] führte zu den Vorschlägen in Abb. 10.5.

So wurden Sulcatolsynthesen ausgehend von Glutaminsäure[366] oder 2-Desoxyribose[367] ausgeführt. Sie erforderten sieben bzw. fünf Umfunktionalisierungsschritte vor der abschließenden Wittig-Reaktion. Aus heutiger Sicht ist der Preis für die Vielzahl zusätzlicher Schritte zur Erlangung eines einzigen Stereozentrums zu hoch. Vielleicht ist aber ein alternativer Bindungssatz günstiger (Abb. 10.6)?

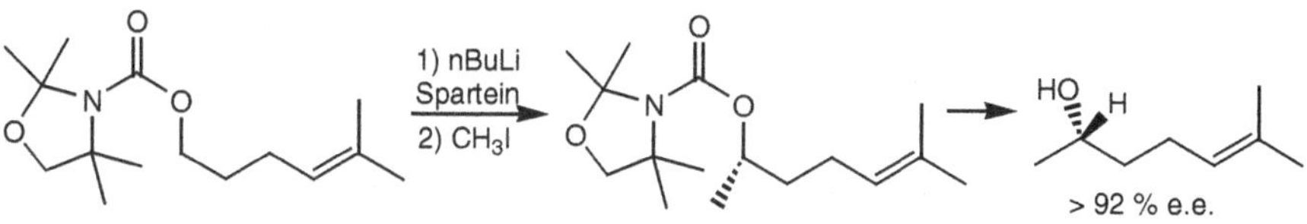

Abb. 10.4 Asymmetrische Deprotonierung zum Aufbau des stereogenen Zentrums in Sulcatol

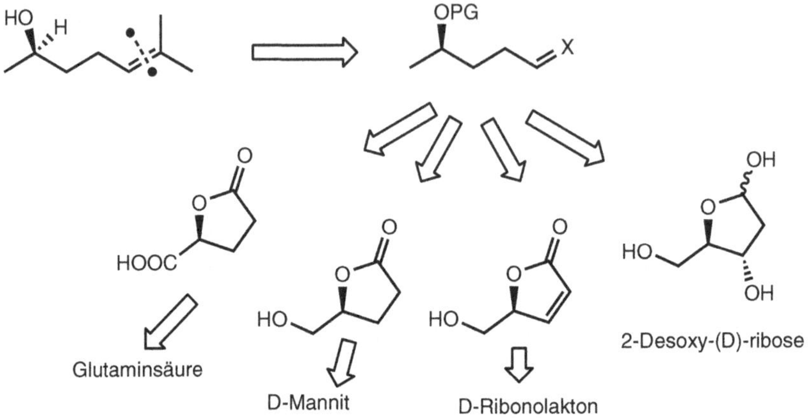

Abb. 10.5 Chirale Vorläuferverbindungen für die Synthese von Sulcatol

Enantiomerenreines Propenoxid ist in drei Stufen aus Milchsäure zugänglich. Die weitere Umsetzung mit Prenylcuprat führt dann direkt zu Sulcatol.[368] So zeichnet sich ein sehr günstiger Zugang zum enantiomerenreinen Sulcatol ab. Dennoch sollte man den umständlicher erscheinenden Weg einer Racematspaltung ebenfalls ausloten. Neben einer klassischen Racematspaltung über die Bildung der Phthalsäurehalbester und Kristallisation der Brucin-Salze ist auch eine kinetische Racematspaltung mithilfe von Enzymen, z. B. von Lipasen bedenkenswert (Abb. 10.7). [369]

Auch die mit einer Racematspaltung verbundenen Materialverluste kann man in günstigen Fällen vermeiden, wenn es gelingt, durch eine gekoppelte Reaktion die Racematspaltung enantiokonvergent zu führen (Abb. 10.8). [370]

Man erkennt also, dass bei einem leicht zugänglichen Racemat die Racematspaltung heute wie früher eine attraktive und ernstzunehmende Synthesevariante ist. Bei vielstufigen Synthesen mit mehreren Stereozentren sollte man jedoch eine Racematspaltung nur dann favorisieren, wenn sie

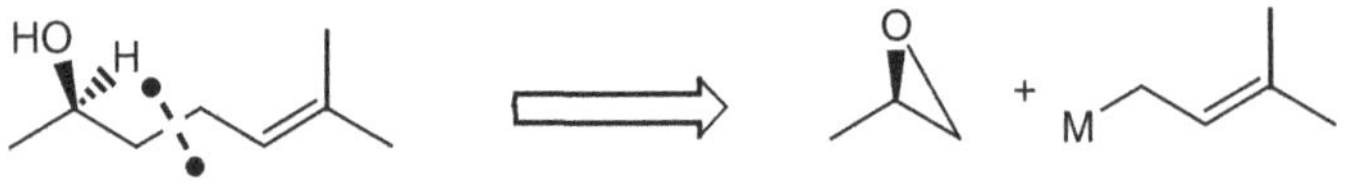

Abb. 10.6 Alternativer Bindungssatz zur Einführung des stereogenen Zentrums in Sulcatol

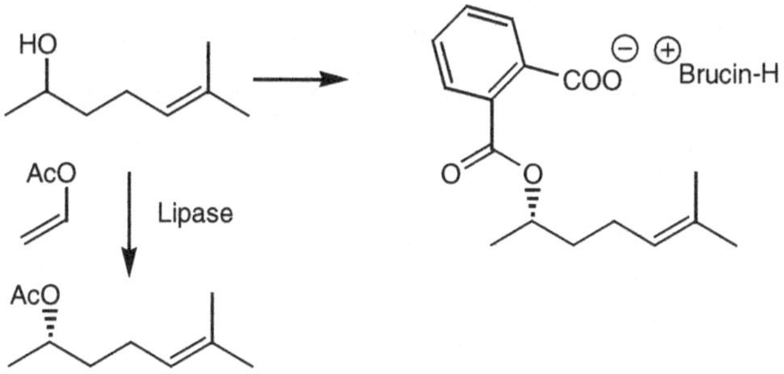

Abb. 10.7 Racematspaltung zur Gewinnung enantiomerenreinen Sulcatols

früh in der Synthese, d. h. bei der Einführung des ersten Stereozentrums eingesetzt werden kann.

Das Beispiel des Sulcatols steht hier für die Synthese eines vergleichsweise einfachen Startbausteins mit einem (dem ersten) Stereozentrum. In dem Maße, in dem leistungsfähige Methoden zur asymmetrischen Synthese zur Verfügung stehen, wird die bausteinorientierte Synthese aus Vorläufern des „Chiral-Pool" immer weniger attraktiv, da dabei meist eine höhere Zahl an Umfunktionalisierungsschritten erforderlich ist.

Die Gedankenfolge sei an einem weiteren Beispiel (Abb. 10.9) veranschaulicht, einer Verbindung mit einem Stereozentrum, das aus einer Methylverzweigung an einer Alkankette besteht. Zunächst betrachtet man wieder jede der vier Bindungen am stereogenen Zentrum hinsichtlich der Möglichkeiten, die für eine asymmetrische Synthese gegeben sind, wobei das Ausgangssystem jeweils ein sp^2-hybridisiertes C-Atom als prochirale Gruppe haben muss.

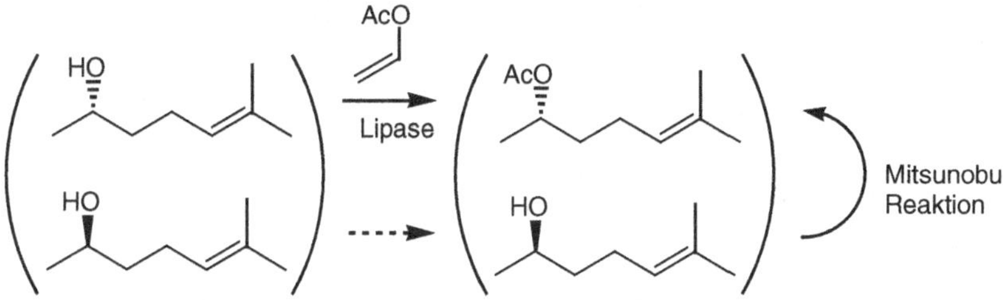

Abb. 10.8 Enantiokonvergente Racematspaltung zur Gewinnung enantiomerenrein Sulcatols

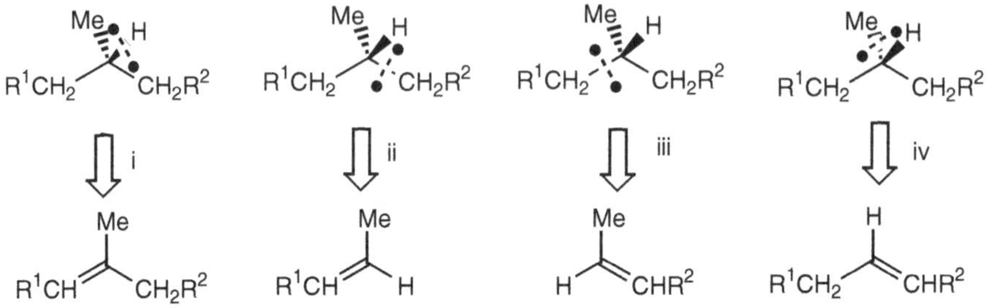

Abb. 10.9 Retrosynthesemöglichkeiten zum Aufbau einer chiralen Methylverzweigung

Eine Retrosynthese (Abb. 10.9, i) wäre die stereoselektive Knüpfung einer C-H-Bindung, z. B. durch Protonierung eines prochiralen Enolats, durch Hydridaddition an ein Enoat (Abb. 10.10),[371] durch Übertragung eines H-Atoms auf ein Radikal oder die Hydrierung einer C=C-Doppelbindung. Letztere könnte unter chiraler Katalyse gelingen.[372] Ansonsten ist man auf den Einsatz chiraler Auxiliare angewiesen.[373]

Bei den Retrosynthesen (Abb. 10.9, ii–iv) wird jeweils eine Gerüstbindung geknüpft, sei es zu R¹, R², oder Methyl. Hier wird die Verzweigung

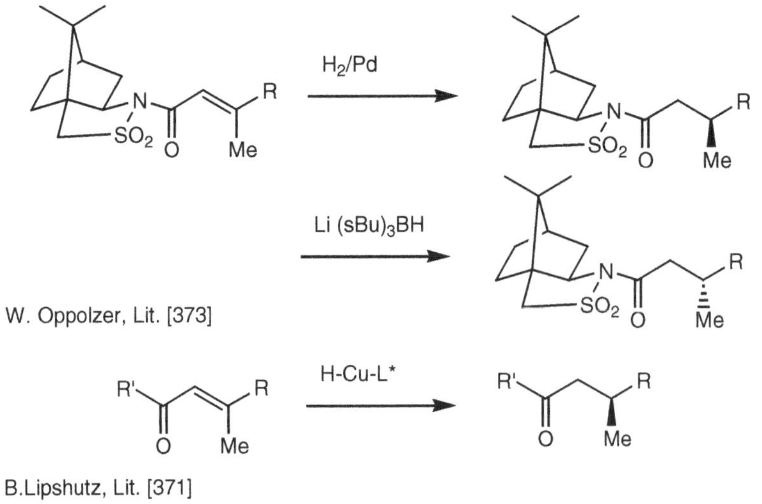

W. Oppolzer, Lit. [373]

B.Lipshutz, Lit. [371]

Abb. 10.10 Asymmetrische Reduktion von Enoaten zum enantioselektiven Aufbau eines tertiären Stereozentrums

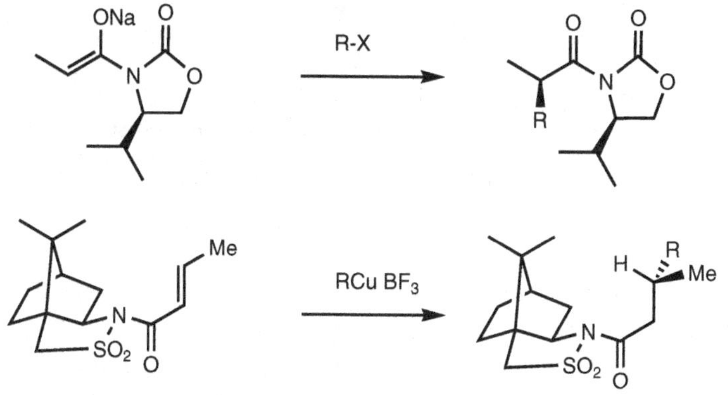

Abb. 10.11 Gerüstaufbauende Reaktionen zum enantioselektiven Aufbau eines tertiären Stereozentrums

durch einen gerüstaufbauenden Schritt erzeugt, allerdings soll das stereoselektiv gelingen, etwa durch die Alkylierung von Evans-Oxazolidinonen[374] oder die Cuprataddition an Enoate (Abb. 10.11).[375]

Die Möglichkeiten zur asymmetrischen Synthese methylverzweigter Ketten sind relativ eingeschränkt, wenn man die breite Methodenpalette, die für den Aufbau chiraler sekundärer Alkohole, z. B. von Allylalkoholen existiert, vergleicht. Insofern ist es überlegenswert, diese leicht zugängliche Form der Chiralität in die schwerer zugängliche Form „Methylverzweigung" zu überführen. Geeignet dafür sind sigmatrope Umlagerungen,[376] wie auch Metallvermittelte Substitution des S_N2'-Typs (Abb. 10.12).[121, 377]

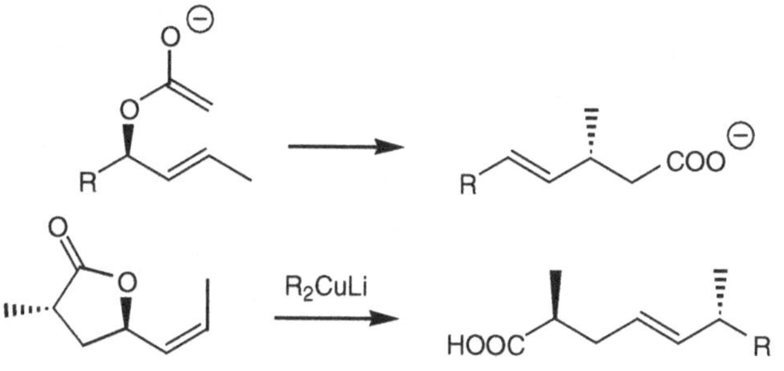

Abb. 10.12 Gerüstaufbauende Umlagerungen zum enantioselektiven Aufbau eines tertiären Stereozentrums

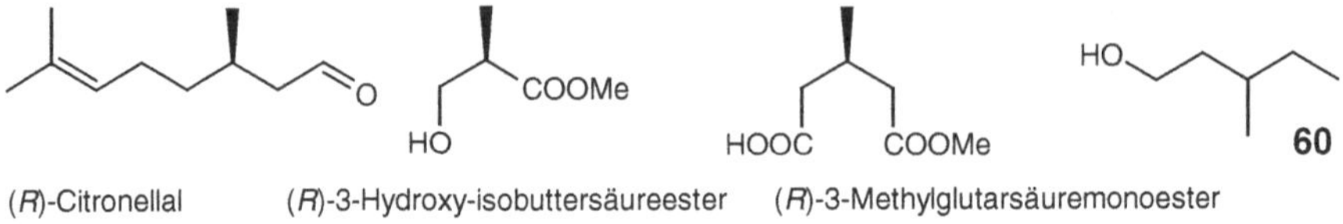

(R)-Citronellal   (R)-3-Hydroxy-isobuttersäureester   (R)-3-Methylglutarsäuremonoester

Abb. 10.13 Chirale Vorläufermoleküle mit einem tertiären Stereozentrum

Wenn man die Möglichkeiten des Aufbaus des gesuchten Stereozentrums durch stereoselektive Synthese ausgelotet hat, sollte man prüfen, welche Bausteine der Chiral-Pool bereithält. Um eine Methylverzweigung mit festgelegter Konfiguration in eine Synthese einzuführen, käme Citronellal, das in beiden enantiomeren Formen verfügbar ist, in Frage als auch die durch Racematspaltung gewonnenen 3-Hydroxy-isobuttersäureester oder 3-Methylglutarsäureester,[378] (Abb. 10.13).

Eine Racematspaltung von Bausteinen mit einer Methylverzweigung hat nur dann eine Chance, wenn andere Funktionalitäten in der Nähe des Stereozentrums wie im Falle des 3-Methylpentanol (**60**) (Abb. 10.13) für eine lipasekatalysierte Veresterung genutzt werden können.[379]

In den Bindungssätzen der Synthesen eines weiteren Insektenpheromons spiegeln sich die vorausgehend diskutierten Überlgungen zum Einbau einer Methylverzweigung wider (Abb. 10.14).[375, 380]

Die beiden vorgestellten Beispiele (Sulcatol und methylverzweigtes Skelett) zeigen, wie ein stereogenes Zentrum sich auf die Syntheseplanung auswirkt. Die häufigste Lösung nach aktuellem Stand der Methodent-

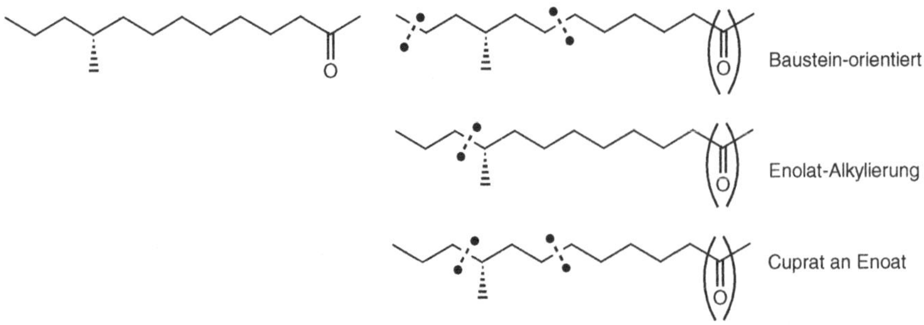

Abb. 10.14 Bindungssätze zum enantioselektiven Aufbau oder Einbau eines tertiären Stereozentrums

wicklung ist, das Stereozentrum durch asymmetrische Synthese aufzubauen und den Bindungssatz entsprechend zu wählen. Ein bausteinorientiertes Vorgehen, bei dem das Stereozentrum aus Vorläufern aus dem Chiral-Pool eingebracht wird, ist oft nicht so attraktiv, da zu viele Umfunktionalisierungsschritte in Kauf genommen werden müssen. In allen Fällen empfiehlt es sich zu prüfen, ob das gesuchte Stereozentrum nicht durch eine Racematspaltung früh in der Synthesesequenz gewonnen werden kann. Ein Königsweg bei der Planung der Synthese chiraler enantiomerenreiner Verbindungen ist nicht von vornherein vorgegeben.

Zusammenfassend gibt es in der Zielverbindung mehr als ein stereogenes Zentrum, prüft man zunächst deren Abstand am Molekülgerüst. Ist dieser größer als 1,4, behandelt man die Stereozentren als von einander unabhängig wie einzelne Stereozentren. Ist deren Abstand kleiner gleich 1,4, wird man versuchen, die Stereozentren im Zuge einer Operation kombiniert oder zunächst das erste und dann das zweite mithilfe des ersten aufzubauen. In Abb. 10.15 sind Beispiele für den *1,3*-Abstand zweier stereogener Heterofunktionalitäten dargestellt.

Im ersten Beispiel[381] wird eine Hetero-Diels-Alder-Reaktion mit einem chiralen Auxiliar genutzt, um zwei stereogene Zentren im *1,3*-Abstand aufzubauen. Im zweiten Beispiel[382] wird das erste stereogene Zentrum durch eine chiral-katalysierte Ketonreduktion erzeugt und dann zur Steuerung der Konfiguration des zweiten stereogenen Zentrums durch asymmetrische In-

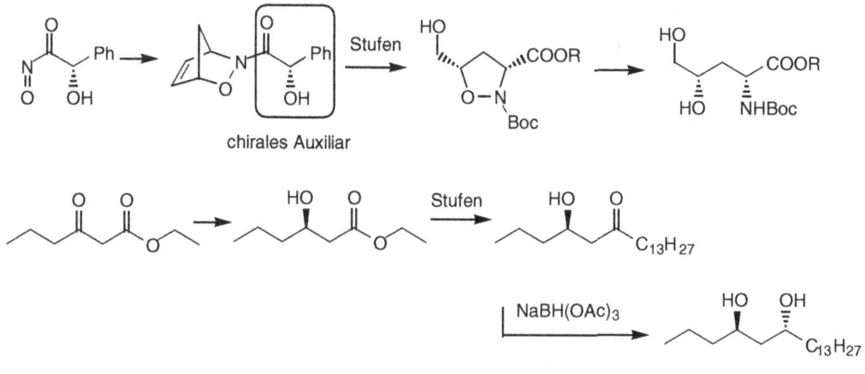

Abb. 10.15 Simultaner oder sequenzieller Aufbau zweier stereogenen Zentren im *1,3*-Abstand.

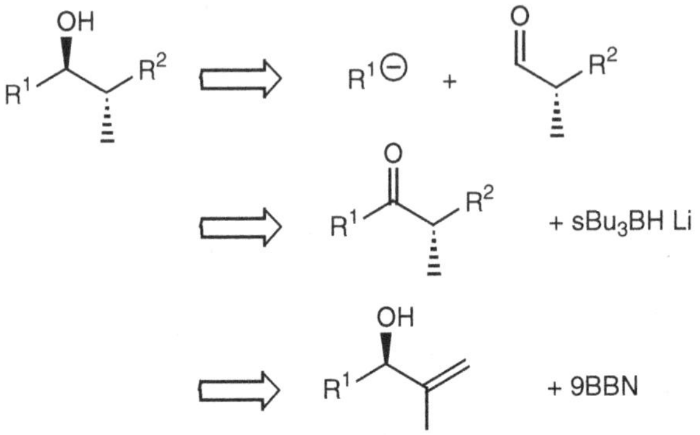

Abb. 10.16 Sequenzieller Aufbau von Stereozentren im *1,2*-Abstand durch asymmetrische Induktion

duktion genutzt. In diesem Fall ist diese eine 1,3-asymmetrische Induktion. Auch bei Stereozentren im *1,2*-Abstand legt die große Zahl an Methoden zur 1,2- asymmetrischen Induktion[383] diesen Weg nahe (Abb. 10.16).

Noch attraktiver ist es, die beiden benachbarten Stereozentren in einem Zuge etwa durch eine asymmetrische Allylmetallierung[384] (Abb. 10.17) oder Aldol-Reaktion aufzubauen.[385]

Dieser Vielfalt an Alternativen begegnet der Synthetiker meist in der Weise, dass er bei mehreren benachbarten stereogenen Zentren quasi eine Mustererkennung vornimmt und diese Muster dann bestimmten etablierten Synthesemethoden zuordnet. Abb. 10.18 zeigt das Beispiel eines 1,2-Diols.

Für bestimmte Muster wie etwa die Stereotriaden **61** oder die Stereopentaden **62** (Abb. 10.19) gibt es spezielle Methodenzusammenstellungen,[386] d. h. die Art und Kombination der Stereozentren diktiert oft die Wahl der Synthesemethoden.

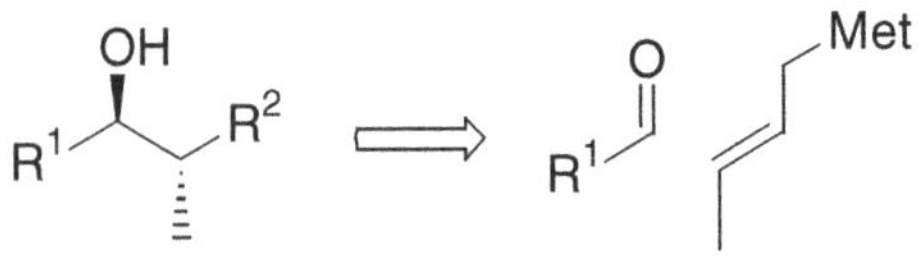

Abb. 10.17 Simultaner Aufbau von Stereozentren im *1,2*-Abstand durch enantioselektive Allylmetallierung

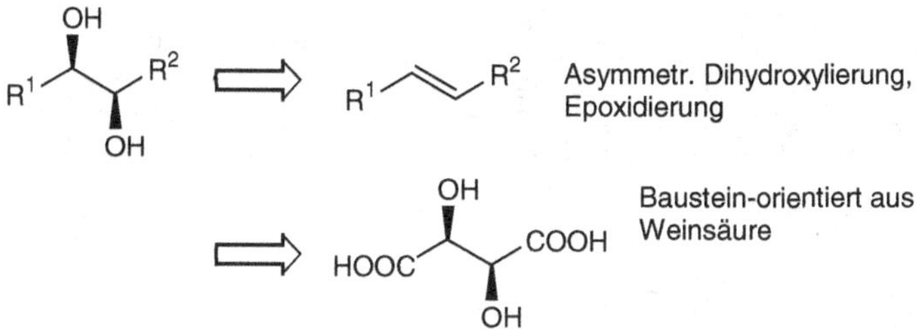

OH
R1
R2
OH
R1
R2
Asymmetr. Dihydroxylierung,
Epoxidierung
OH
HOOC
COOH
OH
Baustein-orientiert aus
Weinsäure

Abb. 10.18 Probate Retrosynthesen für chirale 1,2-Diole

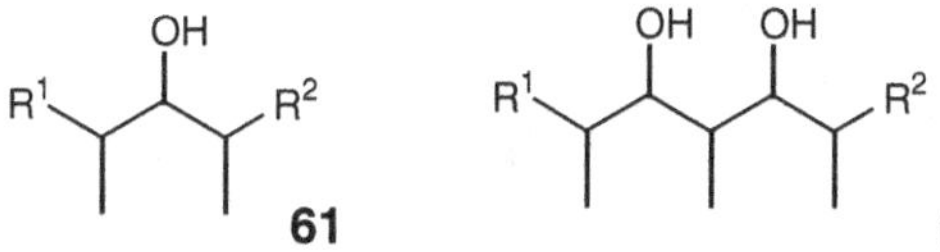

OH
R1
R2
OH OH
R1
R2

61 **62**

Abb. 10.19 Stereotriaden bzw. Stereopentaden benachbarter stereogener Zentren

Auf diese Weise gelangt man zu einer methodenorientierten Synthesestrategie wie etwa bei einer Synthese von Erythronolid A (Abb. 10.20), bei der eine asymmetrische Crotylborierung von Aldehyden und die Sharpless-Epoxidierung von Allylalkoholen zum Einsatz kamen und damit den Syntheseplan diktierten.[316, 387]

O
OH
OH
OH
OH
HO
HO
O
Crotylborierung mit
chiralem
OR
B
OR
Sharpless Epoxidierung

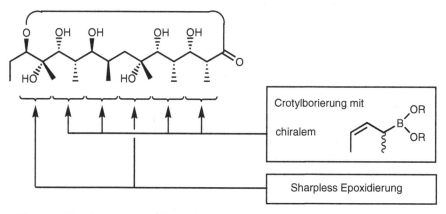

Abb. 10.20 Methodenorientierter Aufbau der benachbarten Stereozentren im Erythronolid A durch Reagenzkontrolle der Stereoselektivität

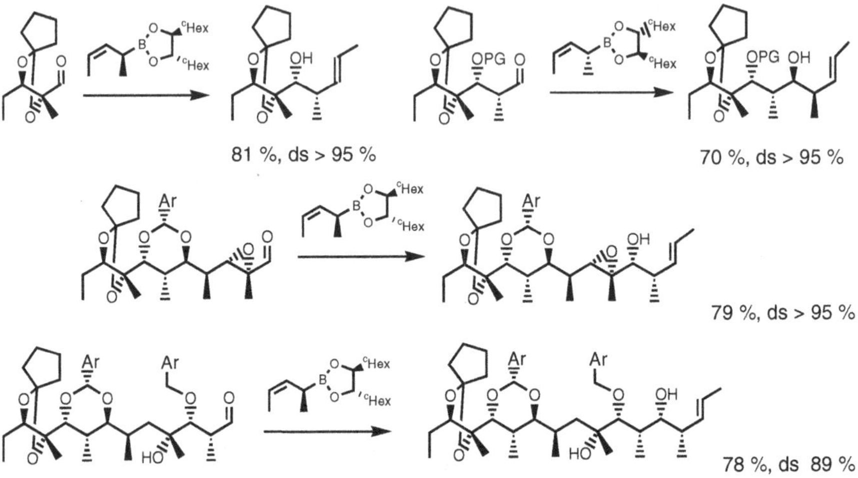

81 %, ds > 95 %

70 %, ds > 95 %

79 %, ds > 95 %

78 %, ds 89 %

Abb. 10.21 Reagenzkontrolle der Stereoselektivität in den gerüstaufbauenden Schritten bei der Synthese von Erythronolid A

In Abb. 10.21 sind die stereoselektiven Allylborierungsschritte noch einmal dargestellt und demonstrieren, wie der Aufbau der Stereozentren mit den gerüstaufbauenden Schritten erreicht wird.

Zwischen den in Abb. 10.21 dargestellten Reaktionen, in denen die stereogenen Zentren aufgebaut wurden, liegen jeweils noch einige Umfunktionaliserungsschritte, um den Startpunkt für die nächste stereogene Reaktion zu erreichen. Man beachte, dass acht der elf stereogenen Zentren in gerüstaufbauenden Schritten erzeugt wurden.

Die vorstehende Erythronolidsynthese ist linear. Eine konvergente Synthese nach dem gleichen oder einem sehr ähnlichen Bindungssatz wurde in Betracht gezogen,[388] erwies sich aber als langatmiger als die lineare Synthese!

In der Einleitung wurden zwei Bindungssätze bei Synthesen von Callystatin A vorgestellt. Callystatin A ist eine Verbindung, die sowohl isolierte als auch benachbarte stereogene Zentren aufweist. Anhand von Abb. 10.22 wird gezeigt, wie sich dies in der Synthesestrategie widerspiegelt.

In Schema A kamen alle isolierten stereogenen Zentren und das erste der Stereopentade aus dem Chiral-Pool. Lediglich die Stereopentade wurde durch eine Sequenz von zwei asymmetrisch induzierten Aldoladditionen

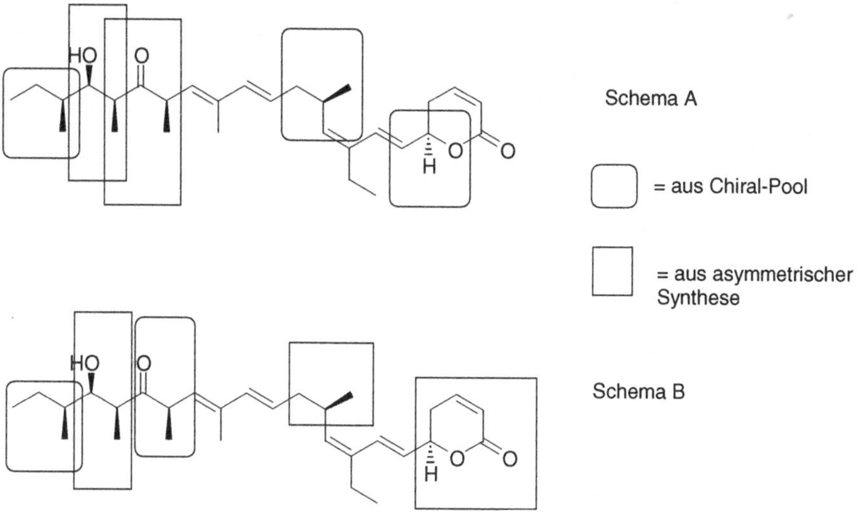

Schema A

☐ = aus Chiral-Pool

☐ = aus asymmetrischer Synthese

Schema B

Abb. 10.22 Aufbau bzw. Einbau von Stereozentren bei zwei Synthesen con Callystatin A

aufgebaut.[8] In Schema B wurde das linke und das rechte Ende der Stereopentade aus dem Chiral-Pool übernommen und die Stereopentade dann durch eine asymmetrische Aldolreaktion gewonnen. Die isolierte Methylverzweigung stammt aus einer Alkylierung eines Evans-Enolats und das Stereozenrum im Laktonring aus einer asymmetrisch induzierten Hetero-Diels-Alder-Reaktion. In beiden Synthesen wird also eine bausteinorientierte Strategie mit der Erkennung von Mustern (hier die Stereopentade) und deren Aufbau nach bewährten Methoden kombiniert.

Das **Fazit** der Syntheseplanung bei Verbindungen mit mehreren (benachbarten) Stereozentren lautet: Man betrachtet einzelne Gruppierungen von Stereozentren als Blöcke und versucht, diese Blöcke mit „bekannten" Mustern von Stereozentren zu vergleichen, für die gute Synthesemethoden existieren oder die auf den Chiral-Pool zurückgeführt werden könnnen. Auf der Basis einer solchen Analyse gelangt man dann meistens zu einem methodenorientierten oder einem bausteinorientierten Syntheseplan.

11 Kunstgenuss

Syntheseplanung befindet sich heute auf dem Wege von einer Kunst zu einer Technik. Um Zielverbindungen mit ungewöhnlichen Strukturen zu erreichen, sind nach wie vor überraschende Lösungen gefragt. Das bedeutet, dass kreative, kunstvolle Synthesepläne gefordert sind, wenn schulmäßige Lösungen nicht möglich oder zu umständlich sind. Kunst ist etwas, was zur Kultur beiträgt, woran man sich erfreuen kann, und genau das gilt für vorbildliche Synthesen.

Nachdem wir nun viele Prinzipien der Syntheseplanung kennen gelernt haben, soll nun zum Schluss auch die Kunst hervorragender Synthesen gezeigt werden. Wahrer Kunstgenuss setzt Wissen und Kenntnis voraus. Bei der ersten Betrachtung eines Bildes von Picasso oder von Klee, wird das Interesse an der Art der Darstellung vordergründig sein, und erst das Studium und die Auseinandersetzung mit der modernen Kunst, um bei dem Beispiel von Picasso und nahestehender Künstler zu bleiben, wird Einzelheiten erkennen und wiederentdecken lassen, weil das Auge durch die vorausgehende Beschäftigung mit der Materie dafür geschult wurde. Mehr zu erkennen und zu verstehen ist das, was den Genuss beim Betrachten von Bildern ausmacht. So geschieht dies auch all jenen, die sich mit Syntheseplanung befassen und publizierte Synthesefolgen daraufhin lesen und nachvollziehen können. Der Leser, der die vorausgehenden Ausführungen zur Syntheseplanung aufgenommen und verstanden hat, weiß genug, um beim Betrachten einer Synthese vieles von dem wiederzuerkennen, was in den vorausgehenden Kapiteln besprochen wurde. Kurzum mit diesem Mehr an Verständnis sollte er in der Lage sein, kreative Synthesen von „langweiligen" zu unterscheiden und wahre Synthesekunst als solche zu genießen.

Zu diesem Zweck sind anschließend Zusammenstellungen von Synthesen gezeigt, die jede für sich etwas Bemerkenswertes aufweisen. Um dem Leser die Chance zu geben, Bekanntes selbst wiederzuentdecken und sich

© Springer-Verlag GmbH Deutschland, ein Teil von Springer Nature 2006
R. W. Hoffmann, *Elemente der Syntheseplanung*,
https://doi.org/10.1007/978-3-662-59893-1_11

mit der gewählten Art der Syntheseführung auseinanderzusetzen, werden
die folgenden Beispiele nicht ausführlich kommentiert.

11.1 Strychnin

Strychnin wurde früher als die für ihre Größe komplexeste Verbindung
eingestuft.[339] Ihre Strukturaufklärung zu einer Zeit, als noch keine
NMR-Spektroskopie zur Verfügung stand, gehört zu den herausragen-
den Kulturleistungen der Chemie. Das Wagnis einer Synthese dieser
Verbindung konnte dann kaum ein Geringerer als Woodward eingehen,
der in der Mitte des vorigen Jahrhunderts unbestritten als der genialste
Synthetiker galt. Woodward hat als erster die Synthese von Strychnin
zustandegebracht (Abb. 11.1).[389] Dieser Meilenstein in der Geschichte
der Naturstoffsynthese mutet heute in großen Teilen als ein vorsichtiges
Herantasten an eine Lösung an. Dennoch zeigt sich der Genius in zwei
Punkten: dem Aufbau des quartären Kohlenstoffzentrums als Angelpunkt
dreier Ringe und der Idee, einen Veratrylrest am Indol einzusetzen und
seiner verblüffenden Nutzung.

Fast dreißig Jahre vergingen bis sich Chemiker erneut an eine Strychninsynthese trauten und hofften, durch das in der Zwischenzeit erweiterte Methodenarsenal noch bessere Lösungen zu finden.[390] Die eindrucksvollste
Synthese dieser Runde ist wohl die von V. Rawal (Abb. 11.2).[391] Hier
beeindruckt der fast mühelos erscheinende späte Anstieg in der Komplexizität und die Art, wie der Siebenring anelliert wurde. Damit hat er einen
Standard geschaffen, auf den ein Großteil der späteren Synthesen zurück-
gegriffen haben.

Als weitere Synthesen seien die von Overman (Abb. 11.3),[392] Vollhardt (Abb. 11.4),[393] Bodwell (Abb. 11.5),[394] Bosch (Abb. 11.6),[395] Mori
(Abb. 11.7)[396] und Shibasaki (Abb. 11.8) [397] aufgeführt. Beachtenswert
ist der Aufbau des quartären Zentrums! Es lohnt sich nachzuvollziehen
nach welchem Schema das polycyclische Ringsystem aufgebaut wird (se-
quenzielle Annellierung oder Bicyclisierung?).

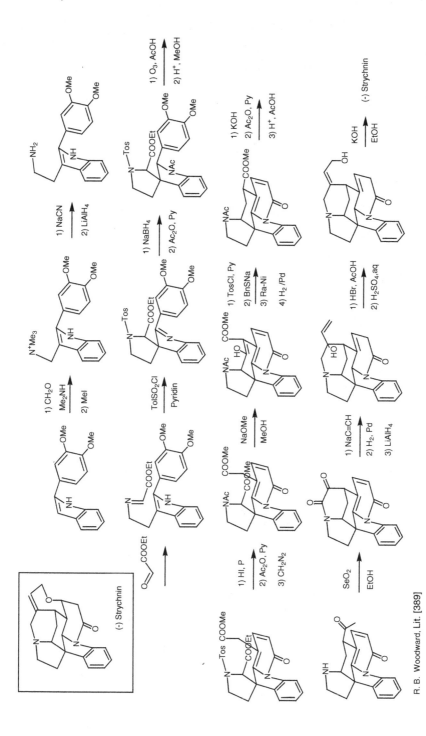

R. B. Woodward, Lit. [389]

Abb. 11.1 Strychninsynthese von R. B. Woodward

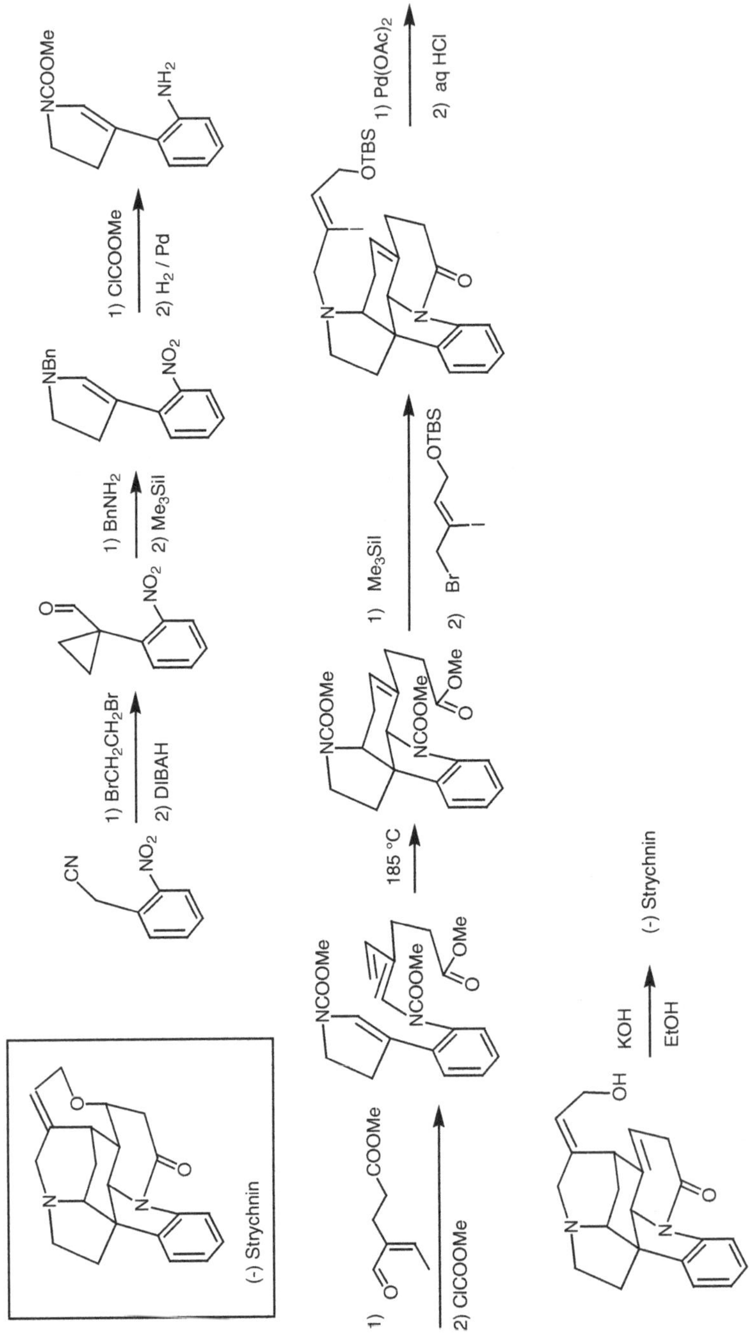

V. H. Rawal, Lit. [391]

Abb. 11.2 Strychninsynthese von V. H. Rawal

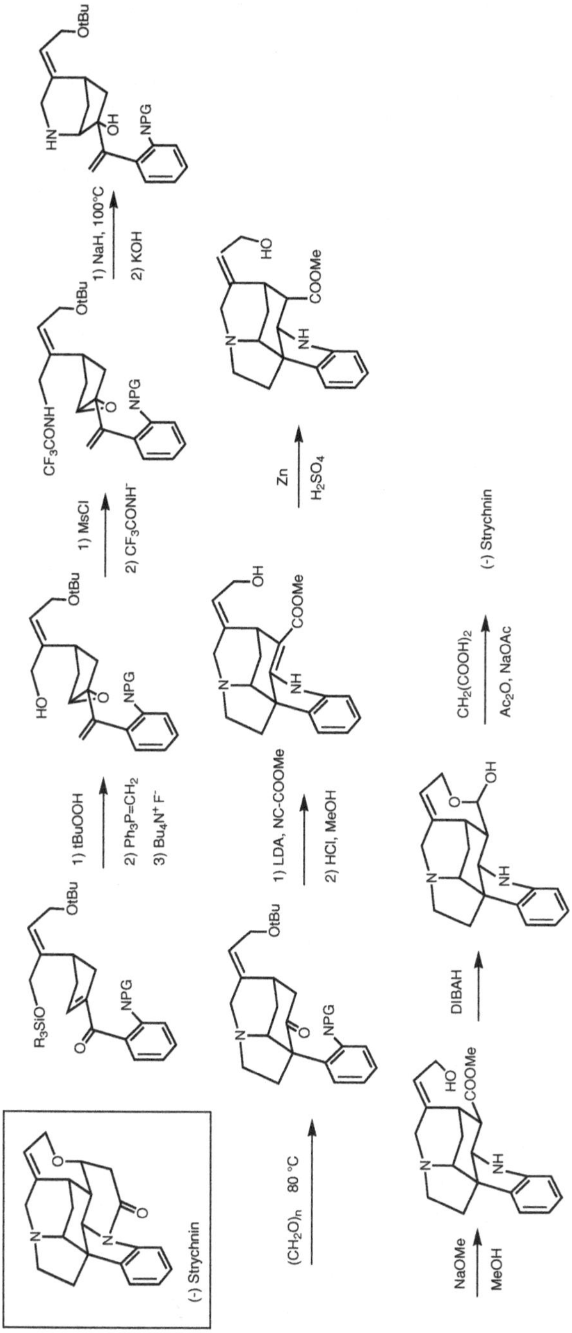

L. E. Overman, Lit. [392]

Abb. 11.3 Strychninsynthese von L. E. Overman

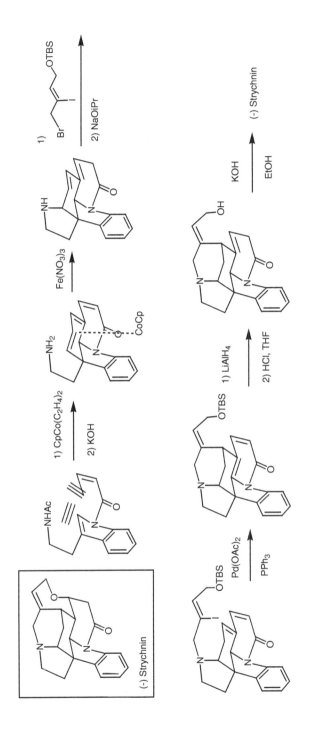

K. P. C. Vollhardt, Lit. [393]

Abb. 11.4 Strychninsynthese von K. P. C. Vollhardt

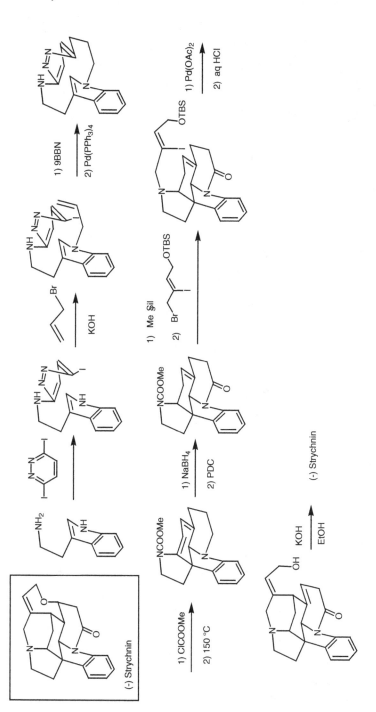

G. J. Bodwell, Lit. [394]

Abb. 11.5 Strychninsynthese von G. J. Bodwell

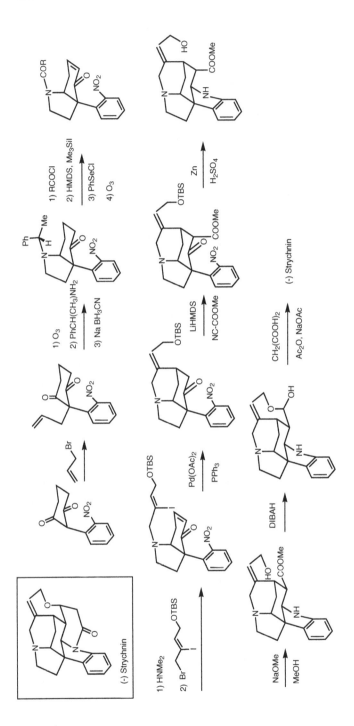

J. Bosch, Lit. [395]

Abb. 11.6 Strychninsynthese von J. Bosch

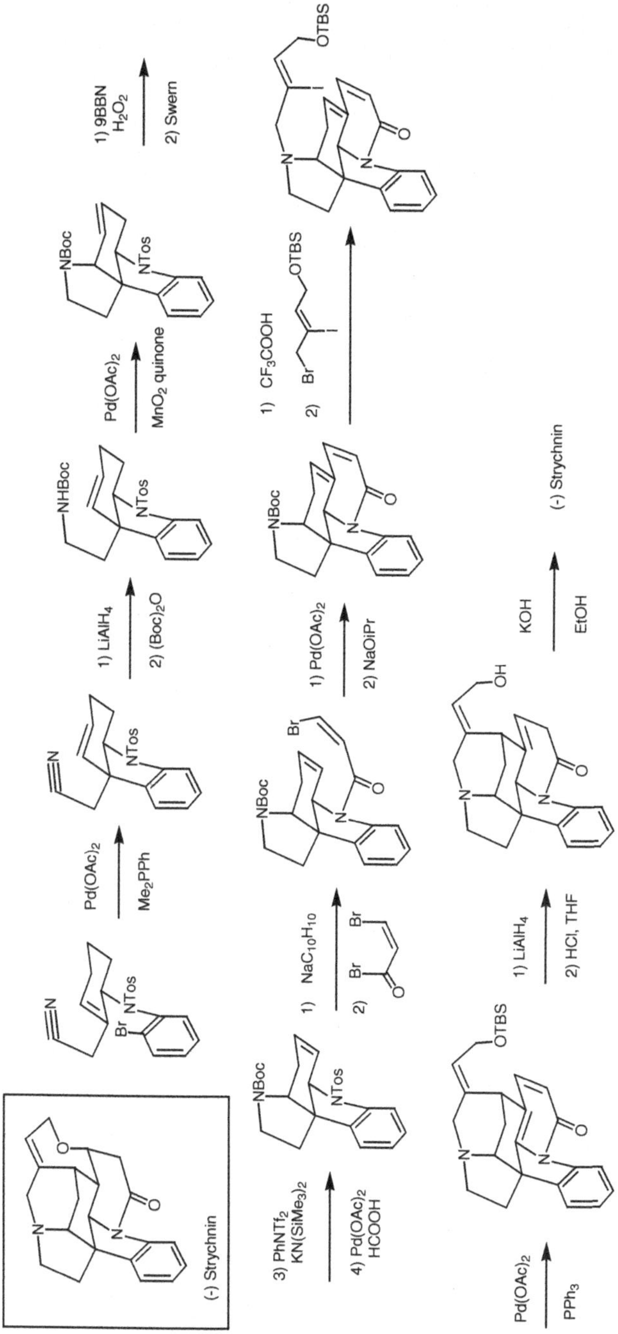

M. Mori, Lit. [396]

Abb. 11.7 Strychninsynthese von M.Mori

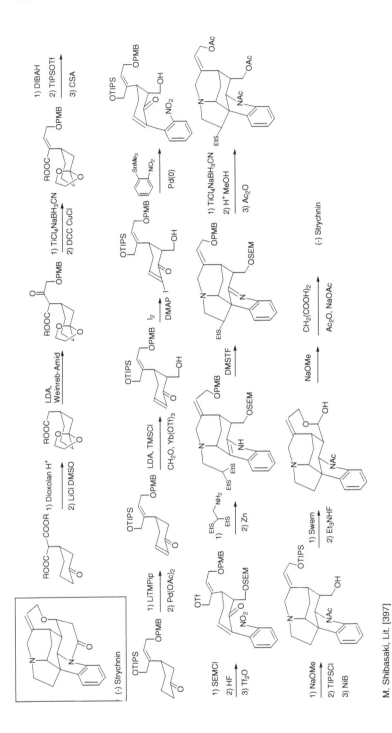

M. Shibasaki, Lit. [397]

Abb. 11.8 Strychninsynthese von M. Shibasaki

11.2 Colchicin

Als zweites Syntheseziel sei hier Colchicin, das Alkaloid der Herbstzeitlose, diskutiert. Seine Strukturaufklärung zog sich über Dekaden hin, bis eine Kristallstrukturanalyse das Vorliegen eines Tropolon-Ringes belegte.[398] Wenngleich über die Chemie des Tropolonsystems schon etliches bekannt war, boten sich darin keine Anhaltspunkte zum Aufbau eines anellierten Tropolons, wie es in der Colchicinstruktur vorlag. In der ersten Synthese des Colchicins von Eschenmoser musste also Neuland erschlossen werden.[399]

Da es in einer ersten Synthese wichtig ist, überhaupt ans Ziel zu gelangen, wurden bestimmte (ärgerliche) Eigenschaften des Tropolonsystems zunächst beiseite gestellt. Dazu gehört z. B., dass jede Synthese, die über das freie Tropolon (Colchicein) verläuft, bei der Methylierung zwei regioisomere Methylether (Colchicin und iso-Colchicin) ergibt (Abb. 11.9).

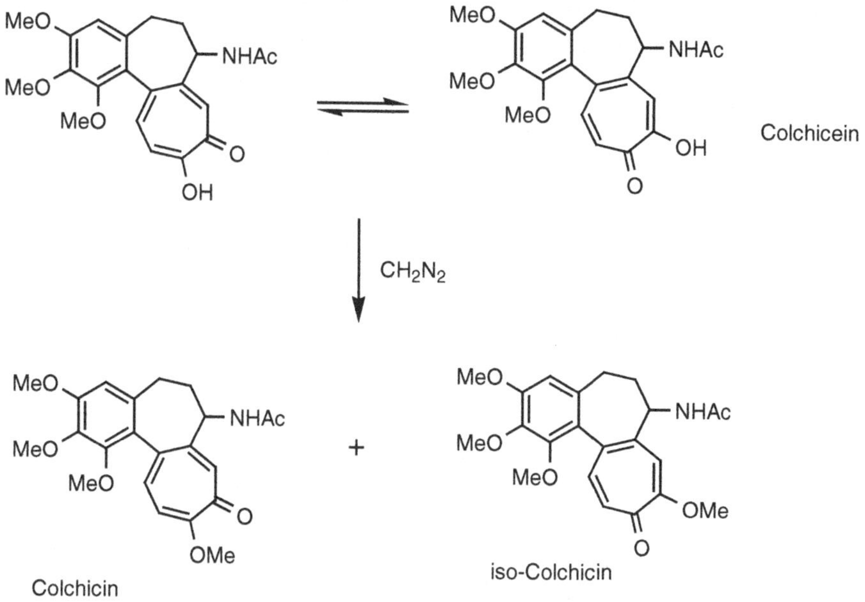

Abb. 11.9 Regioselektivitätsprobelm bei der Methylierung von Colchicein

Die Synthese von Eschenmoser (Abb. 11.10) ging von einer leicht zugänglichen Verbindung aus, dem Purpurogallin, das bereits ein Benzo-anelliertes Siebenringsystem (zufällig auch ein Tropolonsystem) enthielt. Die positionsspezifische Anellierung des zweiten Siebenringes war dann die eigentliche Herausforderung. Man beachte, dass die gewählte Diels-Alder-Strategie die Anwesenheit zweier Estergruppen erforderte (Add FG), die anschließend wieder entfernt werden mussten. Das in dieser Reaktionsfolge erhaltene anellierte Tropolon hatte allerdings die falsche Platzierung der Sauerstoffatome! Die Korrektur dieses Sachverhalts erwies sich als sehr aufwendig und in hohem Maße als verlustreich.

Diese Synthese von Eschenmoser blieb nicht die einzige Synthese des Colchicins. Inzwischen sind 14 weitere Synthesen bekannt geworden, die zusammenfassend diskutiert wurden.[400] Vier Synthesen, die von Woodward (Abb. 11.11),[401] Evans (Abb. 11.12),[402] Schmalz (Abb. 11.13) [400, 403] und die von Cha (Abb. 11.14) [404] sind nachfolgend aufgeführt. Die Synhesen von Woodward, Evans und Schmalz lösen nicht das Problem der regioselektiven Methylierung des Tropolon-Systems, das Colchicein-Problem. Das gelingt in der Synthese von Cha, die allerdings durch einen erzwungenen Schutzgruppentanz von Boc zu Acetyl und zurück zu Boc an der Aminogruppe kompromittiert ist.

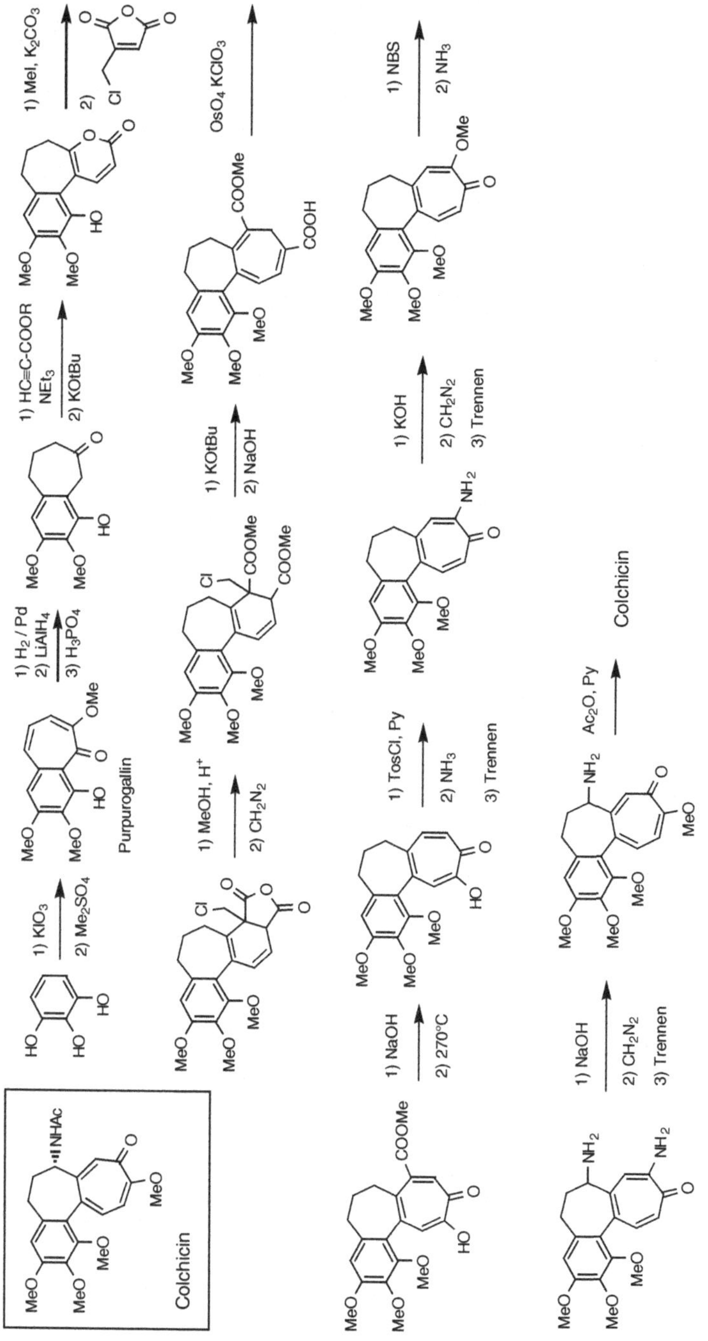

A. Eschenmoser. Lit. [399]

Abb. 11.10 Colchicinsynthese von A. Eschenmoser

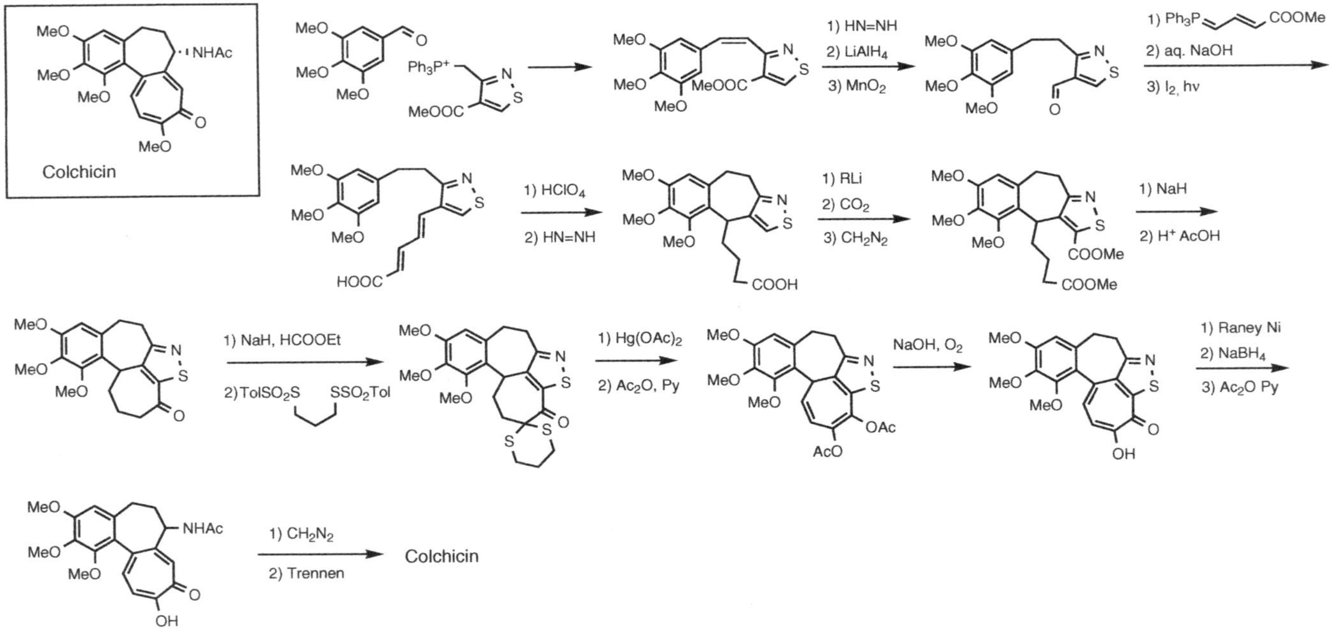

R. B. Woodward.   Lit. [401]

Abb. 11.11   Colchicinsynthese von R. B. Woodward

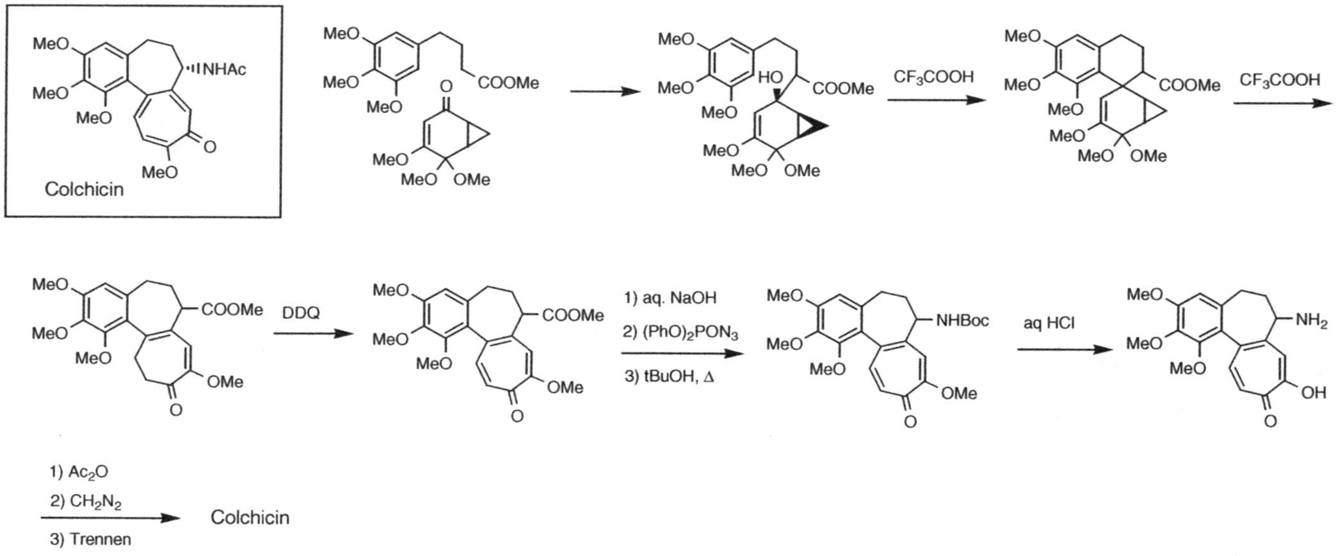

D. A. Evans, Lit. [402]

Abb. 11.12 Colchicinsynthese von D. A. Evans

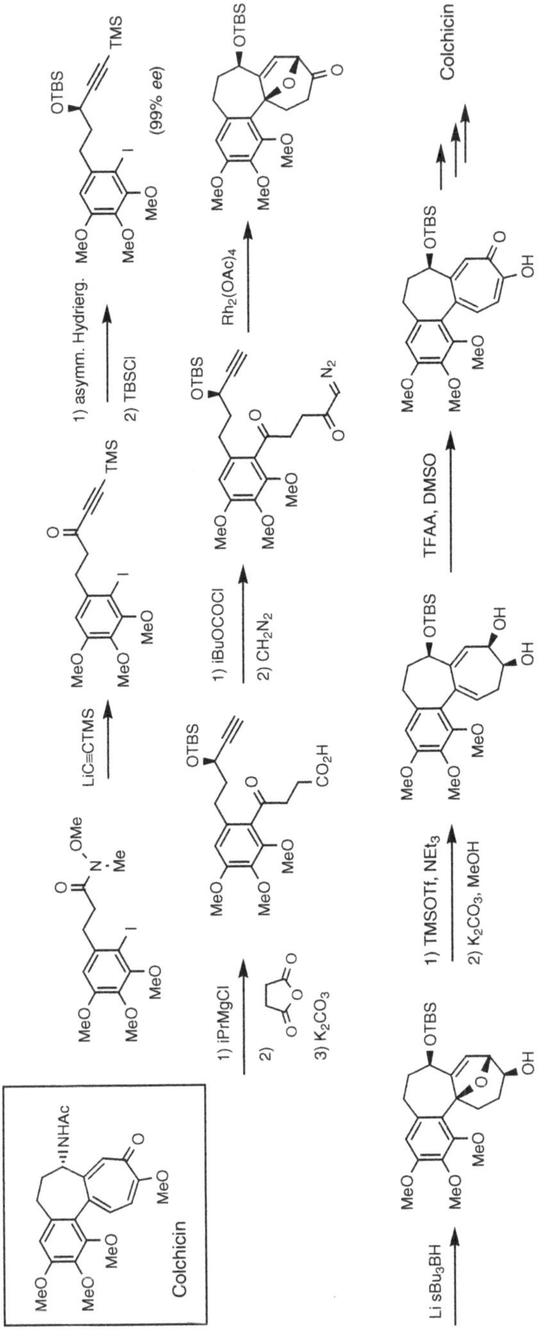

H. G. Schmalz, Lit. [403]

Abb. 11.13 Colchicinsynthese von H. G. Schmalz

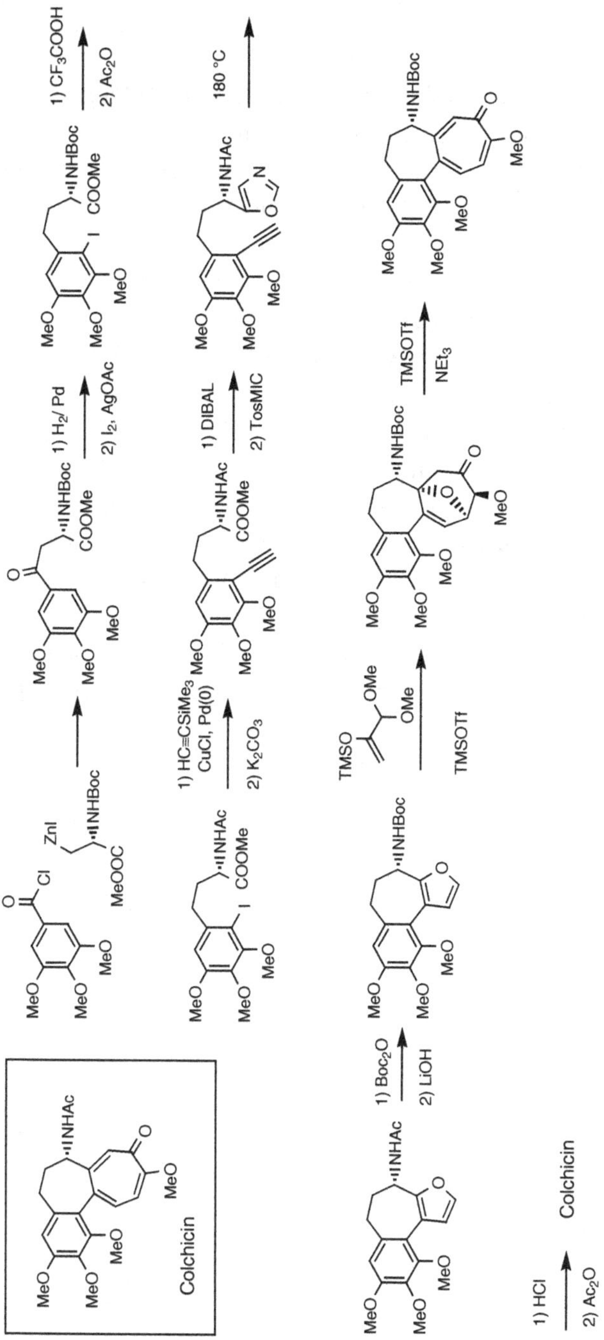

Abb. 11.14 Colchicinsynthese von J. K. Cha

J. K. Cha. Lit. [404]

11.3 Dysidiolid

Dysidiolid, ein Terpen von derzeit hohem pharmazeutischen Interesse, hat auch synthetisch einige Herausforderungen zu bieten. Die erste Synthese der Corey-Gruppe (Abb. 11.15) [405] nutzt einen leicht zugänglichen chiralen Baustein mit einem einzigen Stereozentrum als Ausgangspunkt. Das Verblüffende ist, dass dieses Stereozentrum nicht in der Zielstruktur enthalten ist, d. h. es muss entfernt, genauer gesagt verschoben werden, wozu Corey eine eindrucksvolle Lösung vorstellt.

Die Synthesen von Boukouvalas (Abb. 11.16)[406] und Danishefsky (Abb. 11.17) [407] nehmen die Doppelbindung in dem einen Sechsring als Ausgangpunkt für eine Diels-Alder-Strategie. Dafür müssen am Dienophil aktivierende Gruppen vorhanden sein, deren Entfernung und Umbau anschließend eine Reihe von Umfunktionalisierungsschritten bedingt.

Die abschließenden und zusammengefassten Synthesen (Abb. 11.18) von Forsyth[408] und Maier[409] bauen ebenfalls einen der Ringe über eine Diels-Alder Addition auf. Auch hier ist eine aktivierende Gruppe im Dienophil nötig. Damit ist die Seitenkette um ein C-Atom zu kurz, so dass dieses angesetzt werden muss, was weitere Umfunktionalisierungsschritte bedingt.

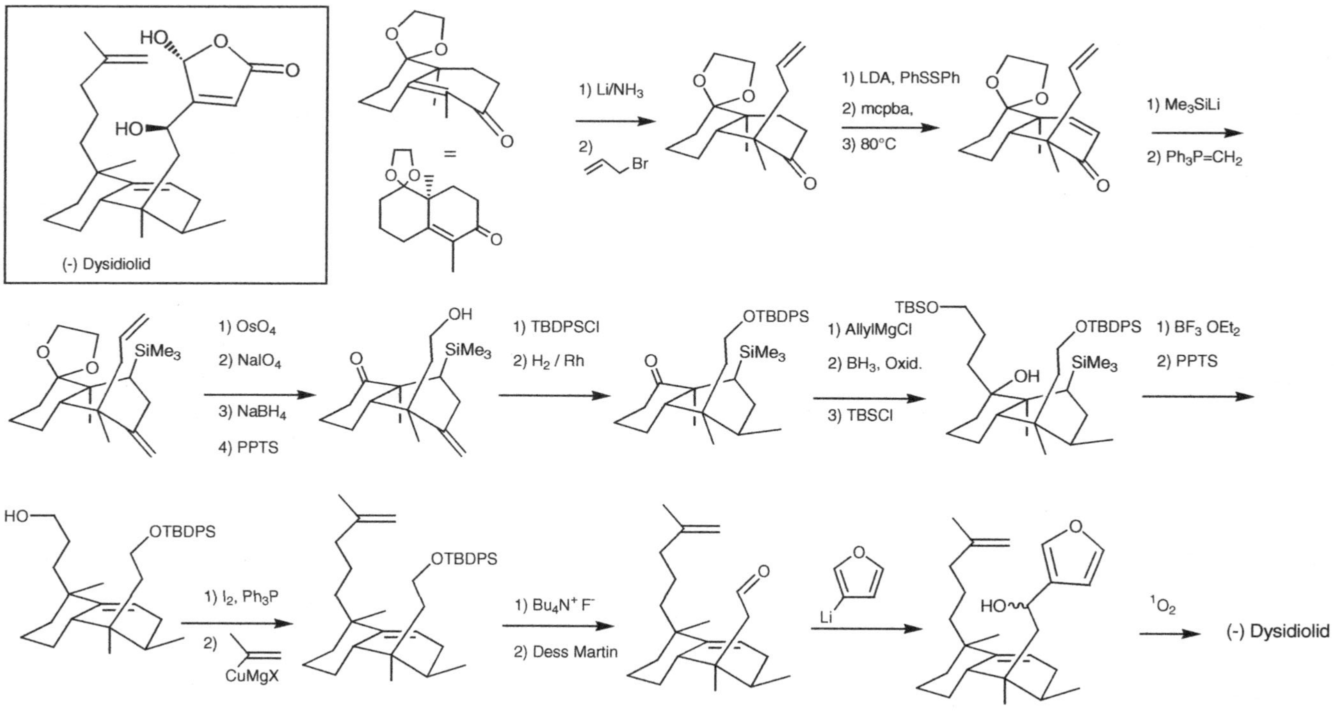

PPTS = Pyridinium *p*-Toluolsulfonat

E. J. Corey, Lit. [405]

Abb. 11.15 Dysidiolidsynthese von E. J. Corey

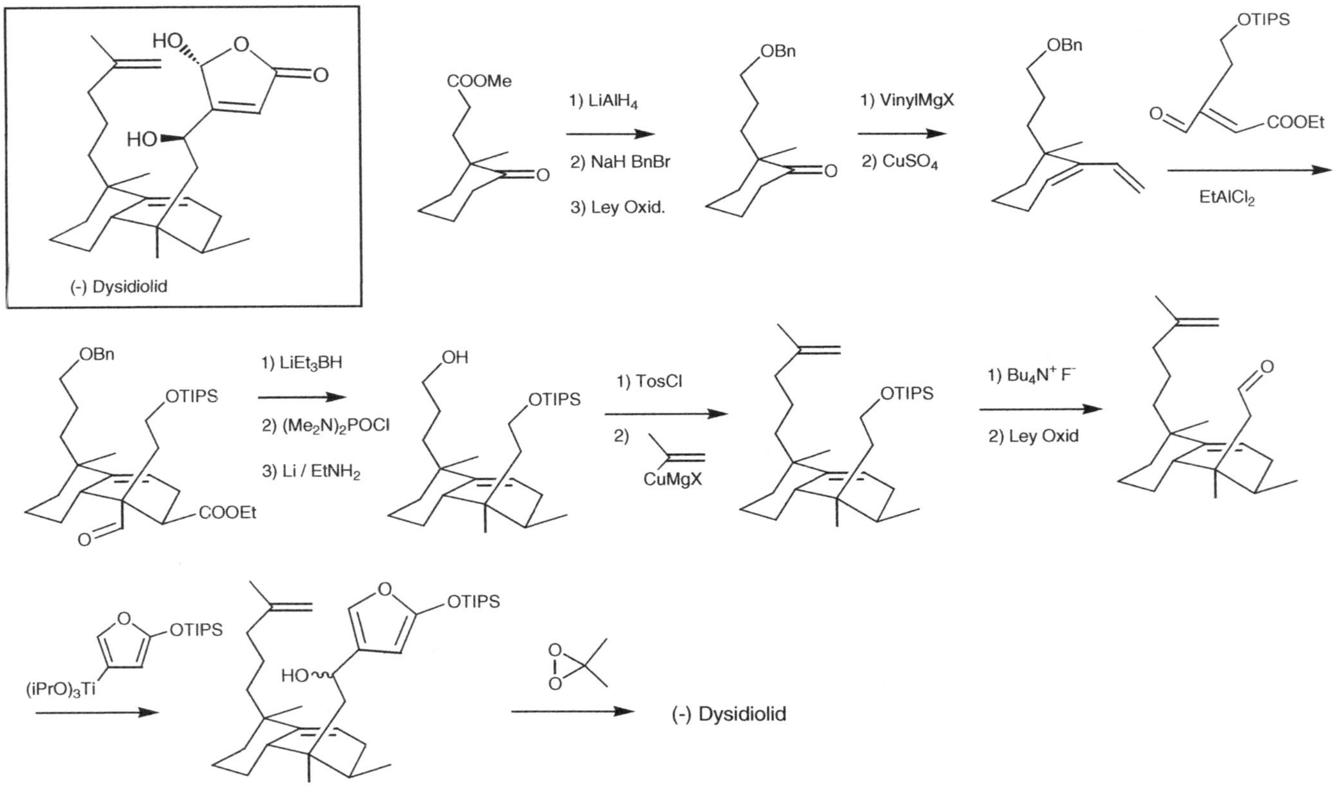

J. Boukouvalas, Lit. [406]

Abb. 11.16 Dysidiolidsynthese von J. Boukouvalas

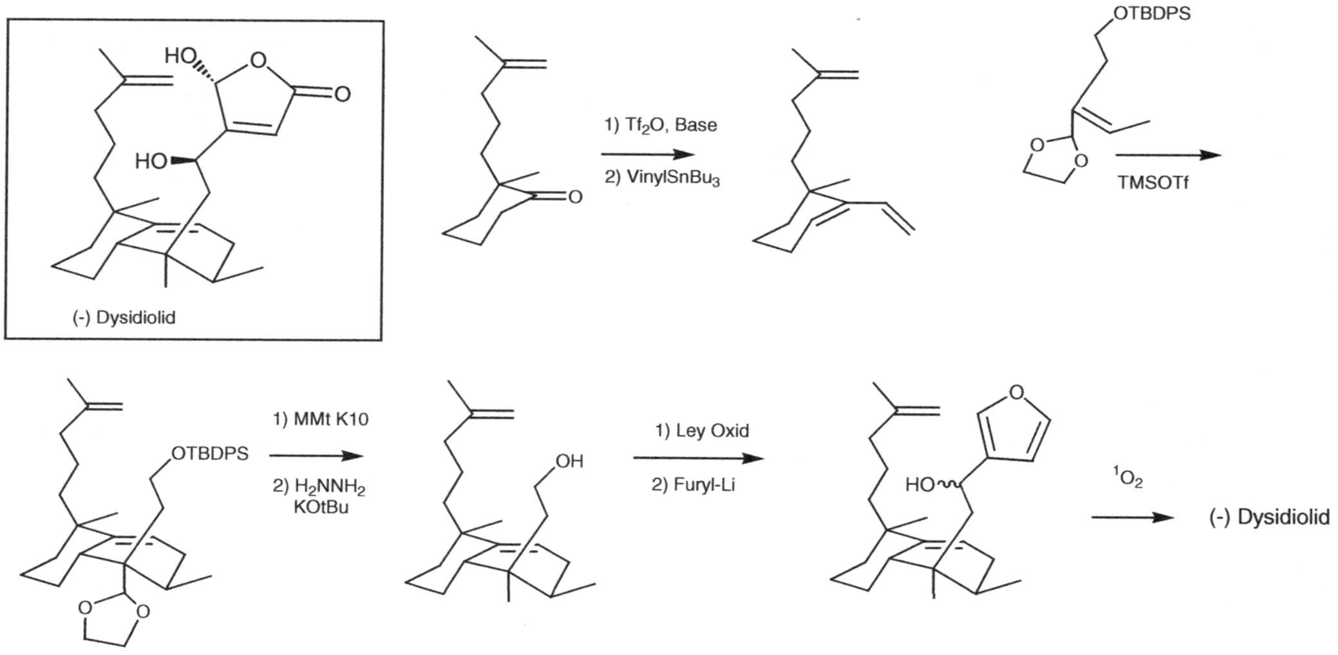

Abb. 11.17 Dysidiolidsynthese von S. J. Danishefsky

S. J. Danishefsky, Lit. [407]

MMt K10 = Saurer Feststoff auf Basis von Montmorillonit

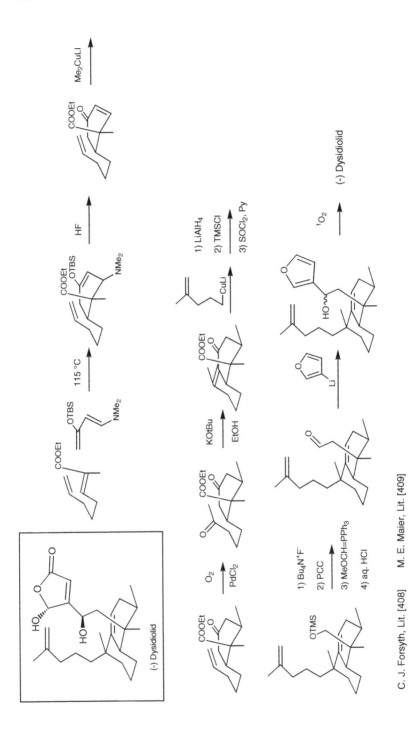

C. J. Forsyth, Lit. [408]   M. E. Maier, Lit. [409]

Abb. 11.18 Dysidiolidsynthese von Forsyth und Maier

11.4 Asteriscanolid

Asteriscanolid wurde als Synthesebeispiel ausgewählt, weil es einen Achtring aufweist, für dessen Aufbau in den bislang publizierten Synthesen überwiegend eine Olefinmetathese eingesetzt wurde. Die Synthesen sind hier nicht in chronologischer Folge dargestellt. Als erstes erscheint die Synthese von M. E. Krafft,[410] in der die Ringe sequenziell aufgebaut werden (Abb. 11.19). Bei der Allylierung in Vorbereitung der Anellierung des Achtrings entsteht das Stereozentrum (nicht unerwartet) mit der falschen Konfiguration. Das macht eine spätere Epimerisierung an der Ringverknüpfung zwischen Achtring und γ-Lakton nötig.

Die Synthese von Paquette (Abb. 11.20)[411] nutzt ebenfalls einen sequenziellen Aufbau der Ringe. Hier dient eine Sulfoxidfunktion als chirales Auxiliar und zur Erleichterung einer Michael-Addition. Diese Synthese konzentriert sich auf den Aufbau des Molekülskeletts, während die Funktionalität erst in der Schlussphase eingeführt wird.

Die nächste Synthese von Wender (Abb. 11.21)[412] ist methodenorientiert. Sie demonstriert eine metallvermittelte [4+4]-Cycloaddition zum Aufbau des Achtringes. Durch diese Bicyclisierungsstrategie wird die Synthese kurz; der Bicyclisierungsvorläufer wird nach herkömmlichen Synthesemethoden für offenkettige Verbindungen aufgebaut. Dabei gilt: Verzweigungen entstehen durch Bindungsknüpfung.

Als letztes erscheint in Abb. 11.22 die Synthese von M. L. Snapper.[413] Sie enthält als überraschende Momente eine bicyclisierende Diels-Alder Addition an ein Cyclobutadien und eine ringöffnende Kreuzmetathese zum Aufbau eines Divinyl-cyclobutans, das dann spontan eine Cope-Umlagerung zu einem Cyclooctadien eingeht. Trotz (oder dank) des überzüchteten Skeletts ist diese Synthese sehr kurz. Im Abschluss folgt sie der Präzedenz der Wender-Synthese.

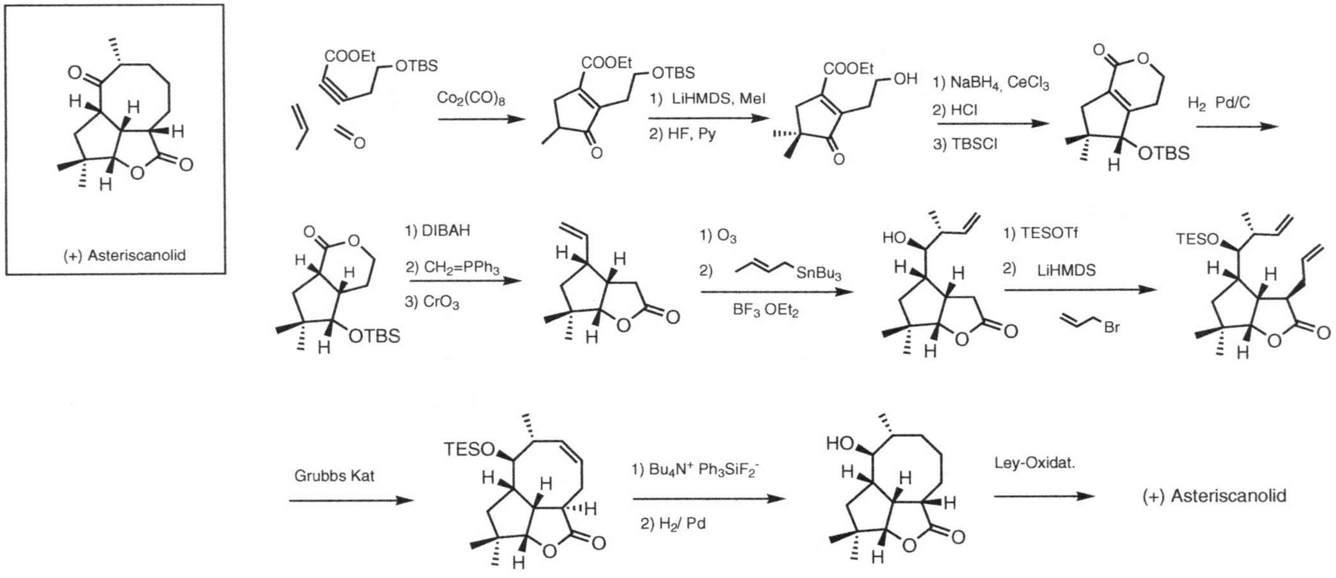

M. E. Krafft,   Lit. [410]

Abb. 11.19 Asteriscanolidsynthese von M. E Krafft

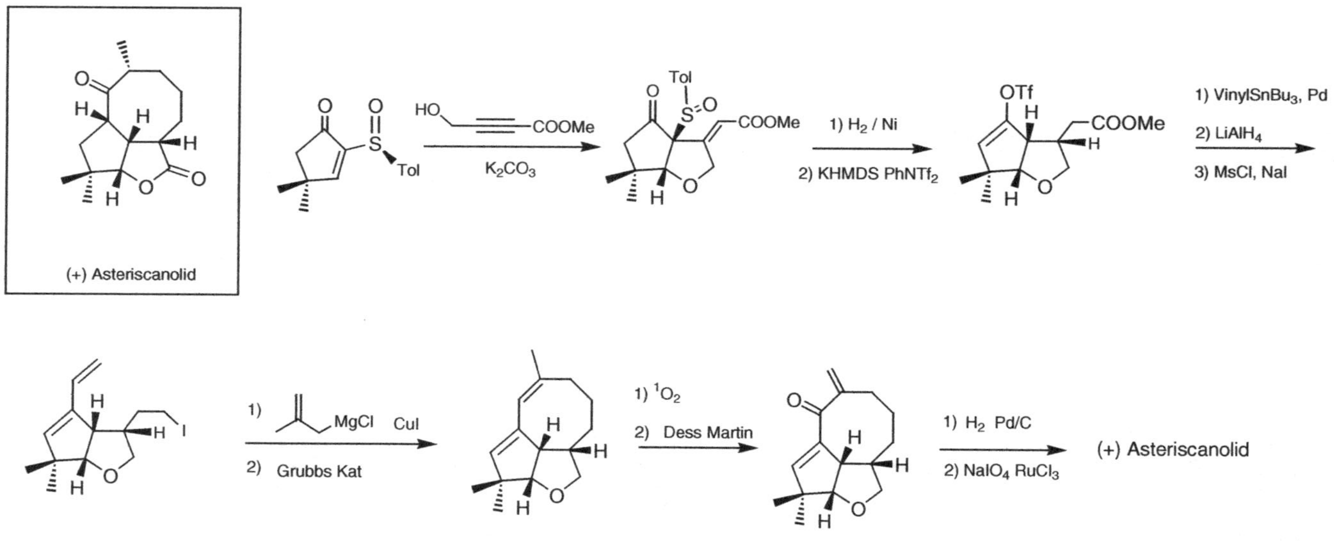

L. A. Paquette, Lit. [411]

Abb. 11.20 Asteriscanolidsynthese von L. A. Paquette

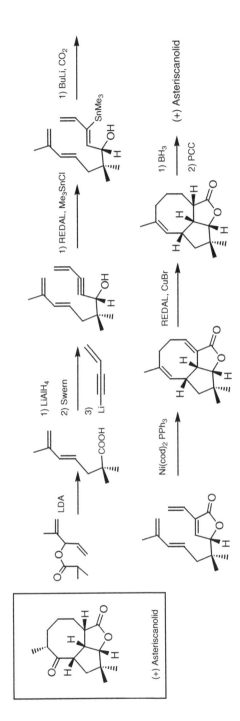

P. A. Wender,   Lit. [412]

Abb. 11.21 Asteriscanolidsynthese von P. A. Wender

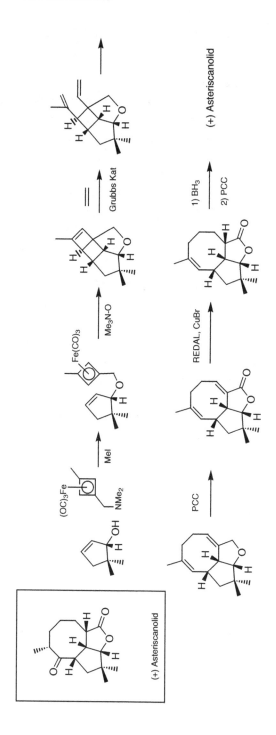

M. L. Snapper, Lit. [413]

Abb. 11.22 Asteriscanolidsynthese von M. L. Snapper

11.5 Lepadiformin

Lepadiformin ist ein vergleichsweise einfaches tricyclisches Alkaloid, für das letzthin einige Synthesen publiziert wurden. Die erste Synthese von Funk[414] baut die Ringe sequenziell auf (Abb. 11.23). Die aktivierende Gruppe für die Diels-Alder-Addition wird geschickt in den Aufbau des Pyrrolidinrings einbezogen.

Die Synthese von Weinreb (Abb. 11.24) [415] hat methodenorientierte Aspekte, was die Oxidation des Pyrrolidinringes durch eine Radikaltranslokation betrifft. Mit der Allyl-dimethyl-silyl-gruppe wird die Hydroxylfunktion latent eingeführt. Leider musste sie dann sofort freigesetzt und erneut geschützt werden, weil offenbar nachfolgende Schritte mit der Allyl-dimethyl-silyl-gruppe nicht kompatibel sind.

Die anschließend vorgestellte Synthese von Kibayashi (Abb. 11.25)[416] hat eine Bicyclisierungsstrategie nur knapp verpasst, weil das Acylimmonium Ion unter solvolysierenden Bedingungen (HCOOH als Lösungsmittel) erzeugt wird. So muss das resultierende Formiat verseift und die Konfiguration an dem Alkoholzentrum korrigiert werden, was die Synthese in die Länge zieht. Hierbei kam der Gedanke auf, ob nicht doch eine Bicyclisierung möglich ist, wenn man statt des Acylimmonium-Ions ein einfaches Immonium-Ion generiert, das einer Diels-Alder-Addition zugänglich sein sollte[417] (Abb. 11.26)

Weitere Synthesebemühungen zum Lepadiformin s.Lit. [419]. Vielleicht regt die Beschäftigung mit den hier vorgestellten Synthesen dazu an, noch kürzere oder noch effizientere Synthesevorschläge zu entwickeln. Die hier vorgestellten Synthesen sollten vorrangig im Sinne eines wahren Kunstgenusses Freude bereiten.

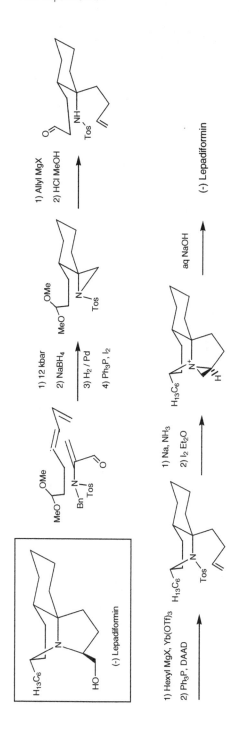

R. L. Funk, Lit. [414]

Abb. 11.23 Lepadiforminsynthese von R. L. Funk

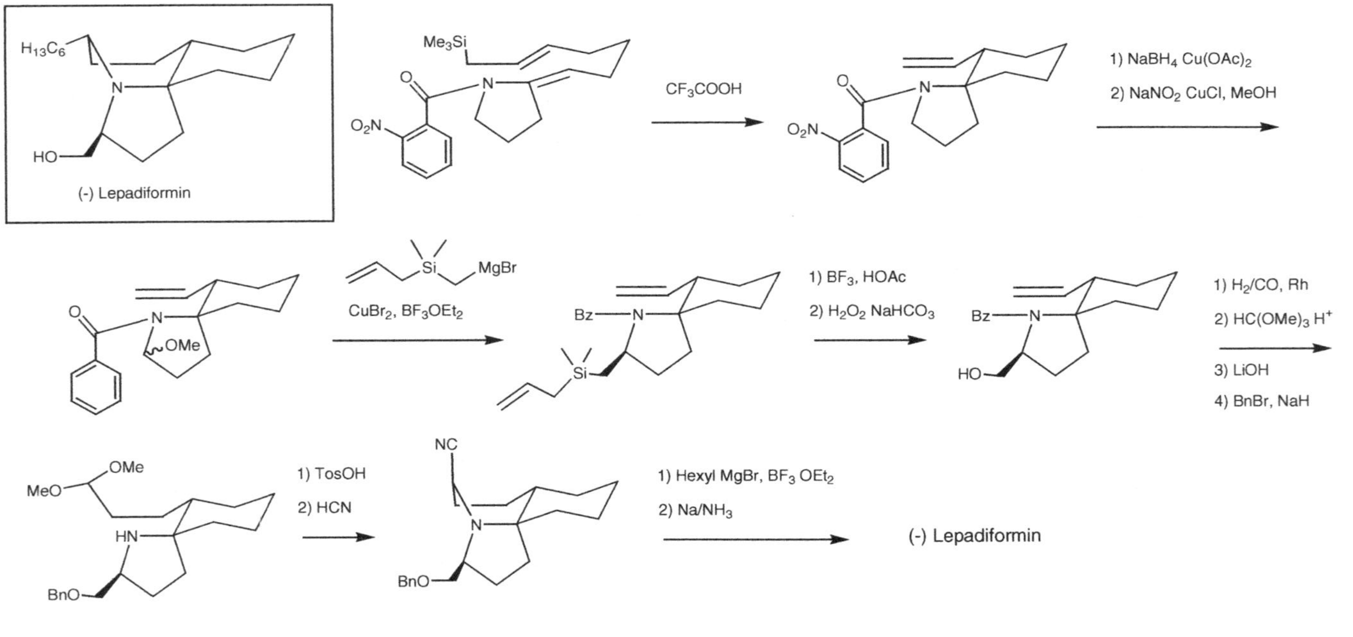

S. M. Weinreb, Lit. [415]

Abb. 11.24 Lepadiforminsynthese von S. M. Weinreb

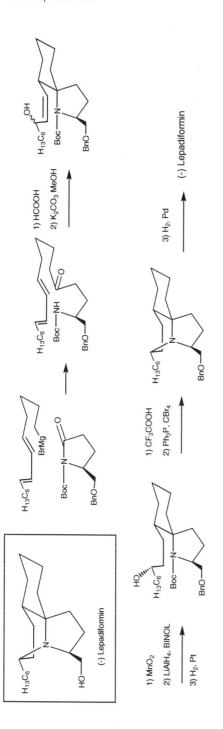

C. Kibayashi, Lit. [416]

Abb. 11.25 Lepadiforminsynthese von C. Kibayashi

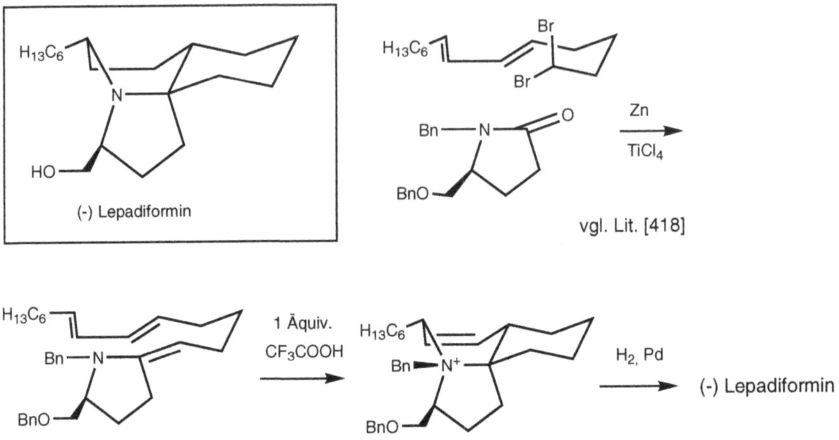

Synthese Vorschlag R.W.Hoffmann Gruppe (2001),

Abb. 11.26 Lepadiforminsynthesevorschlag der R. W. Hoffmann-Gruppe

Literatur

[1] R. Pieper, C. Kao, C. Khosla, G. Luo, D. E. Cane, *Chem. Soc. Rev.* **1996**, 297–302.

[2] P. A. Wender, S. T. Handy, D. L. Wright, *Chem. & Ind.* **1997**, 765.

[3] E. J. Corey; X.-M. Cheng *The Logic of Chemical Synthesis*, J. Wiley & Sons, New York, **1989**.

[4] M. H. Todd, *Chem. Soc. Rev.* **2005**, *34*, 247–266.

[5] R. C. Larock *Comprehensive Organic Transformations*, Wiley-VCH, New York, **1989**.

[6] *Houben-Weyl Methods of Organic Chemistry, Bd. E21, Stereoselective Synthesis*, (Hrsg.: G. Helmchen; R. W. Hoffmann; J. Mulzer; E. Schaumann) Thieme, Stuttgart, **1995**.

[7] J. B. Hendrickson, *J. Am. Chem. Soc.* **1977**, *99*, 5439–5450.

[8] M. Kalesse, M. Christmann, *Synthesis* **2002**, 981–1003.

[9] J. P. Marino, M. S. McClure, D. P. Holub, J. V. Comasseto, F. C. Tucci, *J. Am. Chem. Soc.* **2002**, *124*, 1664–1668.

[10] A. B. Smith III, G. R. Ott, *J. Am. Chem. Soc.* **1998**, *120*, 3935–3948.

[11] Y. Kim, R. A. Singer, E. M. Carreira, *Angew. Chem.* **1998**, *110*, 1321–1323; *Angew. Chem., Int. Ed. Engl.* **1998**, *37*, 1261–1263.

[12] R. J. Boyce, G. Pattenden, *Tetrahedron Lett.* **1996**, *37*, 3501–3504.

[13] A. González, J. Aiguadé, F. Urpí, J. Vilarrasa, *Tetrahedron Lett.* **1996**, *37*, 8949–8952.

[14] S. Tanimori, Y. Morita, M. Tsubota, M. Nakayama, *Synth. Commun.* **1996**, *26*, 559–567.

[15] M. E. Maier, *Angew. Chem.* **2000**, *112*, 2153–2157; *Angew. Chem., Int. Ed.* **2000**, *39*, 2073–2077.

[16] W. D. Shipe, E. J. Sorensen, *Org. Lett.* **2002**, *4*, 2063–2066.

[17] D. S. Tan, G. B. Dudley, S. J. Danishefsky, *Angew. Chem.* **2002**, *114*, 2289–2292; *Angew. Chem., Int. Ed.* **2002**, *41*, 2185–2188.

[18] T. M. Nguyen, D. Lee, *Tetrahedron Lett.* **2002**, *43*, 4033–4036.

[19] K. M. Brummond, D. Gao, *Org. Lett.* **2003**, *5*, 3491–3494.

[20] D. Seebach, *Angew. Chem.* **1979**, *91*, 259–278; *Angew. Chem. Int. Ed. Engl.* **1979**, *18*, 239–258.

[21] S. Warren *Organic Synthesis: The Disconnection Approach*, J. Wiley & Sons, Chichester, **1982**.

[22] E. J. Corey, *Pure Appl. Chem.* **1967**, *14*, 19–37.

[23] W. A. Smit; A. F. Bochkov; R. Caple *Organic Synthesis, the Science behind the Art*, Royal Society of Chemistry, **1998**, Kap. 2.16, p. 152.

[24] a) D. Seebach *Organolithium Compounds in Organic Synthesis* in *New Applications of Organometallic Reagents in Organic Synthesis* (Hrsg.: D. Seyferth), Elsevier, Amsterdam, **1976**, pp. 1–92; b) M. Braun *Houben Weyl, Methoden der Organischen Chemie Bd. E19d*, (Hrsg.: M. Hanack), G. Thieme, Stuttgart, **1993**, pp. 853–1138.

[25] R. W. Stevens, T. Mukaiyama, *Chem. Lett.* **1985**, 851–854.

[26] R. Fernández, J. M. Lassaletta, *Synlett.* **2000**, 1228–1240.

© Springer-Verlag GmbH Deutschland, ein Teil von Springer Nature 2006
R. W. Hoffmann, *Elemente der Syntheseplanung*,
https://doi.org/10.1007/978-3-662-59893-1

[27] M. Yus, J. Ortiz, C. Najera, *ARKIVOC* **2002** (v), 38–47; *http://arkat-usa.alfahosting.net/ ark/journal/2002/I05_Moreno-Manas/MM-331C/MM-331C.pdf*

[28] W. C. Still, *J. Am. Chem. Soc.* **1978**, *100*, 1481–1487.

[29] a) W. C. Still, C. Sreekumar, *J. Am. Chem. Soc.* **1980**, *102*, 1201–1202; b) J. M. Chong, E. K. Mar, *Tetrahedron Lett.* **1990**, *31*, 1981–1984.

[30] J. C. Stowell, *Chem. Rev.* **1984**, *84*, 409–435.

[31] D. Hoppe, *Angew. Chem.* **1984**, *96*, 930–946; *Angew. Chem. Int. Ed. Engl.* **1984**, *23*, 932.

[32] H. Nakahira, M. Ikebe, Y. Oku, N. Sonoda, T. Fukuyama, I. Ryu, *Tetrahedron* **2005**, *61*, 3383–3392.

[33] J. S. Johnson, *Angew. Chem.* **2004**, *116*, 1348–1350; *Angew. Chem., Int. Ed.* **2004**, *43*, 1326–1328.

[34] a) B. K. Banik, *Eur. J. Org. Chem.* **2002**, 2431–2444; b) H.C. Aspinall, N. Greeves, C. Valla, *Org. Lett.* **2005**, *7*, 1919–1922.

[35] T. Wirth, *Angew. Chem.* **1996**, *108*, 65–67; *Angew. Chem., Int. Ed. Engl.* **1996**, *35*, 61–63.

[36] Y. Taniguchi, M. Nakahashi, T. Kuno, M. Tsuno, Y. Makioka, K. Takaki, Y. Fujiwara, *Tetrahedron Lett.* **1994**, *35*, 4111–4114.

[38] T. Shono, N. Kise, T. Fujimoto, A. Yamanami, R. Nomura, *J. Org. Chem.* **1994**, *59*, 1730–1740.

[39] Y.-I. Yoshida, M. Itoh, S. Isoe, *J. Chem. Soc., Chem. Commun.* **1993**, 547–549.

[40] Y.-I. Yoshida, Y. Ishichi, S. Isoe, *J. Am. Chem. Soc.* **1992**, *114*, 7594–7595.

[41] K. Naraska, Y. Kohno, S. Shimada, *Chem. Lett.* **1993**, 125–128.

[42] S. Desvergnes, S. Py, Y. Vallée, *J. Org. Chem.* **2005**, *70*, 1459–1462.

[43] a) K. Otsubo, J. Inanaga, M. Yamaguchi, *Tetrahedron Lett.* **1986**, *27*, 5763–5764; b) E. J. Enholm, H. Satici, A. Trivellas, *J. Org. Chem.* **1989**, *54*, 5841–5843; c) G. Masson, P. Cividino, S. Py, Y. Vallée, *Angew. Chem.* **2003**, *115*, 2367–2370; *Angew. Chem., Int. Ed.* **2003**, *42*, 2265–2268.

[44] E. J. Corey, A. K. Ghosh, *Chem. Lett.* **1987**, 223–226.

[45] a) B. B. Snider, *Chem. Rev.* **1996**, *96*, 339–363; b) T. Linker, *J. Prakt. Chem.* **1997**, *339*, 488–492.

[46] F. A. Davis, B.-C. Chen, *Chem. Rev.* **1992**, *92*, 919–934.

[47] a) C. Greck, J. P. Genet, *Synlett* **1997**, 741–748; b) P. Dembech, G. Seconi, A. Ricci, *Chem. Eur. J.* **2000**, *6*, 1281–1286.

[48] C. D. Johnson, *Accts. Chem. Res.* **1993**, *26*, 476–482.

[49] a) P. C. Wälchli, C. H. Eugster, *Helv. Chim. Acta* **1978**, *61*, 885–898; vgl. auch b) S. R. Angle, R. M. Henry, *J. Org. Chem.* **1998**, *63*, 7490–7497.

[50] Y. Hirai, J. Watanabe, T. Nozaki, H. Yokoyama, S. Yamaguchi, *J. Org. Chem.* **1997**, *62*, 776–777.

[51] O. Muraoka, B.-Z. Zheng, K. Okumura, G. Tanabe, T. Momose, C. H. Eugster, *J. Chem. Soc., Perkin Trans. 1* **1996**, 1567–1575.

[52] B. Nader, T. R. Bailey, R. W. Franck, S. M. Weinreb, *J. Am. Chem. Soc.* **1981**, *103*, 7573–7580.

[53] R. S. Mali, M. Pohmakotr, B. Weidmann, D. Seebach, *Liebigs Ann. Chem.* **1981**, 2272–2284.

[54] J. W. Labadie, D. Tueting, J. K. Stille, *J. Org. Chem.* **1983**, *48*, 4634–4642.

[55] J. E. Baldwin, R. M. Adlington, S. H. Ramcharitar, *Synlett* **1992**, 875–877.

[56] P. Bakuzis, M. L. F. Bakuzis, T. F. Weingartner, *Tetrahedron Lett.* **1978**, 2371–2374.

[57] F. Derguini, G. Linstrumelle, *Tetrahedron Lett.* **1984**, *25*, 5763–7566.

[58] B. M. Trost, F. W. Gowland, *J. Org. Chem.* **1979**, *44*, 3448–3450.

[59] a) B. Seuring, D. Seebach, *Liebigs Ann. Chem.* **1978**, 2044–2073; vgl. auch b) K. F. Burri, R. A. Cardone, W. Y. Chen, P. Rosen, *J. Am. Chem. Soc.* **1978**, *100*, 7069–7071.

[60] M. Asaoka, N. Yanagida, N. Sugimura, T. Takei, *Bull. Chem. Soc. Jpn.* **1980**, *53*, 1061–1064.

[61] E. W. Colvin, T. A. Purcell, R. A. Raphael, *J. Chem. Soc., Perkin Trans. 1* **1976**, 1718–1722.

[62] H. Gerlach, K. Oertle, A. Thalmann, *Helv. Chim. Acta* **1977**, *60*, 2860–2865.

[63] E. J. Corey, K. C. Nicolaou, T. Toru, *J. Am. Chem. Soc.* **1975**, *97*, 2287–2288.

[64] H. J. Bestmann, R. Schobert, *Angew. Chem.* **1985**, *97*, 784–785; *Angew. Chem., Int. Ed. Engl.* **1985**, *24*, 791–792.

[65] H. Stetter, *Angew. Chem.* **1976**, *88*, 695–736; *Angew. Chem., Int. Ed. Engl.* **1976**, *15*, 639–647.

[66] K. Narasaka, N. Miyoshi, K. Iwakura, T. Okauchi, *Chem. Lett.* **1989**, 2169–2172.

[67] C.-G. Yang, N. W. Reich, Z. Shi, C. He, *Org. Lett.* **2005**, *7*, 4553–4556.

[68] T. Hase, A. Ourila, C. Holmberg, *J. Org. Chem.* **1981**, *46*, 3137–3139.

[69] J.-E. Baeckvall, *Bull. Soc. Chim. Fr.* **1987**, 665–670.

[70] H. H. Wasserman, J. L. Ives, *Tetrahedron 1* **1981**, *37*, 1825–1852.

[71] a) A. Defoin, H. Fritz, G. Geffroy, G. Streith, *Tetrahedron Lett.* **1986**, *27*, 4727–4730; b) D. L. Boger, M. Patel, F. Takusagawa, *J. Org. Chem.* **1985**, *50*, 1911–1916.

[72] a) D.J. Dixon, S.V. Ley, D.J. Reynolds, *Angew. Chem.* **2000**, *112*, 3768–3772; *Angew. Chem., Int. Ed.* **2000**, *39*, 3622–3626; b) Y. Yamamoto, H. Yamamoto, *Angew. Chem.* **2005**, *117*, 7244–7247; *Angew. Chem., Int. Ed.* **2005**, *44*, 7082–7085.

[73] a) R. S. Garigipati, A. J. Freyer, R. R. Whittle, S. M. Weinreb, *J. Am. Chem. Soc.* **1984**, *106*, 7861–7867; b) J. K. Whitesell, D. James, J. F. Carpenter, *J. Chem. Soc., Chem. Commun.* **1985**, 1449–1450.

[74] J.-E. Baeckvall, S. E. Byström, R. E. Nordberg, *J. Org. Chem.* **1984**, *49*, 4619–4631.

[75] K. Kondo, M. Matsumoto, *Tetrahedron Lett.* **1976**, 4363–4366.

[76] T. L. Gilchrist, D. A. Lingham, T. G. Roberts, *J. Chem. Soc., Chem. Commun.* **1979**, 1089–1090.

[77] U. M. Kempe, T. K. Das Gupta, K. Blatt, P. Gygax, D. Felix, Eschenmoser A., *Helv. Chim. Acta* **1972**, *55*, 2187–2198.

[78] F. Felluga, P. Nitti, G. Pitacco, E. Valentin, *Tetrahedron* **1989**, *45*, 2099–2108.

[79] a) M. Miyashita, T. Yanami, A. Yoshikoshi, *J. Am. Chem. Soc.* **1976**, *98*, 4679–4681; b) S. E. Denmark, A. Thorarensen, *Chem. Rev.* **1996**, *96*, 137–165.

[80] a) J. A. Hyatt, P. W. Raynolds, *Org. Reactions* **1994**, *45*, 159–646; b) G. R. Krow, *Org. Reactions* **1993**, *43*, 251–798.

[81] P. C. Bulman Page, M. B. van Niel, J. C. Prodger, *Tetrahedron* **1989**, *45*, 7643–7677.

[82] A. B. Smith III, V. A. Doughty, Q. Lin, L. Zhuang, M. D. McBriar, A. M. Boldi, W. H. Moser, N. Murase, K. Nakayama, M. Sobukawa, *Angew. Chem.* **2001**, *113*, 197–201; *Angew. Chem., Int. Ed.* **2001**, *40*, 191–195.

[83] a) M. Yus, C. Nájera, F. Foubelo, *Tetrahedron* **2003**, *59*, 6147–6212 ; b) A. B. Smith III,
      S. M. Pitram, A. M. Boldi, M. J. Gaunt, C. Sfouggatakis, W. H. Moser, *J. Am. Chem.
      Soc.* **2003**, *125*, 14435–14445.

[84] S. N. Goodman, E. N. Jacobsen, *Angew. Chem.* **2002**, *114*, 4897–4899; *Angew. Chem.,
      Int. Ed.* **2002**, *41*, 4703–4705.

[85] J. A. R. Schmidt, E. B. Lobkovsky, G. W. Coates, *J. Am. Chem. Soc.* **2005**, *127*, 11426–
      11435.

[86] M. M. Jackson, C. Leverett, J. F. Toczko, J. C. Roberts, *J. Org. Chem.* **2002**, *67*, 5032–
      5035.

[87] T. Ishikawa, Y. Shimizu, T. Kudoh, S. Saito, *Org. Lett.* **2003**, *5*, 3879–3882.

[88] J. W. Bode, E. M. Carreira, *J. Org. Chem.* **2001**, *66*, 6410–6424.

[89] A. P. Kozikowski, M. Adamczyk, *J. Org. Chem.* **1983**, *48*, 366–372.

[90] V. Jäger, W. Schwab, V. Buss, *Angew. Chem.* **1981**, *93*, 576–578; *Angew. Chem., Int. Ed.
      Engl.* **1981**, *20*, 601–603.

[91] S. F. Martin, B. Dupre, *Tetrahedron Lett.24* **1983**, *24*, 1337–1340.

[92] P. A. Wade, H. R. Hinney, *J. Am. Chem. Soc.* **1979**, *101*, 1319–1320.

[93] M. Asaoka, T. Mukuta, H. Takei, *Tetrahedron Lett.* **1981**, *22*, 735–738.

[94] S. Kanemasa, M. Nishiuchi, A. Kamimura, K. Hori, *J. Am. Chem. Soc.* **1994**, *116*,
      2324–2329.

[95] M. J. Gaunt, H. F. Sneddon, P. R. Hewitt, P. Orsini, D. F. Hook, Ley. S. V., *Org. Biomol.
      Chem* **2003**, *1*, 15–16.

[96] L. F. Tietze, G. Kettschau, *Topics Curr. Chem.* **1997**, *189*, 1–120.

[97] S. L. Schreiber, R. E. Claus, J. Reagan, *Tetrahedron Lett.* **1982**, *23*, 3867–3870.

[98] J. Enda, T. Matsutani, I. Kuwajima, *Tetrahedron Lett.* **1984**, *25*, 5307–5310.

[99] B. M. Trost, D. M. T. Chan, *J. Am. Chem. Soc.* **1979**, *101*, 6429–6433.

[100] a) D. Seebach, P. Knochel, *Helv. Chim. Acta* **1984**, *67*, 261–283; b) D. Seebach, P. Kno-
      chel, *Helv. Chim. Acta* **1984**, *67*, 261–283.

[101] J. Yu, H.-S. Cho, J. R. Falck, *J. Org. Chem.* **1993**, *58*, 5892–5894.

[102] E. P. Kündig, A. F. Cunningham jr., *Tetrahedron* **1988**, *44*, 6855–6860.

[103] A. B. Smith III, C. M. Adams, *Accts. Chem. Res.* **2004**, *37*, 365–377.

[104] K. Ogura, M. Suzuki, J.-I. Watanabe, M. Yamashita, H. Iida, G. I. Tsuchihashi, *Chem.
      Lett.* **1982**, 813–814.

[105] P. Blatcher, J. I. Grayson, S. Warren, *J. Chem. Soc., Chem. Commun.* **1976**, 547–549.

[106] B. M. Trost, Y. Tamaru, *J. Am. Chem. Soc.* **1977**, *99*, 3101–3113.

[107] O. Possel, A. M. van Leusen, *Tetrahedron Lett.* **1977**, 4229–4232.

[108] a) J. P. Collman, *Accts. Chem. Res.* **1975**, *8*, 342–347; b) J. E. McMurry, A. Andrus,
      Tetrahedron Lett. **1980**, *21*, 4687–4690.

[109] G. E. Niznik, W. H. Morrison III, H. M. Walborsky, *J. Org. Chem.* **1974**, *39*, 600–604.

[110] B. M. Trost, P. Quayle, *J. Am. Chem. Soc.* **1984**, *106*, 2469–2471.

[111] W. L. Whipple, H. J. Reich, *J. Org. Chem.* **1991**, *56*, 2911–2912.

[112] C. Cardellicchio, V. Fiandanese, G. Marchese, L. Ronzini, *Tetrahedron Lett.* **1985**, *26*,
      3595–3598.

[113] T. P. Meagher, L. Yet, C.-N. Hsiao, H. Shechter, *J. Org. Chem.* **1998**, *63*, 4181–4192.

[114] M. Ashwell, W. Clegg, R. F. W. Jackson, *J. Chem. Soc., Perkin Trans. 1* **1991**, 897–908.

[115] A. B. Smith III, M. O. Duffey, *Synlett* **2004**, 1363–1366.

[116] a) G. Majetich, R. Desmond, A. M. Casares, *Tetrahedron Lett.* **1983**, *24*, 1913–1916; b) B. M. Trost, P. J. Bonk, *J. Am. Chem. Soc.* **1985**, *107*, 1778–1781.

[117] S. D. Rychnovsky, D. Fryszman, U. R. Khire, *Tetrahedron Lett.* **1999**, *40*, 41–44.

[118] J.-F. Margathe, M. Shipman, S. C. Smith, *Org. Lett.* **2005**, *7*, 4987–4990.

[119] J. J. Korst, J. D. Johnston, K. Butler, E. J. Bianco, L. H. Conover, R. B. Woodward, *J. Am. Chem. Soc.* **1968**, *90*, 439–457.

[120] a) A. E. Jensen, P. Knochel, *J. Org. Chem.* **2002**, *67*, 79–85; b) J. Zhou, G. C. Fu, *J. Am. Chem. Soc.* **2003**, *125*, 14726–14727; c) N. Hadei, E. A. B. Kantchev, C. J. O'Brien, M. G. Organ, *Org. Lett.* **2005**, *7*, 3805–3807.

[121] C. Herber, B. Breit, *Angew. Chem.* **2005**, *117*, 5401–5403; *Angew. Chem., Int. Ed.* **2005**, *44*, 5267–5269.

[122] R. E. Ireland, M. I. Dawson, S. C. Welch, A. Hagenbach, J. Bordner, B. Trus, *J. Am. Chem. Soc.* **1973**, *95*, 7829–7841.

[123] G. Magnusson, *Tetrahedron* **1978**, *34*, 1385–1388.

[124] P. Kocienski, M. Todd, *J. Chem. Soc., Perkin Trans. 1* **1983**, 1783–1789.

[125] P. J. Kocienski, *Chem. and Ind.* **1981**, 548–551.

[126] C. Najera, M. Yus, *Tetrahedron* **1999**, *55*, 10547–10658.

[127] J. R. Falck, Y.-L. Yang, *Tetrahedron Lett.* **1984**, *25*, 3563–3566.

[128] G. E. Keck, D. F. Kachensky, E. J. Enholm, *J. Org. Chem.* **1984**, *49*, 1462–1464.

[129] C. H. Heathcock, P. A. Radel, *J. Org. Chem.* **1986**, *51*, 4322–4323.

[130] M. A. Tius, A. Fauq, *J. Am. Chem. Soc.* **1986**, *108*, 6389–6391.

[131] T. N. Birkinshaw, A. B. Holmes, *Tetrahedron Lett.* **1987**, *28*, 813–816.

[132] Y. Fall, M. Torneiro, L. Castedo, A. Mourino, *Tetrahedron Lett.* **1992**, *33*, 6683–6686.

[133] S. D. Rychnovsky, G. Griesgraber, *J. Org. Chem.* **1992**, *57*, 1559–1563.

[134] D. Guijarro, M. Yus, *Tetrahedron* **1994**, *50*, 3447–3452.

[135] vgl. auch: T. Ohsawa, T. Kobayashi, Y. Mizuguchi, T. Saitoh, T. Oishi, *Tetrahedron Lett.* **1985**, *26*, 6103–6106.

[136] A. B. Smith III, S. A. Kozmin, C. M. Adams, D. V. Paone, *J. Am. Chem. Soc.* **2000**, *122*, 4984–4985.

[137] S. J. Connon, S. Blechert, *Angew. Chem.* **2003**, *115*, 1944–1968; *Angew. Chem., Int. Ed.* **2003**, *42*, 1900–1923.

[138] A. B. Smith III, S. A. Kozmin, D. V. Paone, *J. Am. Chem. Soc.* **1999**, *121*, 7423–7424.

[139] A. G. Myers, M. Movassaghi, *J. Am. Chem. Soc.* **1998**, *120*, 8891–8892.

[140] B. E. Maryanoff, A. B. Reitz, *Chem. Rev.* **1989**, *89*, 863–927.

[141] J. Clayden, S. Warren, *Angew. Chem.* **1996**, *108*, 261–291; *Angew. Chem., Int. Ed. Engl.* **1996**, *35*, 241–270.

[142] P. Wipf, S. Lim, *Angew. Chem.* **1993**, *105*, 1095–1097; *Angew. Chem., Int. Ed. Engl.* **1993**, *32*, 1068–1071.

[143] Y. Gao, K. Harada, T. Hata, H. Urabe, F. Sato, *J. Org. Chem.* **1995**, *60*, 290–291.

[144] A. Ullmann, J. Schnaubelt, H.-U. Reissig, *Synthesis* **1998**, 1052–1066.

[145] T. R. Hoye, D. R. Peck, P. K. Trumper, *J. Am. Chem. Soc.* **1981**, *103*, 5618–5620.

[146] a) C. S. Poss, S. L. Schreiber, *Acc. Chem. Res.* **1994**, *27*, 9–17; b) S. R. Magnuson, *Tetrahedron* **1995**, *51*, 2167–2213.

[147] J. M. Holland, M. Lewis, A. Nelson, *Angew. Chem.* **2001**, *113*, 4206–4208; *Angew. Chem., Int. Ed.* **2001**, *40*, 4082–4084.

[148] T. Nakata, *J. Synth. Org. Chem., Jpn.* **1998**, *56*, 940–951.

[149] M. Tokunaga, J. F. Larrow, F. Kakiuchi, E. N. Jacobsen, *Science* **1997**, *277*, 936–938.

[150] R. W. Hoffmann, *Angew. Chem.* **2003**, *115*, 1128–1142; *Angew. Chem., Int. Ed.* **2003**, *42*, 1096–1109.

[151] M. Ball, M. J. Gaunt, D. F. Hook, A. S. Jessiman, S. Kawahara, P. Orsini, A. Scolaro, A. C. Talbot, H. R. Tanner, S. Yamanoi, S. V. Ley, *Angew. Chem.* **2005**, *117*, 5569–5574; *Angew. Chem., Int. Ed.* **2005**, *44*, 5433–5438.

[152] D. J. Critcher, S. Connolly, M. Wills, *J. Org. Chem.* **1997**, *62*, 6638–6657.

[153] A. Fürstner, P. W. Davies, *Chem. Commun.* **2005**, 2307–2320.

[154] a) P. L. Stotter, R. E. Hornish, *J. Am. Chem. Soc.* **1973**, *95*, 4444–4446; b) K. Kondo, A. Negishi, K. Matsui, D. Tunemoto, S. Masamune, *J. Chem. Soc., Chem. Commun.* **1972**, 1311–1312.

[155] a) D. Seebach, H.-O. Kalinowski, *Nachr. Chem. Tech. Lab.* **1976**, *24*, 415–418; b) S. Hanessian, *Aldrichimica Acta* **1989**, *22*, 3–14.

[156] a) B. Giese, R. Rupaner, *Synthesis* **1988**, 219–221; b) H. H. Meyer, *Liebigs Ann. Chem.* **1977**, 732–736; c) K. Mori, Y.-B. Seu, *Liebigs Ann. Chem.* **1986**, 205–209; d) H. Kotsuki, I. Kadota, M. Ochi, *J. Org. Chem.* **1990**, *55*, 4417–4422.

[157] Y. Masaki, K. Nagata, Y. Serizawa, K. Kaji, *Tetrahedron Lett.* **1982**, *30*, 5553–5554.

[158] K. C. Nicolaou, T. Ohshima, S. Hosokawa, F. L. van Delft, D. Vourloumis, J. Y. Xu, J. Pfefferkorn, S. Kim, *J. Am. Chem. Soc.* **1998**, *120*, 8674–8680.

[159] S. M. Ceccarelli, U. Piarulli, C. Gennari, *Tetrahedron* **2001**, *57*, 8531–8542.

[160] X.-T. Chen, C. E. Gutteridge, S. K. Bhattacharya, B. Zhou, T. R. R. Pettus, T. Hascall, S. J. Danishefsky, *Angew. Chem.* **1998**, *110*, 195–197; *Angew. Chem., Int. Ed. Engl.* **1998**, *37*, 185–186.

[161] J. W. Scott in *Asymmetric Synthesis* (Hrsg.: J. D. Morrison; J. W. Scott), Academic Press, New York, vol. 4, **1984**, pp. 1–226.

[162] S. Hanessian, J. Franco, B. Larouche, *Pure. Appl. Chem.* **1990**, *62*, 1887–1910.

[163] G. Just, C. Luthe, *Can. J. Chem.* **1980**, *58*, 1799–1805.

[164] R. W. Hoffmann, W. Ladner, *Chem. Ber.* **1983**, *116*, 1631–1642.

[165] R. Stürmer, *Liebigs Ann. Chem.* **1991**, 311–313.

[166] a) H. Redlich, W. Francke, *Angew. Chem.* **1980**, *92*, 640–641; *Angew. Chem., Int. Ed. Engl.* **1980**, *19*, 630–631; b) H. Redlich, J. Xiang-jun, *Liebigs Ann. Chem.* **1982**, 717–722.

[167] J. B. Hendrickson, *J. Am. Chem. Soc.* **1975**, *97*, 5784–5800.

[168] a) G. Moreau, *Nouv. J. Chimie* **1978**, *2*, 187–193; b) J. B. Hendrickson, *J. chem. Educ.* **1978**, *55*, 216–220.

[169] J. B. Hendrickson, *J. Chem. Inf. Comput. Sci.* **1979**, *19*, 129–136.

[170] J. B. Hendrickson, D. L. Grier, A. G. Toczko, *J. Am. Chem. Soc.* **1985**, *107*, 5228–5238.

[171] J. B. Hendrickson, T. M. Miller, *J. Am. Chem. Soc.* **1991**, *113*, 902–910.

[172] a) *Umpoled Synthons* (Hrsg.: T. A. Hase), J. Wiley & Sons, New York, **1987**, pp. 217–317; b) T. A. Hase, J. K. Koskimies, *Aldrichimica Acta* **1981**, *14*, 73–77.

[173] T. A. Hase, J. K. Koskimies, *Aldrichimica Acta* **1982**, *15*, 35–41.

[174] T. Sato, S. Ariura, *Angew. Chem.* **1993**, *105*, 129–130; *Angew. Chem., Int. Ed. Engl.* **1993**, *32*, 105–106.

[175] J. S. Yadav, P. S. Reddy, *Tetrahedron Lett.* **1984**, *25*, 4025–4028.

[176] D. Ferroud, J. M. Gaudin, J. P. Genet, *Tetrahedron Lett.* **1986**, *27*, 845–846.

[177] D. Seebach, *Synthesis* **1969**, 17–36.

[178] O. Possel, A. M. van Leusen, *Tetrahedron Lett.* **1977**, 4229–4232.

[179] Y. Ito, T. Matsuura, M. Murakami, *J. Am. Chem. Soc.* **1983**, *109*, 7888–7890.

[180] J. P. Collman, S. R. Winter, D. R. Clark, *J. Am. Chem. Soc.* **1972**, *94*, 1788–1789.

[181] H. H. Wasserman, R. W. DeSimone, W.-B. Ho, K. E. McCarthy, K. S. Prowse, A. P. Spada, *Tetrahedron Lett.* **1992**, *33*, 7207–7210.

[182] H. Takei, H. Sugimura, M. Miura, H. Okamura, *Chem. Lett.* **1980**, 1209–1212.

[183] C. P. Dell, *J. Chem. Soc., Perkin Trans. 1* **1998**, 3873–3905.

[184] P. A. Wender, J. A. Love, *Advances in Cycloaddition* **1999**, *5*, 1–45.

[185] S. H. Bertz, *New J. Chem.* **2003**, *27*, 860–869.

[186] a) G. Büchi, H. Wüest, *Helv. Chim. Acta* **1971**, *54*, 1767–1776; b) M. Lautens, W. Klute, W. Tam, *Chem. Rev.* **1996**, *96*, 49–92; c) S. J. Hedley, W. J. Moran, D. A. Price, J. P. A. Harrity, *J. Org. Chem.* **2003**, *68*, 4286–4292; d) W. J. Moran, K. M. Goodenough, P. Raubo, J. P. A. Harrity, *Org. Lett.* **2003**, *5*, 3427–3429; e) A. V. Kurdyumov, R. P. Hsung, K. Ihlen, J. Wang, *Org. Lett.* **2003**, *5*, 3935–3938; f) J. P. A. Harrity, O. Provoost, *Org. Biomol. Chem.* **2005**, *3*, 1349–1358; g) A. I. Gerasyuto, R. P. Hsung, N. Sydorenko, B. Slafer, *J. Org. Chem.* **2005**, *70*, 4248–4256.

[187] J. Sauer, *Angew. Chem.* **1967**, *79*, 76–94; *Angew. Chem., Int. Ed. Engl.* **1967**, *6*, 16–33.

[188] J. Sauer, R. Sustmann, *Angew. Chem.* **1980**, *92*, 773–801; *Angew. Chem., Int. Ed. Engl.* **1980**, *19*, 779–807.

[189] A. Hosomi, M. Saito, H. Sakurai, *Tetrahedron Lett.* **1980**, *21*, 355–358.

[190] A. Kamabuchi, N. Miyaura, A. Suzuki, *Tetrahedron Lett.* **1993**, ^34, 4827–4828.

[191] S. J. Danishefski, *Accts. Chem. Res.* **1981**, *14*, 400–406.

[192] a) Gassman. P. G., D. A. Singleton, J. J. Wilwerding, S. P. Chavan, *J. Am. Chem. Soc.* **1987**, *109*, 2182–2184; b) P. G. Gassman, S. P. Chavan, *Tetrahedron Lett.* **1988**, *29*, 3407–3410; c) M. Harmata, P. Rashatasakhon, *Tetrahedron* **2003**, *59*, 2371–2395.

[193] a) B. M. Trost, J. Ippen, W. C. Vladuchick, *J. Am. Chem. Soc.* **1977**, *99*, 8116–8118; b) B. M. Trost, W. C. Vladuchick, A. J. Bridges, *J. Am. Chem. Soc.* **1980**, *102*, 3554–3572; c) A. P. Kozikowski, E. M. Huie, *J. Am. Chem. Soc.* **1982**, *104*, 2923–2925; d) P. J. Proteau, B. P. Hopkins, *J. Org. Chem.* **1985**, *50*, 141–143; e) P. V. Alston, M. D. Gordon, R. M. Ottenbrite, T. Cohen, *J. Org. Chem.* **1983**, *48*, 5051–5054.

[194] a) D. A. Singleton, J. P. Martinez, *J. Am. Chem. Soc.* **1990**, *112*, 7423–7424; b) D. A. Singleton, S.-W. Leung, *J. Org. Chem.* **1992**, *57*, 4796–4797.

[195] a) S. Danishefsky, M. P. Prisbylla, S. Hiner, *J. Am. Chem. Soc.* **1978**, *100*, 2918–2920; b) G. Stork, P. C. Tang, M. Casey, B. Goodman, M. Toyota, *J. Am. Chem. Soc.* **2005**, *127*, 16255–16262.

[196] R. V. C. Carr, L. A. Paquette, *J. Am. Chem. Soc.* **1980**, *102*, 853–855.

[197] a) O. DeLucchi, G. Modena, *Tetrahedron* **1984**, *40*, 2585–2632; b) N. Ono, A. Kamimura, A. Kaji, *J. Org. Chem.* **1988**, *53*, 251–258; c) A. C. Brown, L. A. Carpino, *J. Org. Chem.* **1985**, *50*, 1749–1750; d) R. N. Warrener, R. A. Russel, I. Solomon, I. G. Pitt, D. N. Butler, *Tetrahedron Lett.* **1987**, *28*, 6503–6506.

[198] a) G. Hilt, T. J. Korn, *Tetrahedron Lett.* **2001**, *42*, 2783–2785; b) G. Hilt, K. I. Smolko, B. V. Lotsch, *Synlett.* **2002**, 1081–1084.

[199] a) S. Ranganathan, D. Ranganathan, A. K. Mehrotra, *Synthesis* **1977**, 289–296; b)
       R. V. Williams, X. Liu, *J. Chem. Soc., Chem. Commun.* **1989**, 1872–1873; c) V. K.
       Aggarwal, Z. Gültekin, R. S. Grainger, H. Adams, P. L. Spargo, *Perkin Trans I* **1998**,
       2771–2781.

[200] a) W. G. Dauben, H. O. Krabbenhoft, *J. Org. Chem.* **1977**, *42*, 282–287; vgl. auch b) R.
       W. Rickards, H. Rönneberg, *J. Org. Chem.* **1984**, *49*, 572–573.

[201] G. M. Sammis, E. M. Flamme, H. Xie, D. M. Ho, E. J. Sorensen, *J. Am. Chem. Soc.*
       2005, *127*, 8612–8613.

[202] M. J. Carter, I. Fleming, A. Percival, *J. Chem. Soc., Perkin Trans. 1* **1981**, 2415–2434.

[203] a) D. A. Evans, C. A. Bryan, C. L. Sims, *J. Am. Chem. Soc.* **1972**, *94*, 2891–2892; b)
       E. Arce, M. C. Carreno, M. B. Cid, J. L. Garcia Ruano, *J. Org. Chem.* **1994**, *59*, 3421–
       3426.

[204] E. J. Kantorowski, M. J. Kurth, *Tetrahedron* **2000**, *56*, 4317–4353.

[205] Y. Mori, K. Yaegashi, T. Furukawa, *Tetrahedron* **1997**, *53*, 12917–12932.

[206] J. W. Cornforth, R. Robinson, *J. Chem. Soc.* **1949**, 1855–1865.

[207] a) A. Ramaiah, *Synthesis* **1984**, 529–570; b) L. A. Paquette, *Topics Curr. Chem.* **1984**,
       119, 2–12; c) M. Vandewalle, P. De Clercq, *Tetrahedron* **1985**, *41*, 1767–1831.

[208] G. Büchi, M. Pawlack, *J. Org. Chem.* **1975**, *40*, 100–102.

[209] K. G. Bilyard, P. J. Garratt, A. J. Underwood, R. Zahler, *Tetrahedron Lett.* **1979**,
       1815–1818.

[210] J. E. McMurry, D. D. Miller, *J. Am. Chem. Soc.* **1983**, *105*, 1660–1661.

[211] M. E. Garst, B. J. McBride, A. T. Johnson, *J. Org. Chem.* **1983**, *48*, 8–16.

[212] a) R. J. Pariza, P. L. Fuchs, *J. Org. Chem.* **1983**, *48*, 2304–2306; b) S. E. Denmark, J. P.
       Germanas, *Tetrahedron Lett.* **1984**, *25*, 1231–1234.

[213] E. J. Corey, D. L. Boger, *Tetrahedron Lett.* **1978**, 2461–2464.

[214] K. E. Harding, P. M. Puckett, J. L. Cooper, *Bioorg. Chem* **1978**, *7*, 221–234.

[215] J. A. Thomas, C. H. Heathcock, *Tetrahedron Lett.* **1980**, *21*, 3235–3236.

[216] a) W. P. Jackson, S. V. Ley, A. J. Whittle, *J. Chem. Soc., Chem. Commun.* **1980**, 1173–
       1174; b) F. Näf, R. Decorzant, W. Thommen, *Helv. Chim. Acta* **1975**, *58*, 1808–1812.

[217] J. M. Conia, G. Moinet, *Bull. Soc. Chim Fr.* **1969**, 500–508.

[218] a) P. T. Lansbury, N. Nazarenko, *Tetrahedron Lett.* **1971**, 1833–1836; b) Y. Hayakawa,
       K. Yokoyama, R. Noyori, *J. Am. Chem. Soc.* **1978**, *100*, 1799–1806; c) B. M. Trost, D.
       P. Curran, *J. Am. Chem. Soc.* **1980**, *102*, 5699–5700.

[219] a) H. J. Altenbach, *Angew. Chem.* **1979**, *91*, 1005–1006; *Angew. Chem., Int. Ed. Engl.*
       *1*1979, *18*, 940; b) W. G. Dauben, D. J. Hart, *J. Org. Chem.* **1977**, *42*, 3787–3793; c)
       G. Stork, A. Brizzolara, H. Landesman, J. Szmuszkovicz, R. Terrell, *J. Am. Chem. Soc.*
       1963, *85*, 207–222; d) E. Piers, B. Abeysekera, J. R. Scheffer, *Tetrahedron Lett.* **1979**,
       3279–3282; e) M. Miyashita, T. Yanami, A. Yoshikoshi, *J. Am. Chem. Soc.* **1976**, *98*,
       4679–4681.

[220] P. T. Lansbury, E. J. Nienhouse, *J. Am. Chem. Soc.* **1966**, *88*, 4290–4291.

[221] a) J. R. Matz, T. Cohen, *Tetrahedron Lett.* **1981**, *22*, 2459–2462; b) M. Karpf, A. S.
       Dreiding, *Helv. Chim. Acta* **1979**, *62*, 852–865.

[222] B. M. Trost, *Accts. Chem. Res.* **1974**, *7*, 85–92.

[223] G. Stork, N. H. Baine, *J. Am. Chem. Soc.* **1982**, *104*, 2321–2323.

[224] a) A. Murfat, P. Helquist, *Tetrahedron Lett.* **1978**, 4217–4220; b) W. C. Agosta, S. Wolff, *J. Org. Chem.* **1975**, *40*, 1699–1701.

[225] E. Piers, C. K. Lau, I. Nagakura, *Tetrahedron Lett.* **1976**, 3233–3236.

[226] S. Knapp, U. O'Connor, D. Mobilio, *Tetrahedron Lett.* **1980**, *21*, 4557–4560.

[227] R. L. Danheiser, D. J. Carini, D. M. Fink, A. Basak, *Tetrahedron* **1983**, *39*, 935–947.

[228] T. Hiyama, M. Shinoda, H. Nozaki, *Tetrahedron Lett.* **1978**, 771–774.

[229] H. Stetter, I. Krüger-Hansen, M. Rizk, *Chem. Ber.* **1961**, *94*, 2702–2707.

[230] E. Piers, V. Karunaratne, *J. Chem. Soc., Chem. Commun.* **1983**, 935–936.

[231] N. N. Marinovic, H. Ramanathan, *Tetrahedron Lett.* **1983**, *24*, 1871–1874.

[232] G. Majetich, R. Desmond, A. M. Casares, *Tetrahedron Lett.* **1983**, *24*, 1913–1916.

[233] S. Danishefsky, S. Chakaamannil, B.-J. Uang, *J. Org. Chem.* **1982**, *47*, 2231–2232.

[234] T. Shono, I. Nishiguchi, H. Omizu, *Chem. Lett.* **1976**, 1233–1236.

[235] a) E. J. Corey, M. A. Tius, J. Das, *J. Am. Chem. Soc.* **1980**, *102*, 1742–1744; vgl. auch b) J. Justicia, J. E. Oltra, J. M. Cuerva, *J. Org. Chem.* **2005**, *70*, 8265–8272.

[236] J. Dijkink, W. N. Speckamp, *Tetrahedron Lett.* **1977**, 935–938.

[237] D. Nasipuri, G. Das, *J. Chem. Soc., Perkin Trans. 1* **1979**, 2776–2778.

[238] T. Hudlicky, F. J. Koszyk, D. M. Dochwat, G. L. Cantrell, *J. Org. Chem.* **1981**, *46*, 2911–2915.

[239] W. R. Roush, H. R. Gillis, A. I. Ko, *J. Am. Chem. Soc.* **1982**, *104*, 2269–2283.

[240] a) E. Ciganek, *Org. Reactions* **1984**, *32*, 1–374; b) D. Craig, *Chem. Soc. Rev.* **1987**, *16*, 187–238; c) W. Oppolzer, *Angew. Chem.* **1977**, *89*, 10–24; *Angew. Chem., Int. Ed. Engl.* **1977**, *16*, 10–23; d) G. Brieger, J. N. Bennett, *Chem. Rev.* **1980**, *89*, 63–97.

[241] M. E. Jung, K. M. Halweg, *Tetrahedron Lett.* **1981**, *22*, 2735–2738.

[242] W. Oppolzer, W. Fröstl, H. P. Weber, *Helv. Chim. Acta* **1975**, *58*, 593–595.

[243] M. Braun, *Nachr. Chem. Techn. Lab.* **1985**, *33*, 718–725.

[244] a) N.-Y. Wang, C.-T. Hsu, C. J. Sih, *J. Am. Chem. Soc.* **1981**, *103*, 6538–6539; b) N. N. Girotra, N. L. Wendler, *Tetrahedron Lett.* **1983**, *24*, 3687–3688.

[245] P. A. Grieco, R. E. Zelle, R. Lis, J. Finn, *J. Am. Chem. Soc.* **1983**, *105*, 1403–1404.

[246] S. J. Danishefsky, B. Simoneau, *J. Am. Chem. Soc.* **1989**, *111*, 2599–2604.

[247] C. H. Heathcock, M. J. Taschner, T. Rosen, J. A. Tomas, C. R. Hadley, G. Popjak, *Tetrahedron Lett.* **1982**, *23*, 4747–4750.

[248] P. M. Wovkulich, P. C. Tang, N. K. Chadha, A. D. Batcho, J. C. Barrish, M. R. Uskokovic, *J. Am. Chem. Soc.* **1989**, *111*, 2596–2599.

[249] P. C. Anderson, D. L. J. Clive, C, F. Evans, *Tetrahedron Lett.* **1983**, *24*, 1373–1376.

[250] R. L. Funk, C. J. Mossman, W. E. Zeller, *Tetrahedron Lett.* **1984**, *25*, 1655–1658.

[251] M. Hirama, M. Uei, *J. Am. Chem. Soc.* **1982**, *104*, 4251–4253.

[252] R. L. Funk, W. E. Zeller, *J. Org. Chem.* **1982**, *47*, 180–182.

[253] a) E. A. Deutsch, B. B. Snider, *J. Org. Chem.* **1982**, *47*, 2682–2684; b) G. E. Keck, D. F. Kachensky, *J. Org. Chem.* **1986**, *51*, 2487–2493.

[254] a) Y.-L. Yang, S. Manna, J. R. Falck, *J. Am. Chem. Soc.* **1984**, *106*, 3811–3814; b) J. R. Falck, Y.-L. Yang, *Tetrahedron Lett.* **1984**, *25*, 3563–3566; c) T. Sammakia, D. M. Johns, G. Kim, M. A. Berliner, *J. Am. Chem. Soc.* **2005**, *127*, 6504–6505.

[255] H. Muxfeldt, W. Rogalski, *J. Am. Chem. Soc.* **1965**, *87*, 933–934.

[256] K. Maruyama, H. Uno, Y. Naruta, *Chem. Lett.* **1983**, 1767–1770.

[257] G. A. Kraus, S. H. Woo, *J. Org. Chem.* **1987**, *52*, 4841–4846.

[258] Y. Naruta, Y. Nishigaichi, K. Maruyama, *J. Org. Chem.* **1988**, *53*, 1192–1199.

[259] a) T. Kametani, H. Nemoto, H. Ishikawa, K. Shiroyama, H. Matsumoto, K Fukumoto, *J. Am. Chem. Soc.* **1977**, *99*, 3461–3466; b) W. Oppolzer, K. Bättig, M. Petrzilka, *Helv. Chim. Acta* **1978**, *61*, 1945–1947; c) W. Oppolzer, D. A. Roberts, *Helv. Chim. Acta* **1980**, *63*, 1703–1705; d) K. C. Nicolaou, W. E. Barnette, P. Ma, *J. Org. Chem.* **1980**, *45*, 1463–1470; e) G. Quinkert, U. Schwartz, H. Stark, W.-D. Weber, H. Baier, F. Adam, G. Dürner, *Angew. Chem.* **1980**, *92*, 1062–1063; *Angew. Chem., Int. Ed. Engl.* **1980**, *19*, 1029.

[260] R. L. Funk, P. K. C. Vollhardt, *J. Am. Chem. Soc.* **1977**, *99*, 5483–5484.

[261] E. J. Corey, W. J. Howe, H. W. Orf, D. A. Pensak, G. Petersson, *J. Am. Chem. Soc.* **1975**, *97*, 6116–6124.

[262] B. Lei, A. G. Fallis, *J. Org. Chem.* **1993**, *58*, 2186–2195.

[263] a) B. B. Snider, H. Lin, *J. Am. Chem. Soc.* **1999**, *121*, 7778–7786; b) G. Scheffler, H. Seike, E. J. Sorensen, *Angew. Chem.* **2000**, *112*, 4783–4785; *Angew. Chem., Int. Ed.* **2000**, *39*, 4593–4596; c) M. Ousmer, N. A. Braun, M. A. Ciufolini, *Org. Lett.* **2001**, *3*, 765–767; d) J.-H. Maeng, R. L. Funk, *Org. Lett.* **2001**, *3*, 1125–1128; e) D. J. Wardrop, W. Zhang, *Org. Lett.* **2001**, *3*, 2353–2356.

[264] K. M. Brummond, J. Lu, *Org. Lett.* **2001**, *3*, 1347–1349.

[265] J. Sisko, J. R. Henry, S. M. Weinreb, *J. Org. Chem.* **1993**, *58*, 4945–4951.

[266] a) R. Downham, F. W. Ng, L. E. Overman, *J. Org. Chem.* **1998**, *63*, 8096–8097; b) C. J. Douglas, S. Hiebert, L. E. Overman, *Org. Lett.* **2005**, *7*, 933–936.

[267] D. J. Denhart, D. A. Griffith, C. H. Heathcock, *J. Org. Chem.* **1998**, *63*, 9616–9617.

[268] M. E. Maier, *Nachr. Chem. Tech. Lab.* **1993**, *41*, 1120–1128.

[269] D. A. Evans, C. H. Mitch, *Tetrahedron Lett.* **1982**, *23*, 285–288.

[270] K. A. Parker, D. Fokas, *J. Am. Chem. Soc.* **1992**, *114*, 9688–9689.

[271] B. M. Trost, W. Tang, F. Dean Toste, *J. Am. Chem. Soc.* **2005**, *127*, 14785–14803.

[272] a) C. Y. Hong, N. Kado, L. E. Overman, *J. Am. Chem. Soc.* **1993**, *115*, 11028–11029; b) C. Y. Hong, L. E. Overman, *Tetrahedron Lett.* **1994**, *35*, 3453–3456.

[273] D. Trauner, J. W. Bats, A. Werner, J. Mulzer, *J. Org. Chem.* **1998**, *63*, 5908–5918.

[274] S. D. Burke, C. W. Murtiashaw, J. O. Saunders, J. A. Oplinger, M. S. Dike, *J. Am. Chem. Soc.* **1984**, *106*, 4558–4566.

[275] A. B. Smith III, B. A. Wexler, J. Slade, *Tetrahedron Lett.* **1982**, *23*, 1631–1634.

[276] A. S. Kende, B. Roth, P. J. Sanfilippo, T. J. Blacklock, *J. Am. Chem. Soc.* **1982**, *104*, 5808–5810.

[277] S. Danishefsky, K. Vaughan, R. Gadwood, K. Tsuzuki, *J. Am. Chem. Soc.* **1981**, *103*, 4136–4141.

[278] W. K. Bornack, S. S. Bhagwat, J. Ponton, P. Helquist, *J. Am. Chem. Soc.* **1981**, *103*, 4647–4648.

[279] K. Kon, K. Ito, S. Isoe, *Tetrahedron Lett.* **1984**, *25*, 3739–3742.

[280] A. P. Neary, P. J. Parsons, *J. Chem. Soc., Chem. Commun.* **1989**, 1090–1091.

[281] R. H. Schlessinger, J. L. Wood, A. J. Poss, R. A. Nugent, W. H. Parsons, *J. Org. Chem.* **1983**, *48*, 1146–1147.

[282] J. M. Dewanckele, F. Zutterman, M. Vandewalle, *Tetrahedron* **1983**, *39*, 3235–3244.

[283] E. Piers, N. Moss, *Tetrahedron Lett.* **1985**, *26*, 2735–2738.

[284] H.-J. Liu, M. Llinas-Brunet, *Can. J. Chem.* **1988**, *66*, 528–530.

[285] S. Kim, D. h. Oh, J.-Y. Yoon, J. H. Cheong, *J. Am. Chem. Soc.* **1999**, *121*, 5330–5331.

[286] G. Büchi, W. D. MacLeod jr., *J. Am. Chem. Soc.* **1962**, *84*, 3205–3206.

[287] M. Dobler, J. D. Dunitz, B. Gubler, H. P. Weber, G. Büchi, J. Padilla O, *Proc. Chem. Soc. (London)* **1963**, 383.

[288] E. J. Corey, W. T. Wipke, *Science* **1969**, *166*, 178–192.

[289] F. Näf, R. Decorzant, W. Giersch, G. Ohloff, *Helv. Chim. Acta* **1981**, *64*, 1387–1397.

[290] J. B. Hendrickson, *J. Am. Chem. Soc.* **1986**, *108*, 6748–6756.

[291] P. A. Wender, D. J. Wolanin, *J. Org. Chem.* **1985**, *50*, 4418–4420.

[292] A. B. Smith III, J. P. Konopelski, B. A. Wexler, P. A. Spengeler, *J. Am. Chem. Soc.* **1991**, *113*, 3533–3542.

[293] R. L. Funk, M. M. Abelman, *J. Org. Chem.* **1986**, *51*, 3247–3248.

[294] P. A. Wender in *Selectivity – a Goal for Synthetic Efficiency* (Hrsg.: W. Bartmann; B. M. Trost), Verlag Chemie, Weinheim, **1984**, pp. 335–348.

[295] T. Imanishi, M. Matsui, M. Yamashita, C. Iwata, *Tetrahedron Lett.* **1986**, *27*, 3161–3164.

[296] T. Imanishi, M. Matsui, M. Yamashita, C. Iwata, *J. Chem. Soc., Chem. Commun.* **1987**, 1802–1804.

[297] D. Caine, W. R. Pennington, T. L. Smith jr, *Tetrahedron Lett.* **1978**, 2663–2666.

[298] J. F. Ruppert, J. D. White, *J. Am. Chem. Soc.* **1981**, *103*, 1808–1813.

[299] W. Oppolzer, T. Godel, *J. Am. Chem. Soc.* **1978**, *100*, 2583–2584.

[300] R. M. Coates, J. W. Muskopf, P. A. Senter, *J. Org. Chem.* **1985**, *50*, 3541–3547.

[301] C. M. Amann, P. V. Fisher, M. L. Pugh, F. G. West, *J. Org. Chem.* **1998**, *63*, 2806–2807.

[302] vgl.: A. Hosomi, Y. Matsuyama, H. Sakurai, *J. Chem. Soc., Chem. Commun.* **1986**, 1073–1074.

[303] B. A. Pearlman, *J. Am. Chem. Soc.* **1979**, *101*, 6398–6404.

[304] P.A. Wender, J. C. Lechleiter, *J. Am. Chem. Soc.* **1977**, *99*, 267–268.

[305] W. Oppolzer, *Accts. Chem. Res.* **1982**, *15*, 135–141.

[306] D. Becker, Z. Harel, M. Nagler, A. Gillon, *J. Org. Chem.* **1982**, *47*, 3297–3306.

[307] R. D. Clark, C. H. Heathcock, *Tetrahedron Lett.* **1975**, 529–532.

[308] D. P. G. Hannon, R. N. Young, *Austr. J. Chem.* **1976**, *29*, 145–161.

[309] J. Gauthier, P. Deslongchamps, *Can. J. Chem.* **1967**, *45*, 297–300.

[310] M. Tichy, *Tetrahedron Lett.* **1972**, 2001–2004.

[311] a) T. W. Greene; P. G. M. Wuts *Protective Groups in Organic Synthesis*, J. Wiley, **1991**, pp. 127–134; b) P. J. Kocienski *Protecting Groups*, G. Thieme, **1994**.

[312] R. W. Armstrong, J.-M. Beau, S. H. Cheon, W. J. Christ, H. Fujioka, W.-H. Ham, L. D. Hawkins, H. Jin, S. H. Kang, Y. Kishi, M. J. Martinelli, W. W. McWhorther, jr., M. Mizuno, M. Nakata, A. E. Stutz, F. X. Talamas, M. Taniguchi, J. A. Tino, K. Ueda, J. Uenishi, J. B. White, M. Yonaga, *J. Am. Chem. Soc.* **1989**, *111*, 7530–7533.

[313] a) Y. Yokoyama, H. Hikawa, M. Mitsuhashi, A. Uyama, Y. Hiroki, Y. Murakami, *Eur. J. Org. Chem.* **2004**, 1244–1253; b) P. S. Baran, J. M. Richter, *J. Am. Chem. Soc.* **2004**, *126*, 7450–7451; c) P. S. Baran, J. M. Richter, *J. Am. Chem. Soc.* **2005**, *127*, 15394–15395; d) Y. Zeng, J. Aubé, *J. Am. Chem. Soc.* **2005**, *127*, 15712–15713.

[314] S. J. Mantell, G. W. Fleet, D. Brown, *J. Chem. Soc., Perkin Trans. 1* **1992**, 3023–3027.

[315] vgl. auch: S. C. Archibald, R. W. Hoffmann, *Chemtracts-Org.Chem.* **1993**, *6*, 194–197.

[316] R. Stürmer, R. W. Hoffmann, *Chem. Ber.* **1994**, *127*, 2519–2526.

[317] G. Dahmann, R. W. Hoffmann, *Liebigs Ann. Chem.* **1994**, 837–845.

[318] N. Tanimoto, S. W. Gerritz, A. Sawabe, T. Noda, S. A. Filla, S. Masamune, *Angew. Chem.* **1994**, *106*, 674–677; *Angew. Chem., Int. Ed. Engl.* **1994**, *33*, 673–675.

[319] a) K. C. Nicolaou, P. S. Baran, Y.-L. Zhong, K. C. Fong, Y. He, W. H. Yoon, H.-S. Choi, *Angew. Chem.* **1999**, *111*, 1781–1784; *Angew. Chem., Int. Ed. Engl.* **1999**, *38*, 1669–1675; b) O. J. Plante, S. L. Buchwald, P. H. Seeberger, *J. Am. Chem. Soc.* **2000**, *122*, 7148–7149; c) H. Waldmann, H. Kunz, *J. Org. Chem.* **1988**, *53*, 4172–4175; d) M. T. Crimmins, C. A. Carroll, A. J. Wells, *Tetrahedron Lett.* **1998**, *39*, 7005–7008.

[320] A. B. Smith III, M. D. Kaufman, T. J. Beauchamp, M. J. LaMarche, H. Arimoto, *Org. Lett.* **1999**, *1*, 1823–1826.

[321] a) D. Lednicer, *Adv. Org. Chem.* **1972**, *8*, 179–293; b) L. Call, *Chem. i. u. Zeit* **1978**, *12*, 123–133.

[322] G. Schmid, T. Fukuyama, K. Akasaka, Y. Kishi, *J. Am. Chem. Soc.* **1979**, *101*, 259–260.

[323] L. E. Overman, H. Wild, *Tetrahedron Lett.* **1989**, *30*, 647–650.

[324] S. Danishefsky, P. Cain, A. Nagel, *J. Am. Chem. Soc.* **1975**, *97*, 380–387.

[325] Z. Wang, D. Deschenes, *J. Am. Chem. Soc.* **1992**, *114*, 1090–1091.

[326] R. E. Ireland, J. L. Gleason, L. D. Gegnas, T. K.. Highsmith, *J. Org. Chem.* **1996**, *61*, 6856–6872.

[327] D. L. Comins, *Synlett* **1992**, 615–625.

[328] K. Maruoka, Y. Araki, H. Yamamoto, *Tetrahedron Lett.* **1988**, *29*, 3101–3104.

[329] M. T. Reetz, B. Wenderoth, R. Peter, *J. Chem. Soc., Chem. Commun.* **1983**, 406–408.

[330] B. Lythgoe, M. E. N. Nambudiry, J. Tideswell, *Tetrahedron Lett.* **1977**, 3685–3688.

[331] Y. Koyama, M. J. Lear, F. Yoshimura, I. Ohashi, T. Mashimo, M. Hirama, *Org. Lett.* **2005**, *7*, 267–270.

[332] K. J. Fraunhoffer, D. A. Bachovchin, M. C. White, *Org. Lett.* **2005**, *7*, 223–226.

[333] S. Turner *The Design of Organic Synthesis*, Elsevier, Amsterdam, **1976**, p. 10.

[334] P. A. Wender, *Chem. Rev.* **1996**, *96*, 1–2.

[335] S. J. Broadwater, S. L. Roth, K. E. Price, M. Kobaslija, D. T. McQuade, *Org. Biomol. Chem.* **2005**, *3*, 2899–2906.

[336] V. B. Birman, V. H. Rawal, *J. Org. Chem.* **1998**, *63*, 9146–9147.

[337] S. Liras, C. L. Lynch, A. M. Fryer, B. T. Vu, S. F. Martin, *J. Am. Chem. Soc.* **2001**, *123*, 5918–5924.

[338] L. F. Tietze, U. Beifuss, *Angew. Chem.* **1993**, *105*, 137–170; *Angew. Chem. Int. Ed. Engl.* **1993**, *32*, 131–163.

[339] R. Robinson, *Progr. Org. Chem.* **1952**, *1*, 1–21.

[340] R. C. Fort jr., P. v. R. Schleyer, *Chem. Rev.* **1964**, *64*, 277–300.

[341] a) M. A. McKervey, *Chem.Soc. Rev.* **1974**, *3*, 479–572; b) G. A. Olah, D. Farooq, *J. Org. Chem.* **1986**, *51*, 5410–5413.

[342] P. L. Fuchs, *Tetrahedron* **2001**, *57*, 6855–6875.

[343] M. Chanon, R. Barone, C. Baralotto, M. Julliard, J. B. Hendrickson, *Synthesis* **1998**, 1559–1583.

[344] S. H. Bertz, *J. Am. Chem. Soc.* **1982**, *104*, 5801–5803.

[345] S. H. Bertz, C. Rücker, G. Rücker, T. J. Sommer, *Eur. J. Org. Chem.* **2003**, 4737–4740.

[346] L. Velluz, J. Valls, G. Nominé, *Angew. Chem.* **1965**, *77*, 185–205; *Angew. Chem., Int. Ed. Engl.* **1965**, *4*, 181–200.

[347] L. Velluz, G. Nominé, G. Amiard, V. Torelli, J. Cérède, *Compt. Rend. hebd. Acad. Sci.* **1963**, *257*, 3086–3088.

[348] J. B. Hendrickson, E. Braun-Keller, G. A. Toczko, *Tetrahedron* **1981**, *37 Suppl.*, 359–370.

[349] L. Velluz, J. Valls, J. Mathieu, *Angew. Chem.* **1967**, *79*, 774–785; *Angew. Chem., Int. Ed. Engl.* **1967**, *6*, 778–789.

[350] S. H. Bertz, *New J. Chem.* **2003**, *27*, 870–879.

[351] R. Shen, C. T. Lin, E. J. Bowman, B. J. Bowman, J. A. Porco, *J. Am. Chem. Soc.* **2003**, *125*, 7889–7901.

[352] R. E. Ireland *Organic Synthesis*, Prentice Hall, Englewood Cliffs, N.J., **1969**, p. 29.

[353] M. Sitzmann; M. Pförtner *Computer-Assisted Synthesis Design* in *Chemoinformatics* (Hrsg.: J. Gasteiger; T. Engel), Wiley-VCH, Weinheim, **2003**.

[354] E. J. Corey, *Angew. Chem.* **1991**, *103*, 469–479; *Angew. Chem., Int. Ed. Engl.* **1991**, *30*, 455–465.

[355] A. Dengler, E. Fontain, M. Knauer, N. Stein, I. Ugi, *Rec. Trav. chim. Pays-Bas* **1992**, *111*, 262–269.

[356] J. Gasteiger, M. G. Hutchings, B. Christoph, L. Gann, C. Hiller, P. Löw, M. Marsili, H. Saller, K. Yuki, *Top. Curr. Chem.* **1987**, *137*, 19–73.

[357] J. Gasteiger, W.-D. Ihlenfeldt, P. Röse, *Rec. Trav. chim. Pays-Bas* **1992**, *111*, 270–290.

[358] W.-D. Ihlenfeldt, J. Gasteiger, *Angew. Chem.* **1995**, *107*, 2807–2829; *Angew. Chem., Int. Ed. Engl.* **1995**, *34*, 2613–2633.

[359] J. B. Hendrickson, *Rec. Trav. Chim. Pays-Bas* **1992**, *111*, 323–334.

[360] R. Barone; M. Chanon *Computer-Assisted Synthesis Design* in *Handbook of Chemoinformatics* (Hrsg.: J. Gasteiger), Wiley-VCH, Weinheim, **2003**.

[361] G. Quinkert, H. Stark, *Angew. Chem.* **1983**, *95* , 651–669; *Angew. Chem. Int. Ed. Engl.* **1983**, *22*, 637–655.

[362] A. Belan, J. Bolte, A. Fauve, J. G. Gourcy, H. Veschambre, *J. Org. Chem.* **1987**, *52*, 256–260.

[363] E. J. Corey, R. K. Bakshi, S. Shibata, *J. Am. Chem. Soc.* **1987**, *109*, 5551–5553.

[364] P. K. Jadhav, K. S. Bhat, P. T. Perumal, H. C. Brown, *J. Org. Chem.* **1986**, *51*, 432–439.

[365] D. Hoppe, T. Hense, *Angew. Chem.* **1997**, *109*, 2376–2410; *Angew. Chem. Int. Ed. Engl.* **1997**, *36*, 2282–2316.

[366] K. Mori, *Tetrahedron* **1975**, *31*, 3011–3012.

[367] H. R. Schuler, K. N. Slessor, *Can. J. Chem.* **1977**, *55*, 3280–3287.

[368] a) B. D. Johnston, K. N. Slessor, *Can. J. Chem.* **1979**, *57*, 233–235; vgl. auch b) S. Takano, M. Yanase, M. Takahashi, K. Ogasawara, *Chem. Lett.* **1987**, 2017–2020.

[369] K. Nakamura, M. Kinoshita, A. Ohno, *Tetrahedron* **1995**, *51*, 8799–8808.

[370] A. Steinreiber, A. Stadler, S. F. Mayer, K. Faber, O. C. Kappe, *Tetrahedron Lett.* **2001**, *42*, 6283–6288.

[371] B. H. Lipshutz, J. M. Servesko, *Angew. Chem.* **2003**, *115*, 4937–4940; *Angew. Chem., Int. Ed. Engl.* **2003**, *42*, 4789–4792.

[372] a) J. M. Brown in *Comprehensive Asymmetric Catalysis* (Hrsg.: E. N.- Jacobsen; A. Pfaltz; H. Yamamoto), Springer , Berlin, vol. 1, **1999**, pp. 121–182; b) R. L. Halterman in *Comprehensive Asymmetric Catalysis* (Hrsg.: E. N.- Jacobsen; A. Pfaltz; H. Yamamoto), Springer , Berlin, vol. 1, **1999**, pp. 183–195.

[373] a) W. Oppolzer, R. J. Mills, M. Réglier, *Tetrahedron Lett.* **1986**, *27*, 183–186; b) W. Oppolzer, G. Poli, *Tetrahedron Lett.* **1986**, *27*, 4717–4720.

[374] D. A. Evans, M. D. Ennis, D. J. Mathre, *J. Am. Chem. Soc.* **1982**, *104*, 1737–1739.

[375] W. Oppolzer, P. Dudfield, T. Stevenson, T. Godel, *Helv. Chim. Acta* **1985**, *68*, 212–215.

[376] F. E. Ziegler, A. Kneisley, *Tetrahedron Lett.* **1985**, *26*, 263–266.

[377] B. M. Trost, T. P. Klun, *J. Org. Chem.* **1980**, *45*, 4256–4257.

[378] P. Mohr, N. Waespe-Sarcevic, C. Tamm, K. Gawronska, J. K. Gawronski, *Helv. Chim. Acta* **1983**, *66*, 2501–2511.

[379] B. Cambou, A. M. Klibanov, *J. Am. Chem. Soc.* **1984**, *106*, 2687–2692.

[380] a) R. Rossi, A. Carpita, M. Chini, *Tetrahedron* **1985**, *41*, 627–633; b) P. E. Sonnet, *J. Org. Chem.* **1982**, *47*, 3793–3796.

[381] A. G. Pepper, G. Procter, M. Voyle, *J. Chem. Soc., Chem. Commun.* **2002**, 1066–1067.

[382] C. Arsene, S. Schulz, *Org. Lett.* **2002**, *4*, 2869–2871.

[383] a) W. C. Still, J. C. Barrish, *J. Am. Chem. Soc.* **1983**, *105*, 2487–2489; b) K. Suzuki, E. Katayama, Tsuchihashi. G., *Tetrahedron Lett.* **1984**, *25*, 2479–2482; c) W. C. Still, J. A. Schneider, *Tetrahedron Lett.* **1980**, *21*, 1035–1038.

[384] Y. Yamamoto, N. Asao, *Chem. Rev.* **1993**, *93*, 2207–2293.

[385] C. J. Cowden, I. Paterson, *Org. React.* **1997**, *51*, 1–200.

[386] a) R. W. Hoffmann, *Angew. Chem.* **1987**, *99*, 503–517; *Angew. Chem. Int. Ed. Engl.* **1987**, *26*, 489–503; b) I. Paterson, J. A. Channon, *Tetrahedron Lett.* **1992**, *33*, 797–800; c) I. Paterson, R. D. Tillyer, *Tetrahedron Lett.* **1992**, *33*, 4233–4236; d) J. A. Marshall, G. M. Schaaf, *J. Org. Chem.* **2001**, *66*, 7825–7831; e) O. Arjona, R. Menchaca, J. Plumet, *J. Org. Chem.* **2001**, *66*, 2400–2413.

[387] R. W. Hoffmann, R. Stürmer, *Chem. Ber.* **1994**, *127*, 2511–2518.

[388] R. W. Hoffmann; R. Stürmer *Towards Erythronolides, Efficient Synthesis of Contiguous Stereocenters* in *Antibiotics and Antiviral Compounds, Chemical Synthesis and Modification* (Hrsg.: K. Krohn; H. Kirst; H. Maas), VCH Verlagsges., **1993**, pp. 103–110.

[389] R. B. Woodward, M. P. Cava, W. D. Ollis, A. Hunger, H. U. Daeniker, K. Schenker, *Tetrahedron* **1963**, *19*, 247–288.

[390] J. Bonjoch, D. Sole, *Chem. Rev.* **2000**, *100*, 3455–3482.

[391] V. H. Rawal, S. Iwasa, *J. Org. Chem.* **1994**, *59*, 2685–2686.

[392] S. D. Knight, L. E. Overman, G. Pairaudeau, *J. Am. Chem. Soc.* **1993**, *115*, 9293–9294.

[393] M. J. Eichberg, R. L. Dorta, K. Lamottke, K. P. C. Vollhardt, *Org. Lett.* **2000**, *2*, 2479–2481.

[394] G. J. Bodwell, J. Li, *Angew. Chem.* **2002**, *114*, 3395–3396; *Angew. Chem., Int. Ed.* **2002**, *41*, 3261–3262.

[395] D. Solé, J. Bonjoch, S. García-Rubio, E. Peidró, J. Bosch, *Angew. Chem.* **1999**, *111*, 408–410; *Angew. Chem., Int. Ed.* **1999**, *38*, 395–397.

[396] M. Mori, M. Nakanishi, D. Kajishima, Y. Sato, *J. Am. Chem. Soc.* **2003**, *125*, 9801–9807.

[397] T. Ohshima, Y. Xu, R. Takita, M. Shibasaki, *Tetrahedron* **2004**, *60*, 9569–9588.

[398] M. V. King, J. L. DeVries, Pepinsky R., *Acata Crystallogr., Sect. B.* **1952**, *5*, 437–440.

[399] a) J. Schreiber, W. Leimgruber, M. Pesaro, P. Schudel, A. Eschenmoser, *Angew. Chem.* **1959**, *71*, 637–640; b) J. Schreiber, W. Leimgruber, M. Pesaro, P. Schudel, T. Threlfall, A. Eschenmoser, *Helv. Chim. Acta* **1961**, *44*, 540–597.

[400] T. Graening, H.-G. Schmalz, *Angew. Chem.* **2004**, *116*, 3292–3318; *Angew. Chem., Int. Ed.* **2004**, *43*, 3230–3256.

[401] R. B. Woodward, *The Harvey Lecture Series* **1963**, *59*, 31.

[402] D. A. Evans, S. P. Tanis, D. J. Hart, *J. Am. Chem. Soc.* **1981**, *103*, 5813–5821.

[403] a) T. Graening, W. Friedrichsen, J. Lex, H.-G. Schmalz, *Angew. Chem.* **2002**, *114*, 1594–1597; *Angew. Chem., Int. Ed.* **2002**, *41*, 1524–1526; b) T. Graening, V. Bette, J. Neudörfl, J. Lex, H.-G. Schmalz, *Org. Lett.* **2005**, *7*, 4317–4320.

[404] J. C. Lee, J. K. Cha, *Tetrahedron* **2000**, *56*, 10175–10184.

[405] E. J. Corey, B. E. Roberts, *J. Am. Chem. Soc.* **1997**, *119*, 12425–12431.

[406] J. Boukouvalas, Y.-X. Cheng, J. Robichaud, *J. Org. Chem.* **1998**, *63*, 228–229.

[407] S. R. Magnuson, L. Sepp-Lorenzino, N. Rosen, S. J. Danishefsky, *J. Am. Chem. Soc.* **1998**, *120*, 1615–1616.

[408] D. Demeke, C. J. Forsyth, *Org. Lett.* **2000**, *2*, 3177–3179.

[409] R. Paczkowski, C. Maichle-Mössmer, M. E. Maier, *Org. Lett.* **2000**, *2*, 3967–3969.

[410] a) M. E. Krafft, Y.-Y. Cheung, C. A. Juliano-Capucao, *Synthesis* **2000**, 1020–1026; b) M. E. Krafft, Y.-Y. Cheung, K. A. Abboud, *J. Org. Chem.* **2001**, *66*, 7443–7448.

[411] L. A. Paquette, J. Tae, M. P. Arrington, A. H. Sadoun, *J. Am. Chem. Soc.* **2000**, *122*, 2742–2748.

[412] P. A. Wender, N. C. Ihle, C. R. D. Correia, *J. Am. Chem. Soc.* **1988**, *110*, 5904–5906.

[413] J. Limanto, M. L. Snapper, *J. Am. Chem. Soc.* **2000**, *122*, 8071–8072.

[414] T. J. Greshock, R. L. Funk, *Org. Lett.* **2001**, *3*, 3511–3514.

[415] a) P. Sun, C. Sun, S. M. Weinreb, *J. Org. Chem.* **2002**, *67*, 4337–4345; b) S. M. Weinreb, *Accts. Chem. Res.* **2003**, *36*, 59–65.

[416] a) H. Abe, S. Aoyagi, C. Kibayashi, *Angew. Chem.* **2002**, *114*, 3143–3146; *Angew. Chem., Int. Ed.* **2002**, *41*, 3017–3020; b) C. Kibayashi, S. Aoyagi, H. Abe, *Bull. Chem. Soc. Jpn.* **2003**, *76*, 2059–2074; c) H. Abe, S. Aoyagi, C. Kibayashi, *J. Am. Chem. Soc.* **2005**, *127*, 1473–1480.

[417] H. Mayr, A. R. Ofial, J. Sauer, B. Schmied, *Eur. J. Org. Chem.* **2000**, 2013–2020.

[418] für einen Teilschritt siehe: K. Takai, O. Fujimura, Y. Kataoka, K. Utimoto, *Tetrahedron Lett.* **1989**, *30*, 211–214.

[419] a) W. H. Pearson, J. Ren, *J. Org. Chem.* **1999**, *64*, 688–689; b) R. Hunter, P. Richards, *Synlett* **2003**, 271–273; c) J. Liu, J. J. Swidorski, S. D. Peters, R. P. Hsung, *J. Org. Chem.* **2005**, *70*, 3898–3902.

Index

© Springer-Verlag GmbH Deutschland, ein Teil von Springer Nature 2006
R. W. Hoffmann, *Elemente der Syntheseplanung*,
https://doi.org/10.1007/978-3-662-59893-1

Printed in the United States
By Bookmasters